올림포스
유형편

수학(하)

KB214027

정답과 풀이는 EBS*i* 사이트(www.ebsi.co.kr)에서 다운로드 받으실 수 있습니다.

| 교재 내용 문의 | 교재 및 강의 내용 문의는 EBS*i* 사이트 (www.ebsi.co.kr)의 학습 Q&A 서비스를 이용하시기 바랍니다. | 교재 정오표 공지 | 발행 이후 발견된 정오 사항을 EBS*i* 사이트 정오표 코너에서 알려 드립니다. 교재 ▶ 교재 자료실 ▶ 교재 정오표 | 교재 정정 신청 | 공지된 정오 내용 외에 발견된 정오 사항이 있다면 EBS*i* 사이트를 통해 알려 주세요. 교재 ▶ 교재 정정 신청 |

고교 내신 대비 EBS Line Up

고등학교 0학년 필수 교재
고등예비과정

국어, 영어, 수학, 한국사, 사회, 과학 6책

모든 교과서를 한 권으로,
교육과정 필수 내용을 빠르고 쉽게!

국어 · 영어 · 수학 내신 + 수능 기본서
올림포스

국어, 영어, 수학 16책

내신과 수능의 기초를 다지는 기본서
학교 수업과 보충 수업용 선택 No.1

국어 · 영어 · 수학 개념+기출 기본서
올림포스 전국연합학력평가 기출문제집

국어, 영어, 수학 8책

개념과 기출을 동시에 잡는 신개념 기본서
최신 학력평가 기출문제 완벽 분석

한국사 · 사회 · 과학 개념 학습 기본서
개념완성

한국사, 사회, 과학 19책

한 권으로 완성하는 한국사, 탐구영역의 개념
부가 자료와 수행평가 학습자료 제공

수준에 따라 선택하는 영어 특화 기본서
영어 POWER 시리즈

Grammar POWER 3책
Reading POWER 4책
Listening POWER 2책
Voca POWER 2책

원리로 익히는 국어 특화 기본서
국어 독해의 원리

현대시, 현대 소설, 고전 시가, 고전 산문,
독서 5책

국어 문법의 원리

수능 국어 문법, 수능 국어 문법 180제 2책

유형별 문항 연습부터 고난도 문항까지
올림포스 유형편

수학(상), 수학(하), 수학Ⅰ, 수학Ⅱ,
확률과 통계, 미적분 6책

올림포스 고난도

수학(상), 수학(하), 수학Ⅰ, 수학Ⅱ,
확률과 통계, 미적분 6책

최다 문항 수록 수학 특화 기본서
수학의 왕도

수학(상), 수학(하), 수학Ⅰ, 수학Ⅱ,
확률과 통계, 미적분 6책

개념의 시각화 + 세분화된 문항 수록
기초에서 고난도 문항까지 계단식 학습

단기간에 끝내는 내신
단기 특강

국어, 영어, 수학 8책

얇지만 확실하게, 빠르지만 강하게!
내신을 완성시키는 문항 연습

올림포스
유형편

수학(하)

구성과 특징

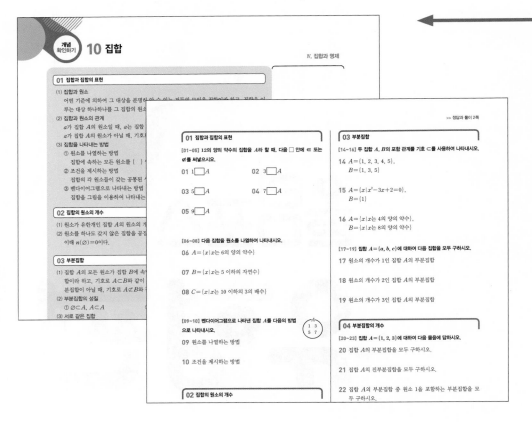

개념 확인하기

핵심 개념 정리
교과서의 내용을 철저히 분석하여 핵심 개념만을 꼼꼼하게 정리하고, (설명), (참고), 예 등의 추가 자료를 제시하였습니다.

개념 확인 문제
학습한 내용을 바로 적용하여 풀 수 있는 기본적인 문제를 제시하여 핵심 개념을 제대로 파악했는지 확인할 수 있도록 구성하였습니다.

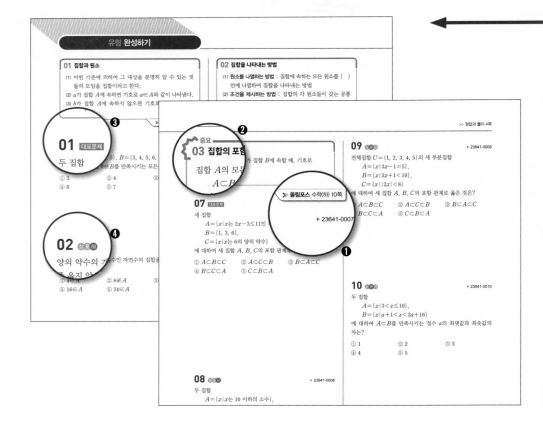

유형 완성하기

핵심 유형 정리
각 유형에 따른 핵심 개념 및 해결 전략을 제시하여 해당 유형을 완벽히 학습할 수 있도록 하였습니다.

❶ 올림포스 수학(하) 10쪽

올림포스의 기본 유형 익히기 쪽수를 제시하였습니다.

❷ 중요

세분화된 유형 중 시험 출제율이 70% 이상인 유형으로 중요 유형은 반드시 익히도록 해야 합니다.

❸ 대표문제

각 유형에서 가장 자주 출제되는 문제를 대표문제로 선정하였습니다.

❹ 상 중 하

각 문제마다 상, 중, 하 3단계로 난이도를 표시하였습니다.

서술형 완성하기

01 ▸ 23641-0091

두 집합
$A=\{x\,|\,2a\le 2x-1\le 3a+1\}$,
$B=\{x\,|\,b\le 3x+1\le 4b\}$
가 $A=B$를 만족시키도록 하는 두 상수 a, b에 대하여 $10(b-a)$의 값을 구하시오.

02 ▸ 23641-0092

$0<a<b$인 두 상수 a, b에 대하여 두 집합
$A=\{-3,\ a-1,\ b-1\}$,
$B=\{b-a,\ b-6a,\ b-9a\}$
가 $A\subset B$, $B\subset A$를 만족시킬 때, a^2+b^2의 값을 구하시오.

03 ▸ 23641-0093

전체집합 $U=\{1,\ 2,\ 3,\ 4,\ 5,\ 6\}$의 두 부분집합 A, B가
$A^C=\{3\}$, $A-B=\{1,\ 2\}$, $B\subset A$
를 만족시킬 때, 집합 B의 모든 원소의 합을 구하시오.

04 내신기출 ▸ 23641-0094

세 집합
$A=\{x\,|-4<x\le 8\}$,
$B=\{x\,|\,3\le x<10\}$,
$C=\{x\,|\,a<x<b\}$
가 다음 조건을 만족시킨다.

(가) $A\cap B\cap C=\varnothing$
(나) $(A\cup C)\cap(B\cup C)=\{x\,|\,1<x\le 8\}$

두 상수 a, b의 합 $a+b$의 값을 구하시오.

05 ▸ 23641-0095

전체집합 U의 세 부분집합 A, B, C가
$A-B=\{1,\ 2,\ 3,\ 4\}$, $A-C=\{3,\ 4,\ 5,\ 6\}$
을 만족시킬 때, 집합 $A\cap(B\cap C)^C$의 원소의 개수를 구하시오.

서술형 완성하기

시험에서 비중이 높아지는 서술형 문제를 제시하였습니다. 실제 시험과 유사한 형태의 서술형 문제로 시험을 더욱 완벽하게 대비할 수 있습니다.

▶ ≫ **올림포스** 수학(하) 16쪽
올림포스의 서술형 연습장 쪽수를 제시하였습니다.

▶ 내신기출
학교시험에서 출제되고 있는 실제 시험 문제를 엿볼 수 있습니다.

내신 + 수능 고난도 도전

01 ▸ 23641-0101

두 집합
$A=\{1,\ 2a-1,\ a^2+2a\}$, $B=\{a-1,\ a,\ 2a+1\}$
에 대하여 $A=B$가 성립하도록 하는 상수 a의 값은?

① -2 ② -1 ③ 0 ④ 1 ⑤ 2

02 ▸ 23641-0102

전체집합 $U=\{x\,|\,x$는 10 이하의 자연수$\}$의 두 부분집합 A, B가
$A\cap B=\{3,\ 4,\ 5\}$, $A^C\cap B=\{6,\ 7,\ 8\}$, $A^C\cap B^C=\{9,\ 10\}$
을 만족시킬 때, $n(A)+n(B)$의 값은?

① 8 ② 9 ③ 10 ④ 11 ⑤ 12

03 신유형 ▸ 23641-0103

세 과목 A, B, C만 개설된 어느 고등학교 방과후학교에 수강신청한 학생 30명을 대상으로 A, B, C 세 과목의 수강신청 여부를 조사하였더니 B 과목을 신청한 학생이 17명, C 과목을 신청한 학생이 15명, B 과목과 C 과목을 모두 신청한 학생이 9명이었다. A 과목만을 신청한 학생 수를 구하시오.

04 ▸ 23641-0104

두 집합 $A=\{a,\ b,\ c\}$, $B=\{a+k,\ b+k,\ c+k\}$가 다음 조건을 만족시킨다.

(가) 집합 A의 모든 원소의 합은 21이다.
(나) 집합 $A\cup B$의 모든 원소의 합은 45이다.
(다) $A\cap B=\{9\}$

내신+수능 고난도 도전

수학적 사고력과 문제 해결 능력을 함양할 수 있는 난이도 높은 문제를 풀어 봄으로써 실전에 대비할 수 있습니다.

▶ ≫ **올림포스** 수학(하) 17쪽
올림포스의 고난도 문항 쪽수를 제시하였습니다.

차례

수학(하)

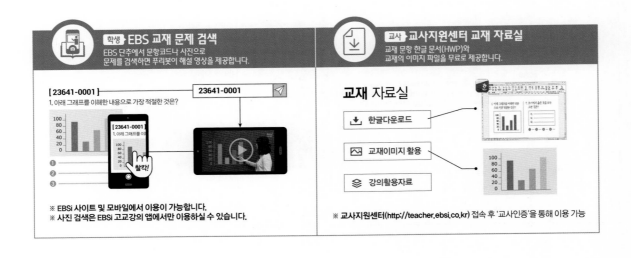

학생 EBS 교재 문제 검색
EBS 단추에서 문항코드나 사진으로
문제를 검색하면 푸리봇이 해설 영상을 제공합니다.

[23641-0001]
1. 아래 그래프를 이해한 내용으로 가장 적절한 것은?

[23641-0001]
1. 아래 그래프를 이
찰칵!

23641-0001

① ② ③

※ EBSi 사이트 및 모바일에서 이용이 가능합니다.
※ 사진 검색은 EBSi 고교강의 앱에서만 이용하실 수 있습니다.

교사 교사지원센터 교재 자료실
교재 문항 한글 문서(HWP)와
교재의 이미지 파일을 무료로 제공합니다.

교재 자료실

⬇ 한글다운로드

🖼 교재이미지 활용

≋ 강의활용자료

※ 교사지원센터(http://teacher.ebsi.co.kr) 접속 후 '교사인증'을 통해 이용 가능

IV

집합과 명제

10 집합

01 집합과 집합의 표현

(1) 집합과 원소

어떤 기준에 의하여 그 대상을 분명히 알 수 있는 것들의 모임을 집합이라 하고, 집합을 이루는 대상 하나하나를 그 집합의 원소라고 한다.

(2) 집합과 원소의 관계

a가 집합 A의 원소일 때, a는 집합 A에 속한다고 하며, 기호로 $a \in A$와 같이 나타낸다. a가 집합 A의 원소가 아닐 때, 기호로 $a \notin A$와 같이 나타낸다.

(3) 집합을 나타내는 방법

① 원소를 나열하는 방법

집합에 속하는 모든 원소를 { } 안에 나열하여 집합을 나타내는 방법

② 조건을 제시하는 방법

집합의 각 원소들이 갖는 공통된 성질을 조건으로 제시하여 집합을 나타내는 방법

③ 벤다이어그램으로 나타내는 방법

집합을 그림을 이용하여 나타내는 방법

> 집합의 원소를 나열하여 나타낼 때, 같은 원소는 중복하여 쓰지 않는다. 또 원소를 쓰는 순서는 상관이 없다.

02 집합의 원소의 개수

(1) 원소가 유한개인 집합 A의 원소의 개수를 기호로 $n(A)$와 같이 나타낸다.

(2) 원소를 하나도 갖지 않은 집합을 공집합이라 하고, 기호로 $\varnothing$과 같이 나타낸다.

이때 $n(\varnothing)=0$이다.

03 부분집합

(1) 집합 A의 모든 원소가 집합 B에 속할 때, 집합 A를 집합 B의 부분집합이라 하고, 기호로 $A \subset B$와 같이 나타낸다. 집합 A가 집합 B의 부분집합이 아닐 때, 기호로 $A \not\subset B$와 같이 나타낸다.

$A \subset B$

(2) 부분집합의 성질

① $\varnothing \subset A$, $A \subset A$ ② $A \subset B$, $B \subset C$이면 $A \subset C$

(3) 서로 같은 집합

$A \subset B$이고 $B \subset A$일 때, 두 집합 A, B는 서로 같다고 하고, 기호로 $A=B$와 같이 나타낸다.

(4) $A \subset B$이고 $A \neq B$일 때, 집합 A를 집합 B의 진부분집합이라고 한다.

> 두 집합이 서로 같으면 두 집합의 원소의 개수가 같다.

04 부분집합의 개수

집합 $A=\{a_1,\ a_2,\ a_3,\ \cdots,\ a_n\}$에 대하여

(1) 집합 A의 부분집합의 개수는

$$2^n$$

(2) 집합 A의 진부분집합의 개수는

$$2^n-1$$

(3) k개의 특정한 원소를 포함하는(포함하지 않는) 집합 A의 부분집합의 개수는

$$2^{n-k} \ (단,\ 1 \le k < n)$$

(4) k개의 특정한 원소 중 적어도 한 개를 포함하는 집합 A의 부분집합의 개수는

$$2^n-2^{n-k} \ (단,\ 1 \le k < n)$$

> k개의 특정한 원소를 포함하고 l개의 특정한 원소를 포함하지 않는 부분집합의 개수는
> $$2^{n-k-l} \ (단,\ 2 \le k+l < n)$$

01 집합과 집합의 표현

[01~05] 12의 양의 약수의 집합을 A라 할 때, 다음 □ 안에 $\in$ 또는 $\notin$를 써넣으시오.

01 1 □ A

02 3 □ A

03 5 □ A

04 7 □ A

05 9 □ A

[06~08] 다음 집합을 원소를 나열하여 나타내시오.

06 $A=\{x\,|\,x$는 6의 양의 약수$\}$

07 $B=\{x\,|\,x$는 5 이하의 자연수$\}$

08 $C=\{x\,|\,x$는 10 이하의 3의 배수$\}$

[09~10] 벤다이어그램으로 나타낸 집합 A를 다음의 방법으로 나타내시오.

09 원소를 나열하는 방법

10 조건을 제시하는 방법

02 집합의 원소의 개수

11 집합 $A=\{1,\ 2,\ 3,\ 4,\ 5\}$에 대하여 $n(A)$의 값을 구하시오.

12 집합 $B=\{x\,|\,x$는 5 이하의 자연수$\}$에 대하여 $n(B)$의 값을 구하시오.

13 집합 $C=\{x\,|\,x$는 $2x+3=0$을 만족시키는 양수$\}$에 대하여 $n(C)$의 값을 구하시오.

03 부분집합

[14~16] 두 집합 A, B의 포함 관계를 기호 $\subset$를 사용하여 나타내시오.

14 $A=\{1,\ 2,\ 3,\ 4,\ 5\}$,
$\quad B=\{1,\ 3,\ 5\}$

15 $A=\{x\,|\,x^2-3x+2=0\}$,
$\quad B=\{1\}$

16 $A=\{x\,|\,x$는 4의 양의 약수$\}$,
$\quad B=\{x\,|\,x$는 8의 양의 약수$\}$

[17~19] 집합 $A=\{a,\ b,\ c\}$에 대하여 다음 집합을 모두 구하시오.

17 원소의 개수가 1인 집합 A의 부분집합

18 원소의 개수가 2인 집합 A의 부분집합

19 원소의 개수가 3인 집합 A의 부분집합

04 부분집합의 개수

[20~23] 집합 $A=\{1,\ 2,\ 3\}$에 대하여 다음 물음에 답하시오.

20 집합 A의 부분집합을 모두 구하시오.

21 집합 A의 진부분집합을 모두 구하시오.

22 집합 A의 부분집합 중 원소 1을 포함하는 부분집합을 모두 구하시오.

23 집합 A의 공집합이 아닌 부분집합 중 원소 1을 포함하지 않는 부분집합을 모두 구하시오.

24 집합 $A=\{1,\ 2\}$의 부분집합의 개수를 구하시오.

[25~26] 집합 $A=\{1,\ 2,\ 3,\ 4,\ 5\}$에 대하여 다음 물음에 답하시오.

25 1을 원소로 갖는 집합 A의 부분집합의 개수를 구하시오.

26 4, 5를 원소로 갖지 않는 집합 A의 부분집합의 개수를 구하시오.

05 집합의 연산

(1) 합집합: $A \cup B = \{x \mid x \in A$ 또는 $x \in B\}$

(2) 교집합: $A \cap B = \{x \mid x \in A$ 그리고 $x \in B\}$

> 참고 $A \cap B = \varnothing$일 때, 두 집합 A, B는 서로소라고 한다.

(3) 차집합: $A - B = \{x \mid x \in A$ 그리고 $x \notin B\}$

(4) 전체집합: 어떤 집합에 대하여 그 부분집합을 생각할 때, 처음의 집합을 전체집합이라 하고, 기호로 U와 같이 나타낸다.

(5) 여집합: $A^C = \{x \mid x \in U$ 그리고 $x \notin A\}$

> 참고 전체집합 U에 대하여 $A^C = U - A$이다.

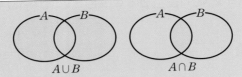

집합 A는 집합 $A \cup B$의 부분집합이고, 집합 B도 집합 $A \cup B$의 부분집합이다.

집합 $A \cap B$는 집합 A의 부분집합이고, 집합 B의 부분집합이다.

06 집합의 연산에 대한 성질

전체집합 U의 두 부분집합 A, B에 대하여

(1) $A \cup A = A$, $A \cap A = A$

(2) $A \cup \varnothing = A$, $A \cap \varnothing = \varnothing$

(3) $A \cup U = U$, $A \cap U = A$

(4) $U^C = \varnothing$, $\varnothing^C = U$

(5) $A \cup A^C = U$, $A \cap A^C = \varnothing$

(6) $(A^C)^C = A$

(7) $A - B = A \cap B^C = A - (A \cap B) = (A \cup B) - B$

(8) $A \subset B \Longleftrightarrow A \cap B = A \Longleftrightarrow A \cup B = B \Longleftrightarrow A - B = \varnothing$
$\Longleftrightarrow A \cap B^C = \varnothing \Longleftrightarrow B^C \subset A^C \Longleftrightarrow B^C - A^C = \varnothing$

07 집합의 연산 법칙

세 집합 A, B, C에 대하여

(1) 교환법칙: $A \cup B = B \cup A$, $A \cap B = B \cap A$

(2) 결합법칙: $(A \cup B) \cup C = A \cup (B \cup C)$, $(A \cap B) \cap C = A \cap (B \cap C)$

(3) 분배법칙: $A \cup (B \cap C) = (A \cup B) \cap (A \cup C)$
$A \cap (B \cup C) = (A \cap B) \cup (A \cap C)$

(4) 드모르간의 법칙

전체집합 U의 두 부분집합 A, B에 대하여

① $(A \cup B)^C = A^C \cap B^C$

② $(A \cap B)^C = A^C \cup B^C$

세 집합의 연산에서 괄호 없이 $A \cup B \cup C$, $A \cap B \cap C$와 같이 나타내기도 한다.

08 유한집합의 원소의 개수

두 유한집합 A, B에 대하여

(1) $n(A \cup B) = n(A) + n(B) - n(A \cap B)$

(2) 두 집합 A, B가 서로소이면 $n(A \cup B) = n(A) + n(B)$

(3) $n(A - B) = n(A) - n(A \cap B) = n(A \cup B) - n(B)$

> 참고 세 유한집합 A, B, C에 대하여
> $n(A \cup B \cup C) = n(A) + n(B) + n(C) - n(A \cap B) - n(B \cap C) - n(C \cap A) + n(A \cap B \cap C)$

두 집합 A, B가 서로소이면 $n(A \cap B) = 0$이다.

05 집합의 연산

[27~30] 두 집합
$$A=\{1, 2, 3, 4, 5\}, B=\{3, 4, 5, 6, 7\}$$
에 대하여 다음 집합을 구하시오.

27 $A \cup B$

28 $A \cap B$

29 $A - B$

30 $B - A$

[31~34] 전체집합 $U=\{a, b, c, d, e\}$의 두 부분집합
$$A=\{a, b, c\}, B=\{b, c, d, e\}$$
에 대하여 다음 물음에 답하시오.

31 집합 $A-B$를 구하시오.

32 집합 $B-A$를 구하시오.

33 집합 A^C을 구하시오.

34 집합 B^C을 구하시오.

06 집합의 연산에 대한 성질

[35~38] 전체집합 $U=\{1, 2, 3, 4\}$의 부분집합 $A=\{2, 4\}$에 대하여 다음 집합을 구하시오.

35 A^C

36 $A \cup A^C$

37 $A \cap A^C$

38 $(A^C)^C$

[39~44] 전체집합 U의 두 부분집합 A, B에 대하여 $A \subset B$가 성립할 때, 다음의 참, 거짓을 판별하시오. (단, $A \neq \varnothing$, $A \neq B$이다.)

39 $A \cap B = A$

40 $A \cup B = A$

41 $A - B = \varnothing$

42 $A \cap B^C = \varnothing$

43 $A^C \subset B^C$

44 $B^C - A^C = \varnothing$

07 집합의 연산 법칙

[45~52] 벤다이어그램으로 나타낸 두 집합 A, B에 대하여 다음 집합을 구하시오.

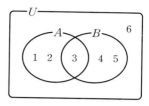

45 $A \cup B$

46 $A \cap B$

47 $A - B$

48 $B - A$

49 A^C

50 B^C

51 $(A \cup B)^C$

52 $(A \cap B)^C$

08 유한집합의 원소의 개수

[53~55] $n(U)=10$인 전체집합 U의 두 부분집합 A, B에 대하여 다음 물음에 답하시오.

53 두 집합 A, B가 서로소이고, $n(A)=5$, $n(B)=3$일 때, $n(A \cup B)$의 값을 구하시오.

54 $n(A)=5$, $n(B)=3$, $n(A \cap B)=1$일 때, $n(A \cup B)$의 값을 구하시오.

55 $n(A)=5$, $n(B)=3$, $n(A \cap B)=1$일 때, $n((A \cup B)^C)$의 값을 구하시오.

01 집합과 원소

(1) 어떤 기준에 의하여 그 대상을 분명히 알 수 있는 것들의 모임을 집합이라고 한다.
(2) a가 집합 A에 속하면 기호로 $a \in A$와 같이 나타낸다.
(3) b가 집합 A에 속하지 않으면 기호로 $b \notin A$와 같이 나타낸다.

» 올림포스 수학(하) 9쪽

02 집합을 나타내는 방법

(1) **원소를 나열하는 방법**: 집합에 속하는 모든 원소를 { } 안에 나열하여 집합을 나타내는 방법
(2) **조건을 제시하는 방법**: 집합의 각 원소들이 갖는 공통된 성질을 조건으로 제시하여 집합을 나타내는 방법
(3) **벤다이어그램으로 나타내는 방법**: 집합을 그림을 이용하여 나타내는 방법

» 올림포스 수학(하) 9쪽

01 대표문제
▶ 23641-0001

두 집합
$$A = \{1, 2, 3, 4, 5\}, \quad B = \{3, 4, 5, 6, 7, 8\}$$
에 대하여 $k \in A$, $k \notin B$를 만족시키는 모든 k의 값의 합은?

① 3   ② 4   ③ 5
④ 6   ⑤ 7

04 대표문제
▶ 23641-0004

두 집합
$$A = \{0, 1\}, \quad B = \{0, 1, 2\}$$
에 대하여 집합 $C = \{x + y \mid x \in A, y \in B\}$의 원소의 개수는?

① 1   ② 2   ③ 3
④ 4   ⑤ 5

02 상중하
▶ 23641-0002

양의 약수의 개수가 홀수인 자연수의 집합을 A라 할 때, 다음 중 옳지 않은 것은?

① $4 \in A$ ② $8 \notin A$ ③ $12 \notin A$
④ $16 \in A$ ⑤ $24 \in A$

05 상중하
▶ 23641-0005

집합
$$A = \{x \mid x = 2^m \times 3^n, \ m, \ n \text{은 2 이하의 자연수}\}$$
에 대하여 집합 A의 모든 원소의 합은?

① 60   ② 66   ③ 72
④ 78   ⑤ 84

03 상중하
▶ 23641-0003

집합 $A = \{(x, y) \mid ax + by = 4\}$에 대하여
$$(2, 3) \in A, \ (4, 8) \in A$$
일 때, $a + b$의 값은?

① 1   ② 2   ③ 3
④ 4   ⑤ 5

06 상중하
▶ 23641-0006

두 집합
$$A = \{x \mid x \text{는 4의 양의 약수}\},$$
$$B = \{x \mid x \text{는 5의 양의 약수}\}$$
에 대하여 집합 $C = \{xy \mid x \in A, y \in B\}$의 모든 원소의 합은?

① 38   ② 39   ③ 40
④ 41   ⑤ 42

중요
03 집합의 포함 관계

집합 A의 모든 원소가 집합 B에 속할 때, 기호로

$$A \subset B$$

와 같이 나타낸다.

▶ **올림포스** 수학(하) 10쪽

07 대표문제
▶ 23641-0007

세 집합

$A = \{x \mid x$는 $2x-3 \leq 11$인 자연수$\}$,

$B = \{1, 3, 6\}$,

$C = \{x \mid x$는 6의 양의 약수$\}$

에 대하여 세 집합 A, B, C의 포함 관계로 옳은 것은?

① $A \subset B \subset C$　　② $A \subset C \subset B$　　③ $B \subset A \subset C$

④ $B \subset C \subset A$　　⑤ $C \subset B \subset A$

08 상중하
▶ 23641-0008

두 집합

$A = \{x \mid x$는 10 이하의 소수$\}$,

$B = \{x \mid x$는 10의 양의 약수$\}$

에 대하여 다음 중 옳지 <u>않은</u> 것은?

① $5 \in A$　　② $5 \in B$　　③ $\{2, 5\} \subset A$

④ $\{2, 5\} \subset B$　　⑤ $A \subset B$

09 상중하
▶ 23641-0009

전체집합 $U = \{1, 2, 3, 4, 5\}$의 세 부분집합

$A = \{x \mid 3x - 1 = 5\}$,

$B = \{x \mid 3x + 1 < 10\}$,

$C = \{x \mid |2x| < 8\}$

에 대하여 세 집합 A, B, C의 포함 관계로 옳은 것은?

① $A \subset B \subset C$　　② $A \subset C \subset B$　　③ $B \subset A \subset C$

④ $B \subset C \subset A$　　⑤ $C \subset B \subset A$

10 상중하
▶ 23641-0010

두 집합

$A = \{x \mid 3 < x \leq 10\}$,

$B = \{x \mid a+1 < x < 2a+16\}$

에 대하여 $A \subset B$를 만족시키는 정수 a의 최댓값과 최솟값의 차는?

① 1　　② 2　　③ 3

④ 4　　⑤ 5

11 상중하
▶ 23641-0011

두 집합

$A = \{0, a, a+2\}$, $B = \{-1, 0, 1, 3\}$

에 대하여 $A \subset B$가 성립하도록 하는 모든 실수 a의 값의 합은?

① -2　　② -1　　③ 0

④ 1　　⑤ 2

04 부분집합

(1) 집합 A의 모든 원소가 집합 B에 속할 때, 집합 A를 집합 B의 부분집합이라고 한다.
(2) $A \subset B$이고 $A \neq B$일 때, 집합 A를 집합 B의 진부분집합이라고 한다.

≫ 올림포스 수학(하) 10쪽

12 대표문제

▶ 23641-0012

집합 A가 집합 B의 진부분집합인 것만을 **보기**에서 있는 대로 고른 것은?

┌─ 보기 ────────────────────
ㄱ. $A = \{2, 5, 7\}$, $B = \{2, 3, 5, 7\}$
ㄴ. $A = \{1, 3, 5\}$, $B = \{4, 5, 6\}$
ㄷ. $A = \{x \mid x$는 7 이하의 소수$\}$,
　　$B = \{x \mid x$는 7 이하의 홀수$\}$
└──────────────────────────

① ㄱ 　② ㄴ 　③ ㄱ, ㄷ
④ ㄴ, ㄷ 　⑤ ㄱ, ㄴ, ㄷ

13 상중하

▶ 23641-0013

집합 $A = \{x \mid x$는 12의 양의 약수$\}$에 대하여 집합 X가
　$X \subset A$, $X \neq A$
를 만족시킨다. 집합 X의 원소의 개수의 최댓값은?

① 1 　② 2 　③ 3
④ 4 　⑤ 5

14 상중하

▶ 23641-0014

집합 $A = \{\varnothing, a, \{a\}, \{a, b\}\}$에 대하여 다음 중 옳지 <u>않은</u> 것은?

① $\varnothing \in A$ 　② $\varnothing \subset A$ 　③ $\{a\} \subset A$
④ $\{a, b\} \subset A$ 　⑤ $\{a, b\} \in A$

05 서로 같은 집합

두 집합 A, B에 대하여 $A \subset B$이고 $B \subset A$이면 $A = B$이다.

≫ 올림포스 수학(하) 10쪽

15 대표문제

▶ 23641-0015

두 집합 $A = \{a, 3, 5\}$, $B = \{1, b, 5\}$에 대하여 $A = B$일 때, 두 상수 a, b에 대하여 $a + b$의 값을 구하시오.

16 상중하

▶ 23641-0016

두 집합 $A = \{1, 7, a-2\}$, $B = \{1, 4, b-1\}$이
　$A \subset B$, $B \subset A$
를 만족시킬 때, 두 상수 a, b에 대하여 $a + b$의 값을 구하시오.

17 상중하

▶ 23641-0017

두 집합
　$A = \{3, a-1, a^2+1\}$,
　$B = \{a+1, 3-a, 2a+1\}$
에 대하여 $A = B$가 성립하도록 하는 상수 a의 값은?

① 1 　② 2 　③ 3
④ 4 　⑤ 5

06 부분집합의 개수

집합 $A=\{a_1,\ a_2,\ a_3,\ \cdots,\ a_n\}$에 대하여

(1) 집합 A의 부분집합의 개수는
$$2^n$$

(2) 집합 A의 진부분집합의 개수는
$$2^n-1$$

>> **올림포스** 수학(하) 10쪽

18 대표문제
▶ 23641-0018

집합 A의 진부분집합의 개수가 63일 때, 집합 A의 원소의 개수는?

① 6
② 7
③ 8
④ 9
⑤ 10

19 상중하
▶ 23641-0019

집합 $A=\{x\,|\,x$는 15의 양의 약수$\}$의 진부분집합의 개수를 구하시오.

20 상중하
▶ 23641-0020

전체집합 $U=\{x\,|\,x$는 30 이하의 자연수$\}$의 부분집합 $A=\{x\,|\,x$는 7의 배수$\}$에 대하여 집합 A의 부분집합의 개수를 p, 집합 A의 진부분집합의 개수를 q라 하자. $p+q$의 값을 구하시오.

21 상중하
▶ 23641-0021

원소의 개수가 n인 집합 A와 원소의 개수가 $n+2$인 집합 B에 대하여 집합 A의 부분집합의 개수와 집합 B의 진부분집합의 개수의 합이 159이다. 자연수 n의 값을 구하시오.

22 상중하
▶ 23641-0022

집합 $A=\{x\,|\,x$는 20 이하의 자연수$\}$의 부분집합 중에서 모든 원소가 소수인 집합의 개수를 구하시오.

23 상중하
▶ 23641-0023

두 집합 A, B에 대하여
$$n(A)+1=n(B)$$
일 때, 집합 A의 부분집합의 개수와 집합 B의 부분집합의 개수의 차가 64이다. $n(A)$의 값은?

① 6
② 7
③ 8
④ 9
⑤ 10

07 조건이 있는 부분집합의 개수

중요

세 집합 A, B, X에 대하여

$$A \subset X \subset B$$

를 만족시키는 집합 X의 개수는 집합 B의 부분집합 중에서 집합 A의 모든 원소를 원소로 갖는 집합의 개수이다.

➤➤ 올림포스 수학(하) 10쪽

24 대표문제

▶ 23641-0024

집합 $A=\{1, 2, 3, 4, 5\}$의 부분집합 중에서 1, 2는 원소로 갖고, 5는 원소로 갖지 <u>않는</u> 집합의 개수를 구하시오.

25 상중하

▶ 23641-0025

집합 $A=\{x \mid x$는 12의 양의 약수$\}$의 진부분집합 중에서 12를 반드시 원소로 갖는 집합의 개수는?

① 8   ② 15   ③ 16

④ 31   ⑤ 32

26 상중하

▶ 23641-0026

두 집합

$$A=\{1, 5\}, \ B=\{1, 3, 5, 7\}$$

에 대하여 $A \subset X \subset B$를 만족시키는 집합 X의 개수는?

① 1   ② 2   ③ 4

④ 8   ⑤ 16

27 상중하

▶ 23641-0027

집합 $A=\{1, 3, 5, 7, 9\}$에 대하여

$$X \subset A, \ 1 \in X, \ 9 \in X$$

를 만족시키는 집합 X의 개수는?

① 1   ② 2   ③ 4

④ 8   ⑤ 16

28 상중하

▶ 23641-0028

자연수 k에 대하여 집합 $A=\{x \mid x$는 k 이하의 자연수$\}$라 하자. 다음 조건을 만족시키는 집합 X의 개수가 128일 때, k의 값을 구하시오.

(가) $X \subset A$
(나) $1 \in X, \ 2 \notin X, \ 3 \notin X$

29 상중하

▶ 23641-0029

전체집합 $U=\{x \mid x$는 10 이하의 자연수$\}$의 부분집합 $A=\{1, 2, a_1, a_2, a_3, \cdots, a_k\}$에 대하여

$$\{1, 2\} \subset X \subset A$$

를 만족시키는 집합 X의 개수가 32일 때, 집합 A의 모든 원소의 합의 최댓값을 구하시오.

08 합집합과 교집합

(1) 두 집합 A, B의 모든 원소로 이루어진 집합을 A와 B의 합집합이라 하고, 기호로 $A \cup B$와 같이 나타낸다.
즉, $A \cup B = \{x \,|\, x \in A$ 또는 $x \in B\}$

(2) 두 집합 A, B에 공통으로 속하는 모든 원소로 이루어진 집합을 A와 B의 교집합이라 하고, 기호로 $A \cap B$와 같이 나타낸다.
즉, $A \cap B = \{x \,|\, x \in A$ 그리고 $x \in B\}$

>> 올림포스 수학(하) 11쪽

30 대표문제
▶ 23641-0030

두 집합
$$A = \{1, 2, a^2+1\}, \quad B = \{-a, a, 2a+1, 7\}$$
에 대하여 $A \cap B = \{2, 5\}$를 만족시키는 상수 a의 값은?

① -2　　　　② -1　　　　③ 0
④ 1　　　　⑤ 2

31 상중하
▶ 23641-0031

전체집합 $U = \{x \,|\, x$는 10 이하의 자연수$\}$의 두 부분집합 A, B가
$$A = \{1, 3, 5, 7, 9\}, \quad A \cap B = \{1, 3\}$$
을 만족시킬 때, 집합 B의 모든 원소의 합의 최댓값은?

① 30　　　　② 32　　　　③ 34
④ 36　　　　⑤ 38

32 상중하
▶ 23641-0032

자연수 n에 대하여 집합 A_n을
$$A_n = \left\{ x \,\middle|\, x = \frac{k}{n}, \ k\text{는 } 0 \le k \le n \text{인 정수} \right\}$$
라 하자. **보기**에서 옳은 것만을 있는 대로 고른 것은?

보기

ㄱ. 집합 A_n의 원소의 개수는 $n+1$이다.
ㄴ. $A_4 \subset A_2$
ㄷ. $(A_2 \cup A_3) \subset A_6$

① ㄱ　　　　② ㄴ　　　　③ ㄱ, ㄷ
④ ㄴ, ㄷ　　　　⑤ ㄱ, ㄴ, ㄷ

09 서로소인 두 집합

두 집합 A, B가 서로소이면
(1) $A \cap B = \varnothing$
(2) $A - B = A$, $B - A = B$
(3) $A \subset B^C$, $B \subset A^C$

33 대표문제
▶ 23641-0033

다음 중 집합 $A = \{1, 2, 3\}$과 서로소인 집합은?

① $\{1, 2, 3\}$　　　② $\{1, 3, 5\}$　　　③ $\{1\}$
④ $\{4, 5\}$　　　⑤ $\{3, 4, 5\}$

34 상중하
▶ 23641-0034

집합 $A = \{1, 2, 3, 4, 5, 6\}$의 부분집합 중에서 집합 $\{1, 2\}$와 서로소인 집합의 개수는?

① 4　　　　② 8　　　　③ 16
④ 32　　　　⑤ 64

35 상중하
▶ 23641-0035

전체집합 $U = \{x \,|\, x$는 8 이하의 자연수$\}$의 두 부분집합
$$A = \{7\}, \quad B = \{x \,|\, x \le k+1\}$$
에 대하여 두 집합 A, B가 서로소가 되도록 하는 모든 자연수 k의 값의 합은?

① 11　　　　② 12　　　　③ 13
④ 14　　　　⑤ 15

10 차집합과 여집합

(1) 두 집합 A, B에 대하여 A에는 속하지만 B에는 속하지 않는 모든 원소로 이루어진 집합을 A에 대한 B의 차집합이라 하고, 기호로 $A-B$와 같이 나타낸다.

즉, $A-B=\{x|x\in A$ 그리고 $x\notin B\}$

(2) 전체집합 U의 원소 중에서 집합 A에 속하지 않는 모든 원소로 이루어진 집합을 A의 여집합이라 하고, 기호로 A^C과 같이 나타낸다.

즉, $A^C=\{x|x\in U$ 그리고 $x\notin A\}$

≫ **올림포스** 수학(하) 11쪽

36 대표문제
▶ 23641-0036

두 집합 $A=\{1, 2, 3, 6\}$, $B=\{1, 2, 4\}$에 대하여 집합 $A-B$의 모든 원소의 합은?

① 6　　　　② 7　　　　③ 8

④ 9　　　　⑤ 10

37 상중하
▶ 23641-0037

전체집합 $U=\{x|x$는 10 이하의 자연수$\}$의 부분집합 $A=\{x|x$는 9의 양의 약수$\}$에 대하여 집합 A^C의 원소의 개수는?

① 6　　　　② 7　　　　③ 8

④ 9　　　　⑤ 10

38 상중하
▶ 23641-0038

두 집합 A, B가

$$A\cup B=\{1, 2, 3, 4, 5\},\ A-B=\{1, 2\}$$

를 만족시킬 때, 집합 B의 모든 원소의 합은?

① 8　　　　② 9　　　　③ 10

④ 11　　　　⑤ 12

39 상중하
▶ 23641-0039

전체집합 $U=\{x|x$는 10 이하의 자연수$\}$의 두 부분집합 A, B가

$$A=\{x|x$는 2의 배수$\},$$
$$B=\{x|x$는 10의 양의 약수$\}$$

일 때, 집합 $A-B$의 원소의 개수는?

① 1　　　　② 2　　　　③ 3

④ 4　　　　⑤ 5

40 상중하
▶ 23641-0040

전체집합 $U=\{x|x$는 10 이하의 자연수$\}$의 세 부분집합

$$A=\{1, 2, 3, 4, 5\},$$
$$B=\{x|x$는 홀수$\},$$
$$C=\{x|x$는 9의 양의 약수$\}$$

에 대하여 집합 $(B-C)\cap A^C$의 원소의 개수는?

① 1　　　　② 2　　　　③ 3

④ 4　　　　⑤ 5

11 벤다이어그램으로 나타낸 집합

벤다이어그램으로 나타낸 집합을 집합의 연산 기호를 이용하여 표현한다.

41 대표문제

▶ 23641-0041

오른쪽 벤다이어그램의 색칠한 부분을 나타내는 집합으로 항상 옳은 것은?

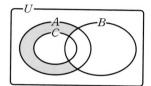

① $A \cap (B \cap C)^c$
② $A \cap (B \cup C)^c$
③ $A \cap B \cap C^c$
④ $A \cap (B \cup C)$
⑤ $(A-B) \cap (B-C)$

42 상중하

▶ 23641-0042

오른쪽 벤다이어그램의 색칠한 부분을 나타내는 집합으로 항상 옳은 것은?

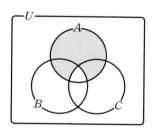

① $A \cap (B \cup C)$
② $A \cap (B \cap C)^c$
③ $A \cap (B \cap C^c)$
④ $A \cap (B \cup C)^c$
⑤ $A \cup (B \cap C)$

43 상중하

▶ 23641-0043

오른쪽 벤다이어그램의 색칠한 부분을 나타내는 집합으로 항상 옳은 것은?

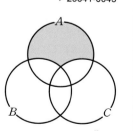

① $A - (B-C)$
② $(A \cap B) - C$
③ $(A \cup B) - C$
④ $A - (B \cup C)$
⑤ $(A \cap B) \cup (B \cap C)$

12 집합의 연산에서 미지수 구하기

주어진 집합의 연산을 이용하여 미지수를 구하고, 미지수의 값을 대입하여 연산을 만족시키는지 확인한다.

➤ 올림포스 수학(하) 11쪽

44 대표문제

▶ 23641-0044

두 집합
$$A = \{1, 2, 3, a\}, \quad B = \{2, 5, b\}$$
에 대하여 $A - B = \{1\}$이다. 두 상수 a, b에 대하여 $10a+b$의 값을 구하시오.

45 상중하

▶ 23641-0045

두 집합
$$A = \{1, 2, a^2+2\}, \quad B = \{a+2, 2a-1, a^2-3a\}$$
에 대하여 $A \cap B = \{1, 3\}$일 때, 집합 $A \cup B$의 모든 원소의 합은? (단, a는 상수이다.)

① 4   ② 6   ③ 8
④ 10   ⑤ 12

46 상중하

▶ 23641-0046

두 집합
$$A = \{x \mid 11 \le x < 20\}, \quad B = \{x \mid a < x < a^2+a\}$$
에 대하여 $A \cap B = A$가 성립하도록 하는 자연수 a의 개수는?

① 6   ② 7   ③ 8
④ 9   ⑤ 10

13 집합의 연산에 대한 성질과 포함 관계

전체집합 U의 두 부분집합 A, B에 대하여

(1) $A \cup A = A$, $A \cap A = A$

(2) $A \cup \varnothing = A$, $A \cap \varnothing = \varnothing$

(3) $A \cup U = U$, $A \cap U = A$

(4) $U^C = \varnothing$, $\varnothing^C = U$

(5) $A \cup A^C = U$, $A \cap A^C = \varnothing$

(6) $(A^C)^C = A$

(7) $A - B = A \cap B^C = A - (A \cap B) = (A \cup B) - B$

(8) $A \subset B \Longleftrightarrow A \cap B = A$
$\Longleftrightarrow A \cup B = B$
$\Longleftrightarrow A - B = \varnothing$
$\Longleftrightarrow A \cap B^C = \varnothing$
$\Longleftrightarrow B^C \subset A^C$
$\Longleftrightarrow B^C - A^C = \varnothing$

» **올림포스** 수학(하) 11쪽

47 대표문제

▶ 23641-0047

전체집합 U의 두 부분집합 A, B가 $A \subset B$를 만족시킬 때, 다음 중 항상 옳은 것은?

① $A \cup B = A$

② $A \cap B = B$

③ $A - B = A$

④ $(A \cup B)^C \subset A^C$

⑤ $(A \cap B)^C \subset B^C$

48 상중하

▶ 23641-0048

전체집합 $U = \{x \,|\, x는\ 10\ 이하의\ 자연수\}$의 두 부분집합

$A = \{x \,|\, x는\ 10의\ 양의\ 약수\}$,

$B = \{x \,|\, x는\ 소수\}$

에 대하여 집합 $A \cap B^C$의 원소의 개수는?

① 1   ② 2   ③ 3

④ 4   ⑤ 5

49 상중하

▶ 23641-0049

전체집합 U의 두 부분집합 A, B에 대하여 다음 중 집합 $A \cap (A - B^C)^C$과 항상 같은 집합은?

① $A \cap B$ ② $A \cup B$ ③ $A \cap B^C$

④ $A \cup B^C$ ⑤ $A^C \cup B^C$

50 상중하

▶ 23641-0050

전체집합 U의 세 부분집합

$A = \{1,\ 2,\ 3,\ 4,\ 5\}$,

$B = \{3,\ 4,\ 5,\ 6,\ 7\}$,

$C = \{4,\ 5,\ 6,\ 7,\ 8\}$

에 대하여 집합 $(A - C) \cup (B \cap C^C)$의 원소의 개수는?

① 1   ② 2   ③ 3

④ 4   ⑤ 5

51 상중하

▶ 23641-0051

전체집합 U의 세 부분집합 A, B, C가

$A - B = \varnothing$, $C - B = \varnothing$

을 만족시킬 때, **보기**에서 항상 옳은 것만을 있는 대로 고른 것은?

┌─ 보기 ─────────────

ㄱ. $A \cap B \cap C = A$

ㄴ. $A \cup B \cup C = B$

ㄷ. $(A \cap C) - B = \varnothing$

└─────────────────

① ㄱ   ② ㄴ   ③ ㄱ, ㄷ

④ ㄴ, ㄷ   ⑤ ㄱ, ㄴ, ㄷ

14 집합의 연산과 집합의 개수

$n(A)=p$, $n(B)=q$인 두 집합 A, B에 대하여
$$A \subset X \subset B$$
를 만족시키는 집합 X의 개수는
$$2^{q-p} \ (p \leq q)$$
이다.

>> **올림포스** 수학(하) 11쪽

52 대표문제
▶ 23641-0052

전체집합 $U=\{x \,|\, x$는 8 이하의 자연수$\}$의 부분집합
$A=\{1, 3, 5, 7\}$에 대하여
$$A-X=A$$
를 만족시키는 U의 부분집합 X의 개수는?

① 2   ② 4   ③ 8
④ 16   ⑤ 32

53 상중하
▶ 23641-0053

두 집합 $A=\{1, 2, 3, 4\}$, $B=\{3, 4, 5, 6, 7\}$에 대하여
$$(A \cup B) \cap X = X, \ (A-B) \cup X = X$$
를 만족시키는 집합 X의 개수는?

① 4   ② 8   ③ 16
④ 32   ⑤ 64

54 상중하
▶ 23641-0054

전체집합 $U=\{x \,|\, x$는 8 이하의 자연수$\}$의 두 부분집합
$A=\{1, 2, 3\}$, $B=\{3, 4, 5\}$에 대하여
$$A \cup X = X, \ (B-A) \cap X = \{5\}$$
를 만족시키는 U의 부분집합 X의 개수를 구하시오.

중요 15 집합의 연산 법칙

세 집합 A, B, C에 대하여
(1) $A \cup B = B \cup A$, $A \cap B = B \cap A$
(2) $(A \cup B) \cup C = A \cup (B \cup C)$
$\quad (A \cap B) \cap C = A \cap (B \cap C)$
(3) $A \cup (B \cap C) = (A \cup B) \cap (A \cup C)$
$\quad A \cap (B \cup C) = (A \cap B) \cup (A \cap C)$
(4) 드모르간의 법칙
전체집합 U의 두 부분집합 A, B에 대하여
① $(A \cup B)^C = A^C \cap B^C$
② $(A \cap B)^C = A^C \cup B^C$

>> **올림포스** 수학(하) 12쪽

55 대표문제
▶ 23641-0055

전체집합 $U=\{1, 2, 3, 4, 5\}$의 두 부분집합 A, B에 대하여
$A \cup B = \{1, 3, 5\}$일 때, 집합 $A^C \cap B^C$의 모든 원소의 합을 구하시오.

56 상중하
▶ 23641-0056

전체집합 U의 두 부분집합 A, B에 대하여 다음 중 집합
$$A \cap (B \cup A^C)$$
과 항상 같은 집합은?

① $A \cap B$ ② $A \cup B$ ③ $A \cup B^C$
④ $A^C \cup B^C$ ⑤ $A-B$

57 상중하
▶ 23641-0057

전체집합 $U=\{x \,|\, x$는 10 이하의 자연수$\}$의 두 부분집합
$$A=\{1, 3, 5, 7\}, \ B=\{2, 3, 6, 9\}$$
에 대하여 집합 $(A \cap B^C)^C$의 원소의 개수는?

① 3   ② 4   ③ 5
④ 6   ⑤ 7

58 상 중 하

▶ 23641-0058

전체집합 U의 두 부분집합 A, B가 $A \cup B = B^C$을 만족시킬 때, 옳은 것만을 **보기**에서 있는 대로 고른 것은?

┌─ 보기 ─────────────────
ㄱ. $B = \varnothing$
ㄴ. $A \cup B = U$
ㄷ. $A - B = A$이고 $B - A = B$이다.
└───────────────────────

① ㄱ   ② ㄴ   ③ ㄱ, ㄷ
④ ㄴ, ㄷ   ⑤ ㄱ, ㄴ, ㄷ

59 상 중 하

▶ 23641-0059

전체집합 U의 두 부분집합 A, B가
$$\{(A-B) \cup (A \cap B)\} \cap B = A$$
를 만족시킬 때, 다음 중 항상 옳은 것은?

① $A \subset B$ ② $B \subset A$ ③ $A = B$
④ $A \cap B = \varnothing$ ⑤ $A \cup B = U$

60 상 중 하

▶ 23641-0060

전체집합 U의 두 부분집합 A, B에 대하여 다음 중 집합
$$(A \cap B) \cup (A \cap B^C) \cup (A^C \cap B)$$
와 항상 같은 집합은?

① $A \cap B$ ② $A \cup B$ ③ $A \cap B^C$
④ $A \cup B^C$ ⑤ $A^C \cup B^C$

61 상 중 하

▶ 23641-0061

전체집합 U의 두 부분집합 A, B에 대하여 다음 중 집합
$$\{A^C \cup (A^C \cap B^C)^C\}^C$$
과 항상 같은 집합은?

① $A \cap B$ ② $A \cup B$ ③ $A - B$
④ U ⑤ $\varnothing$

---

16 집합의 연산 법칙의 활용

집합의 연산 법칙을 이용하여 주어진 조건을 간단히 정리한 후 집합을 구하거나 벤다이어그램을 이용하여 집합을 구한다.

》올림포스 수학(하) 12쪽

62 대표문제

▶ 23641-0062

전체집합 $U = \{x \mid x$는 9 이하의 자연수$\}$의 두 부분집합 A, B가
$$A^C \cap B^C = \{4, 5\}, \quad B - A = \{3, 6, 9\}$$
를 만족시킬 때, 집합 A의 모든 원소의 합을 구하시오.

63 상 중 하

▶ 23641-0063

전체집합 $U = \{x \mid x$는 10 이하의 자연수$\}$의 두 부분집합 $A = \{x \mid x$는 짝수$\}$, B에 대하여
$$(A \cup B) - (A \cap B) = \{1, 2, 3, 9, 10\}$$
일 때, 집합 B의 원소의 개수는?

① 3   ② 4   ③ 5
④ 6   ⑤ 7

64 상 중 하

▶ 23641-0064

전체집합 $U = \{x \mid x$는 10 이하의 자연수$\}$와 집합 $A = \{2, 4, 6, 8, 10\}$에 대하여 다음 조건을 만족시키는 집합 X의 모든 원소의 합을 구하시오.

┌─────────────────────────
(가) $A \cup X = U$
(나) $A \cap (A - X) = A$
└─────────────────────────

65 상중하
▶ 23641-0065

전체집합 $U=\{x|x$는 9 이하의 자연수$\}$의 두 부분집합 A, B
가 다음 조건을 만족시킨다.

(가) $A=\{2x-1|x$는 정수$\}$
(나) $(A-B)\cup(B-A)=\{2, 5, 9\}$

집합 B의 모든 원소의 합은?

① 11   ② 12   ③ 13
④ 14   ⑤ 15

66 상중하
▶ 23641-0066

전체집합 U의 세 부분집합 A, B, C가
$$A-B=\{3, 4, 5\},$$
$$A\cap C=\{4, 5, 6\}$$
을 만족시킬 때, 집합 $A-(B-C)$의 모든 원소의 합은?

① 10   ② 12   ③ 14
④ 16   ⑤ 18

17 배수와 약수를 나타내는 집합

두 자연수 m, n과 자연수 k에 대하여
(1) k의 양의 배수의 집합을 A_k라 하면 m과 n의 공배수
를 원소로 갖는 집합은 $A_m\cap A_n$이다.
(2) k의 양의 약수의 집합을 B_k라 하면 m과 n의 공약수
를 원소로 갖는 집합은 $B_m\cap B_n$이다.

67 대표문제
▶ 23641-0067

집합 $A_k=\{x|x$는 k의 배수$\}$에 대하여
$$A_2\cap(A_4\cup A_5)=A_p\cup A_q$$
를 만족시키는 두 자연수 p, q의 합 $p+q$의 값은?

① 6   ② 8   ③ 10
④ 12   ⑤ 14

68 상중하
▶ 23641-0068

자연수 전체의 집합의 부분집합
$$A_k=\{x|x$는 k의 양의 약수$\}$$
에 대하여 집합 $A_{12}\cap A_{18}\cap A_{24}$의 모든 원소의 합은?

① 10   ② 12   ③ 14
④ 16   ⑤ 18

69 상중하
▶ 23641-0069

전체집합 $U=\{x|x$는 50 이하의 자연수$\}$의 부분집합
$A_k=\{x|x$는 k의 배수$\}$에 대하여 집합
$$A_2\cap(A_3\cup A_4)$$
의 원소의 개수를 구하시오.

18 집합으로 나타낸 방정식 또는 부등식의 해

이차방정식 $ax^2+bx+c=0 \; (a>0)$이 서로 다른 두 실근 α, $\beta \; (\alpha<\beta)$를 갖는다고 하면

(1) $\{x \,|\, ax^2+bx+c=0\}=\{\alpha,\ \beta\}$

(2) $\{x \,|\, ax^2+bx+c<0\}=\{x \,|\, \alpha<x<\beta\}$

(3) $\{x \,|\, ax^2+bx+c>0\}=\{x \,|\, x<\alpha \text{ 또는 } x>\beta\}$

70 대표문제
▶ 23641-0070

두 집합
$$A=\{x \,|\, x^2-9x+20=0\},$$
$$B=\{x \,|\, x^2-4x+a=0\}$$
에 대하여 $A-B=\{4\}$일 때, $B-A=\{k\}$이다. $a+k$의 값은? (단, a는 상수이다.)

① -10 ② -9 ③ -8

④ -7 ⑤ -6

71 상중하
▶ 23641-0071

두 집합
$$A=\{x \,|\, x^2-5x+4\le 0\},$$
$$B=\{x \,|\, x^2+ax+b<0\}$$
이 $A\cap B=\varnothing$, $A\cup B=\{x \,|\, -6<x\le 4\}$를 만족시킨다. 두 상수 a, b에 대하여 $a+b$의 값은?

① -5 ② -4 ③ -3

④ -2 ⑤ -1

72 상중하
▶ 23641-0072

두 집합
$$A=\{x \,|\, x^2-8x+15\le 0\},$$
$$B=\{x \,|\, a<x<b\}$$
가 $A\cap B=A$를 만족시킬 때, 정수 a의 최댓값과 정수 b의 최솟값의 합을 구하시오.

19 유한집합의 원소의 개수

(1) 두 유한집합 A, B에 대하여

① $n(A\cup B)=n(A)+n(B)-n(A\cap B)$

② $n(A-B)=n(A)-n(A\cap B)$
$$\qquad\qquad =n(A\cup B)-n(B)$$

(2) 세 유한집합 A, B, C에 대하여
$$n(A\cup B\cup C)$$
$$=n(A)+n(B)+n(C)$$
$$\quad -n(A\cap B)-n(B\cap C)-n(C\cap A)$$
$$\quad +n(A\cap B\cap C)$$

》 올림포스 수학(하) 12쪽

73 대표문제
▶ 23641-0073

두 집합 A, B에 대하여
$$n(A\cup B)=20,\ n(A)=15,\ n(B)=10$$
일 때, $n(A\cap B)$의 값을 구하시오.

74 상중하
▶ 23641-0074

$n(U)=30$인 전체집합 U의 두 부분집합 A, B가
$$n(A\cap B)=8,\ n(A^C\cap B^C)=12$$
를 만족시킬 때, $n(A)+n(B)$의 값은?

① 20   ② 22   ③ 24

④ 26   ⑤ 28

75 상중하
▶ 23641-0075

전체집합 U의 두 부분집합 A, B가
$$n(A)=35,\ n(A-B)=7$$
을 만족시킨다. $n(U)=50$일 때, $n((A\cap B)^C)$의 값은?

① 16   ② 18   ③ 20

④ 22   ⑤ 24

76 상중하
▶ 23641-0076

두 집합 A, B가
$$n(A)=16,\ n(B)=20,\ n(A-B)=9$$
를 만족시킬 때, $n(B-A)$의 값은?

① 11   ② 12   ③ 13

④ 14   ⑤ 15

77 상중하
▶ 23641-0077

전체집합 U의 두 부분집합 A, B가
$$n(U)=100,\ n(A)=60,\ n(A^C\cap B^C)=25$$
를 만족시킬 때, $n(A^C\cap B)$의 값은?

① 10   ② 15   ③ 20

④ 25   ⑤ 30

78 상중하
▶ 23641-0078

원소의 개수가 각각 3, 4, 5인 세 집합 A, B, C가
$$n(A\cap B)=0,\ n(A\cup C)=7,\ n(B\cup C)=6$$
을 만족시킬 때, $n(A\cup B\cup C)$의 값을 구하시오.

79 상중하
▶ 23641-0079

세 집합 A, B, C가
$$n(A)=14,\ n(B)=12,$$
$$n(A\cap B)=5,\ n(A\cup B\cup C)=35$$
를 만족시킬 때, $n(C-(A\cup B))$의 값은?

① 11   ② 12   ③ 13

④ 14   ⑤ 15

20 유한집합의 원소의 개수의 활용

주어진 조건에서 전체집합 U와 그 부분집합 A, B를 정하고, 주어진 조건을 만족시키는 집합의 원소의 개수를 구한다.

80 대표문제
▶ 23641-0080

어느 여행동아리 회원 40명을 대상으로 이탈리아와 스페인을 여행한 경험이 있는지를 조사하였더니 이탈리아를 여행한 경험이 있다고 응답한 회원이 30명, 스페인을 여행한 경험이 있다고 응답한 회원이 35명이었고, 이탈리아와 스페인을 모두 여행한 경험이 있다고 응답한 회원이 28명이었다. 이탈리아를 여행한 경험도 없고 스페인을 여행한 경험도 없는 회원 수는?

① 1   ② 2   ③ 3
④ 4   ⑤ 5

81 (상중하)
▶ 23641-0081

어느 학급 학생 35명을 대상으로 축구와 야구 중 어떤 종목을 좋아하는지를 조사하였더니 축구를 좋아한다고 응답한 학생이 21명, 야구를 좋아한다고 응답한 학생이 16명이었다. 축구와 야구를 모두 좋아한다고 응답한 학생 수는? (단, 모든 학생은 축구와 야구 중 적어도 한 종목은 좋아한다고 응답하였다.)

① 1   ② 2   ③ 3
④ 4   ⑤ 5

82 (상중하)
▶ 23641-0082

어느 고등학교 학생 40명을 대상으로 A 소설과 B 소설을 읽었는지를 조사하였더니 A 소설을 읽은 학생이 25명, B 소설을 읽은 학생이 16명이었고, A 소설과 B 소설을 모두 읽지 않은 학생이 5명이었다. A 소설과 B 소설을 모두 읽은 학생 수는?

① 6   ② 7   ③ 8
④ 9   ⑤ 10

83 (상중하)
▶ 23641-0083

어느 학급 학생 30명을 대상으로 지난 주말에 TV프로그램인 A 프로그램과 B 프로그램 중 어떤 프로그램을 시청했는지를 조사하였더니 A 프로그램과 B 프로그램을 모두 시청한 학생이 8명, A 프로그램과 B 프로그램을 모두 시청하지 않은 학생이 7명이었다. A 프로그램과 B 프로그램 중 어느 한 프로그램만을 시청한 학생 수는?

① 11   ② 12   ③ 13
④ 14   ⑤ 15

84 (상중하)
▶ 23641-0084

어느 고등학교 학생 35명을 대상으로 A 공원과 B 공원을 방문한 적이 있는지를 조사하였더니 A 공원을 방문한 적이 있는 학생이 16명, B 공원을 방문한 적이 있는 학생이 24명이었고, A 공원과 B 공원을 모두 방문한 적이 없는 학생이 3명이었다. A 공원만 방문한 적이 있는 학생 수는?

① 6   ② 7   ③ 8
④ 9   ⑤ 10

21 새롭게 정의된 집합의 연산

새롭게 정의된 집합의 연산이 주어진 경우 집합의 연산 법칙을 이용하여 정리하거나 벤다이어그램을 이용하여 정리한다.

85 대표문제
▶ 23641-0085

두 집합 A, B에 대하여
$$A \bigstar B = (A \cup B) - (A \cap B)$$
라 하자. 세 집합
$$A = \{1, 2, 6, 7\},$$
$$B = \{2, 3, 5, 7\},$$
$$C = \{4, 5, 6, 7\}$$
에 대하여 집합 $(A \bigstar B) \bigstar C$의 모든 원소의 합은?

① 11 ② 12 ③ 13
④ 14 ⑤ 15

86 상중하
▶ 23641-0086

두 집합 A, B에 대하여
$$A \star B = (A - B) \cup (B - A)$$
라 하자. 집합 $A = \{1, 2, 3, 4\}$에 대하여 집합 B가
$$A \star B = \{1, 2, 5\}$$
를 만족시킬 때, 집합 B의 모든 원소의 합을 구하시오.

87 상중하
▶ 23641-0087

전체집합 U의 두 부분집합 A, B에 대하여
$$A \triangle B = (A - B^C) \cup (B^C - A)$$
라 하자. 다음 중 집합 $(A \triangle B) \triangle A$와 같은 집합으로 항상 옳은 것은?

① A ② B ③ $A \cap B$
④ $A \cup B$ ⑤ $A - B$

중요
22 유한집합의 원소의 개수의 최댓값과 최솟값

전체집합 U의 두 부분집합 A, B에 대하여
(1) $n(A \cap B)$가 최대이면 $n(A \cup B)$가 최소이다.
(2) $n(A \cap B)$가 최소이면 $n(A \cup B)$가 최대이다.

88 대표문제
▶ 23641-0088

전체집합 U의 두 부분집합 A, B에 대하여
$$n(U) = 50, \ n(A) = 20, \ n(B) = 25$$
일 때, $n(A^C \cap B^C)$의 최댓값과 최솟값의 합을 구하시오.

89 상중하
▶ 23641-0089

$n(A) = 12$, $n(B) = 16$인 두 집합 A, B에 대하여
$$n(A \cap B) \geq 6$$
일 때, $n(A \cup B)$의 최댓값과 최솟값의 합은?

① 36 ② 37 ③ 38
④ 39 ⑤ 40

90 상중하
▶ 23641-0090

진로 체험활동에 참여한 학생 40명 중에 A 활동에 참여한 학생 수와 B 활동에 참여한 학생 수는 각각 28, 22이다. A 활동과 B 활동에 모두 참여한 학생 수의 최댓값과 최솟값을 각각 M, m이라 할 때, $M - m$의 값은?

① 8 ② 9 ③ 10
④ 11 ⑤ 12

서술형 완성하기

01 ▶ 23641-0091

두 집합
$$A=\{x\,|\,2a\le 2x-1\le 3a+1\},$$
$$B=\{x\,|\,b\le 3x+1\le 4b\}$$
가 $A=B$를 만족시키도록 하는 두 상수 a, b에 대하여 $10(b-a)$의 값을 구하시오.

02 ▶ 23641-0092

$0<a<b$인 두 상수 a, b에 대하여 두 집합
$$A=\{-3,\ a-1,\ b-1\},$$
$$B=\{b-a,\ b-6a,\ b-9a\}$$
가 $A\subset B$, $B\subset A$를 만족시킬 때, a^2+b^2의 값을 구하시오.

03 ▶ 23641-0093

전체집합 $U=\{1,\ 2,\ 3,\ 4,\ 5,\ 6\}$의 두 부분집합 A, B가
$$A^C=\{3\},\ A-B=\{1,\ 2\},\ B\subset A$$
를 만족시킬 때, 집합 B의 모든 원소의 합을 구하시오.

04 내신기출 ▶ 23641-0094

세 집합
$$A=\{x\,|\,-4<x\le 8\},$$
$$B=\{x\,|\,3\le x<10\},$$
$$C=\{x\,|\,a<x<b\}$$
가 다음 조건을 만족시킨다.

(가) $A\cap B\cap C=\varnothing$
(나) $(A\cup C)\cap(B\cup C)=\{x\,|\,1<x\le 8\}$

두 상수 a, b의 합 $a+b$의 값을 구하시오.

05 ▶ 23641-0095

전체집합 U의 세 부분집합 A, B, C가
$$A-B=\{1,\ 2,\ 3,\ 4\},\ A-C=\{3,\ 4,\ 5,\ 6\}$$
을 만족시킬 때, 집합 $A\cap(B\cap C)^C$의 원소의 개수를 구하시오.

06

▸ 23641-0096

전체집합 $U=\{x\,|\,x$는 100 이하의 자연수$\}$의 부분집합 A_k를
$$A_k=\{x\,|\,x$는 k의 배수$\}$$
라 하자. $A_k \cup A_{10}=A_k$를 만족시키는 자연수 k의 개수를 구하시오.

07 내신기출

▸ 23641-0097

전체집합 $U=\{x\,|\,x$는 10 이하의 자연수$\}$의 부분집합 $A=\{2,\ 4,\ 6,\ 8\}$에 대하여 다음 조건을 만족시키는 U의 부분집합 X의 모든 원소의 합의 최솟값을 구하시오.

(가) $A \cap X = \varnothing$
(나) 집합 $(A \cup X)^C$의 원소의 개수는 2이다.

08

▸ 23641-0098

$n(U)=30$인 전체집합 U의 두 부분집합 A, B가
$$n(A^C \cap B^C)=6,\ n(A-B)=10$$
을 만족시킨다. 집합 B의 원소의 개수를 구하시오.

09 내신기출

▸ 23641-0099

전체집합 U의 세 부분집합 A, B, C가
$$A=\{1,\ 2,\ 3,\ 4\},\ B \cup C=\{4,\ 5,\ 6,\ 7,\ 8\}$$
을 만족시킬 때, 집합 $(B^C-A^C)-C$의 원소의 개수를 구하시오.

10

▸ 23641-0100

두 집합 A, B에 대하여
$$A \triangledown B = A^C - B$$
라 하자. 전체집합 $U=\{x\,|\,x$는 10 이하의 자연수$\}$의 두 부분집합 A, B가
$$A \triangledown B=\{3,\ 4,\ 5,\ 8,\ 9\},\ A^C \triangledown A^C=\{1,\ 2,\ 10\}$$
을 만족시킬 때, 집합 $A \triangledown B^C$의 모든 원소의 합을 구하시오.

내신 + 수능 고난도 도전

▶ 23641-0101

01 두 집합

$$A=\{1,\ 2a-1,\ a^2+2a\},\ B=\{a-1,\ a,\ 2a+1\}$$

에 대하여 $A=B$가 성립하도록 하는 상수 a의 값은?

① -2 ② -1 ③ 0 ④ 1 ⑤ 2

▶ 23641-0102

02 전체집합 $U=\{x\,|\,x$는 10 이하의 자연수$\}$의 두 부분집합 $A,\ B$가

$$A\cap B=\{3,\ 4,\ 5\},\ A^C\cap B=\{6,\ 7,\ 8\},\ A^C\cap B^C=\{9,\ 10\}$$

을 만족시킬 때, $n(A)+n(B)$의 값은?

① 8 ② 9 ③ 10 ④ 11 ⑤ 12

실생활

▶ 23641-0103

03 세 과목 A, B, C만 개설된 어느 고등학교 방과후학교에 수강신청한 학생 30명을 대상으로 A, B, C 세 과목의 수강신청 여부를 조사하였더니 B 과목을 신청한 학생이 17명, C 과목을 신청한 학생이 15명, B 과목과 C 과목을 모두 신청한 학생이 9명이었다. A 과목만을 신청한 학생 수를 구하시오.

▶ 23641-0104

04 두 집합 $A=\{a,\ b,\ c\}$, $B=\{a+k,\ b+k,\ c+k\}$가 다음 조건을 만족시킨다.

> (가) 집합 A의 모든 원소의 합은 21이다.
> (나) 집합 $A\cup B$의 모든 원소의 합은 45이다.
> (다) $A\cap B=\{9\}$

집합 B의 모든 원소의 합은? (단, k는 상수이다.)

① 31 ② 33 ③ 35 ④ 37 ⑤ 39

05 ▶ 23641-0105

전체집합 $U=\{x|x$는 30 이하의 자연수$\}$의 부분집합 A_k를
$$A_k=\{x|x$는 k의 배수$\}$$
라 하자. $A_k\cap A_4=A_k$를 만족시키는 30 이하의 자연수 k의 개수는?

① 6   ② 7   ③ 8   ④ 9   ⑤ 10

06 ▶ 23641-0106

집합 $A=\{1, 2, 3, 4, 5\}$에 대하여 다음 조건을 만족시키는 공집합이 아닌 집합 X의 개수는?

> (가) $X\subset A$, $X\neq A$
> (나) 집합 X의 임의의 원소 x에 대하여 $6-x\in X$이다.

① 6   ② 7   ③ 8   ④ 9   ⑤ 10

07 ▶ 23641-0107

두 집합 A, B에 대하여
$$A\odot B=(A\cup B)-(A\cap B)$$
라 하자. $A\odot\varnothing=\{1, 3, 5, 7\}$, $\varnothing\odot B=\{5, 6, 7, 8\}$일 때, 집합 $A\odot B$의 모든 원소의 합을 구하시오.

08 실생활 ▶ 23641-0108

어느 고등학교 학생들을 대상으로 하루 휴대폰 사용 시간과 하루 독서 시간을 조사하였더니 하루 휴대폰 사용 시간이 3시간 이상인 학생 수가 10, 하루 독서 시간이 3시간 이상인 학생 수가 13, 하루 휴대폰 사용 시간이 3시간 이상이고 하루 독서 시간이 3시간 미만인 학생 수가 10이었다. 하루 휴대폰 사용 시간과 하루 독서 시간 중 적어도 하나가 3시간 이상인 학생 수를 구하시오.

11 명제

01 명제와 조건

(1) **명제**: 참, 거짓을 분명하게 판별할 수 있는 문장이나 식을 명제라고 한다.
(2) **조건**: 미지수를 포함하는 문장이나 식이 미지수의 값에 따라 참, 거짓이 결정될 때, 그 문장이나 식을 조건이라 하고 흔히 p, q, r, $\cdots$로 나타낸다.
(3) **진리집합**: 전체집합 U의 원소 중에서 조건 p를 참이 되게 하는 모든 원소들의 집합을 조건 p의 진리집합이라고 한다.

02 명제와 조건의 부정

(1) 명제나 조건 p에 대하여 'p가 아니다.'를 명제나 조건 p의 부정이라 하고, 기호로 $\sim p$와 같이 나타낸다.
(2) 명제 p가 참이면 $\sim p$는 거짓이고, 명제 p가 거짓이면 $\sim p$는 참이다.
(3) $\sim p$의 부정 $\sim(\sim p)$는 p이다.
(4) 조건 p의 진리집합이 P이면 $\sim p$의 진리집합은 P^C이다.

> 두 조건 p, q에 대하여
> 'p 또는 q'의 부정은 '$\sim p$ 그리고 $\sim q$'이다.
> 또 'p 그리고 q'의 부정은 '$\sim p$ 또는 $\sim q$'이다.

03 '모든' 또는 '어떤'이 들어 있는 명제

(1) 전체집합 U에 대하여 조건 p의 진리집합을 P라 할 때
 ① $P=U$이면 '모든 x에 대하여 p이다.'는 참이고,
  $P \neq U$이면 '모든 x에 대하여 p이다.'는 거짓이다.
 ② $P \neq \varnothing$이면 '어떤 x에 대하여 p이다.'는 참이고,
  $P = \varnothing$이면 '어떤 x에 대하여 p이다.'는 거짓이다.
(2) 조건 p에 대하여
 ① 명제 '모든 x에 대하여 p이다.'의 부정
  ⇨ '어떤 x에 대하여 $\sim p$이다.'
 ② 명제 '어떤 x에 대하여 p이다.'의 부정
  ⇨ '모든 x에 대하여 $\sim p$이다.'

> '모든'이 들어 있는 명제는 반례가 단 하나만 존재해도 거짓이다.
> '어떤'이 들어 있는 명제는 그것을 만족시키는 예가 단 하나만 존재해도 참이다.

04 명제 $p \longrightarrow q$의 참, 거짓

(1) 두 조건 p, q에 대하여 'p이면 q이다.'의 꼴로 되어 있는 명제를 기호로 $p \longrightarrow q$와 같이 나타낸다. 이때 조건 p를 가정, 조건 q를 결론이라고 한다.
(2) 명제 $p \longrightarrow q$에 대하여 두 조건 p, q의 진리집합을 각각 P, Q라 할 때
 ① 명제 $p \longrightarrow q$가 참이면 $P \subset Q$이다.
  또 $P \subset Q$이면 명제 $p \longrightarrow q$가 참이다.
 ② 명제 $p \longrightarrow q$가 거짓이면 $P \not\subset Q$이다.
  또 $P \not\subset Q$이면 명제 $p \longrightarrow q$가 거짓이다.

> 명제 $p \longrightarrow q$가 거짓임을 보일 때는 가정 p는 만족시키지만 결론 q는 만족시키지 않는 예를 찾으면 된다.
> 이와 같은 예를 반례라고 한다.

01 명제와 조건

[01~04] 다음이 명제인지 아닌지 판별하시오.

01 음악은 재미있다.

02 삼각형의 내각의 크기의 합은 $360°$이다.

03 $2+5=8$

04 한라산은 제주도에 있나요?

[05~10] 전체집합 $U=\{x|x$는 10 이하의 자연수$\}$에 대하여 다음 조건의 진리집합을 구하시오.

05 p: x는 짝수이다.

06 p: x는 홀수이다.

07 p: x는 소수이다.

08 p: x는 10의 양의 약수이다.

09 p: $x^2-5x+6=0$

10 p: $x^2-7x+10\leq0$

02 명제와 조건의 부정

[11~13] 다음 명제의 부정을 구하시오.

11 무리수는 실수이다.

12 $\sqrt{2}$는 유리수이다.

13 5는 8의 약수이다.

[14~18] $U=\{x|x$는 6 이하의 자연수$\}$를 전체집합으로 하는 조건 p가
p: x는 5 미만의 자연수이다.
일 때, 다음 물음에 답하시오.

14 조건 p의 진리집합을 구하시오.

15 조건 $\sim p$를 구하시오.

16 조건 $\sim p$의 진리집합을 구하시오.

17 조건 $\sim(\sim p)$를 구하시오.

18 조건 $\sim(\sim p)$의 진리집합을 구하시오.

03 '모든' 또는 '어떤'이 들어 있는 명제

[19~22] 다음 물음에 답하시오.

19 명제 '모든 실수 x에 대하여 $x^2+1>0$이다.'의 참, 거짓을 판별하시오.

20 명제 '모든 실수 x에 대하여 $x^2+1>0$이다.'의 부정을 구하시오.

21 명제 '어떤 실수 x에 대하여 $x\geq x^2$이다.'의 참, 거짓을 판별하시오.

22 명제 '어떤 실수 x에 대하여 $x\geq x^2$이다.'의 부정을 구하시오.

04 명제 $p \longrightarrow q$의 참, 거짓

[23~25] 다음 명제의 가정과 결론을 구하시오.

23 x가 정수이면 x는 자연수이다.

24 x^2이 짝수이면 x는 홀수이다.

25 $x<0$이면 $|x|>0$이다.

[26~28] 다음 명제의 참, 거짓을 판별하시오.

26 x가 실수이면 x는 유리수이다.

27 두 자연수 m, n에 대하여 mn이 홀수이면 m과 n은 모두 홀수이다.

28 삼각형 ABC가 이등변삼각형이면 삼각형 ABC는 정삼각형이다.

[29~31] 세 조건
p: x는 6의 양의 약수이다.
q: x는 12의 양의 약수이다.
r: x는 15의 양의 약수이다.
의 진리집합을 각각 P, Q, R라 할 때, 다음 물음에 답하시오.

29 세 집합 P, Q, R를 구하시오.

30 명제 $p \longrightarrow q$의 참, 거짓을 판별하시오.

31 명제 $p \longrightarrow r$의 참, 거짓을 판별하시오.

11 명제

05 명제의 역과 대우

(1) **역**: 명제 $p \longrightarrow q$에서 가정과 결론을 서로 바꾸어 놓은 명제 $q \longrightarrow p$를 명제 $p \longrightarrow q$의 역이라고 한다.

(2) **대우**: 명제 $p \longrightarrow q$에서 가정과 결론을 각각 부정하여 서로 바꾸어 놓은 명제 $\sim q \longrightarrow \sim p$를 명제 $p \longrightarrow q$의 대우라고 한다.

(3) **명제와 그 대우의 참, 거짓**
  ① 명제 $p \longrightarrow q$가 참이면 그 대우 $\sim q \longrightarrow \sim p$도 참이다.
  ② 명제 $p \longrightarrow q$가 거짓이면 그 대우 $\sim q \longrightarrow \sim p$도 거짓이다.

06 명제의 증명

(1) **대우를 이용한 증명**: 명제 $p \longrightarrow q$가 참임을 보일 때, 그 대우 $\sim q \longrightarrow \sim p$가 참임을 보이면 된다.

(2) **귀류법**: 어떤 명제가 참임을 증명할 때, 명제 또는 명제의 결론을 부정한 다음 모순이 생기는 것을 보여서 원래 명제가 참임을 보이는 증명 방법을 귀류법이라고 한다.

(3) **삼단논법**: 세 조건 p, q, r에 대하여 명제 $p \longrightarrow q$가 참이고 명제 $q \longrightarrow r$가 참이면 명제 $p \longrightarrow r$는 참이다.

07 필요조건과 충분조건

(1) 명제 $p \longrightarrow q$가 참일 때, 이것을 기호로 $p \Longrightarrow q$와 같이 나타내고 p는 q이기 위한 충분조건, q는 p이기 위한 필요조건이라고 한다.

(2) $p \Longrightarrow q$이고 $q \Longrightarrow p$일 때, 이것을 기호로 $p \Longleftrightarrow q$와 같이 나타내고 p는 q이기 위한 필요충분조건이라고 한다. 이때 q도 p이기 위한 필요충분조건이다.

(참고) 두 조건 p, q의 진리집합을 각각 P, Q라 할 때
  ① $P \subset Q$이면 $p \Longrightarrow q$이므로 p는 q이기 위한 충분조건, q는 p이기 위한 필요조건이다.
  ② $P = Q$이면 $p \Longleftrightarrow q$이므로 p는 q이기 위한 필요충분조건이다.

08 절대부등식

(1) **절대부등식**: 주어진 집합의 모든 원소에 대하여 항상 성립하는 부등식을 절대부등식이라고 한다.

(2) **실수의 성질**
  a, b가 실수일 때
  ① $a > b \Longleftrightarrow a - b > 0$
  ② $a^2 \geq 0$
  ③ $a^2 + b^2 = 0 \Longleftrightarrow a = b = 0$
  ④ $|a|^2 = a^2$, $|ab| = |a||b|$
  ⑤ $a > 0$, $b > 0$일 때, $a > b \Longleftrightarrow a^2 > b^2$

(3) **여러 가지 절대부등식**
  두 실수 a, b에 대하여
  ① $a^2 - ab + b^2 \geq 0$ (단, 등호는 $a = b = 0$일 때 성립한다.)
  ② $|a + b| \leq |a| + |b|$ (단, 등호는 $ab \geq 0$일 때 성립한다.)
  ③ 산술평균과 기하평균의 관계
  $a > 0$, $b > 0$일 때, $\dfrac{a + b}{2} \geq \sqrt{ab}$ (단, 등호는 $a = b$일 때 성립한다.)

명제 $p \longrightarrow q$가 참이라고 해서 그 역 $q \longrightarrow p$가 항상 참인 것은 아니다.

정의: 용어의 뜻을 명확하게 정한 것을 그 용어의 정의라고 한다.
증명: 이미 알려진 사실이나 성질을 이용하여 어떤 명제가 참임을 논리적으로 밝히는 것을 증명이라고 한다.
정리: 참임이 증명된 명제 중에서 기본이 되는 것이나 다른 명제를 증명할 때 이용할 수 있는 것을 정리라고 한다.

p가 q이기 위한 필요충분조건임을 보이려면 명제 $p \longrightarrow q$와 그 역 $q \longrightarrow p$가 모두 참임을 보여야 한다.

산술평균과 기하평균의 관계는 합이 일정한 두 양수의 곱의 최댓값을 찾을 때 또는 곱이 일정한 두 양수의 합의 최솟값을 찾을 때 이용된다.

05 명제의 역과 대우

[32~35] 명제

    '$a=b=0$이면 $ab=0$이다.'

에 대하여 다음 물음에 답하시오. (단, a, b는 실수이다.)

32 역을 구하시오.

33 역의 참, 거짓을 판별하시오.

34 대우를 구하시오.

35 대우의 참, 거짓을 판별하시오.

[36~39] 명제

    '$a+b>0$이면 $a>0$ 또는 $b>0$이다.'

에 대하여 다음 물음에 답하시오. (단, a, b는 실수이다.)

36 역을 구하시오.

37 역의 참, 거짓을 판별하시오.

38 대우를 구하시오.

39 대우의 참, 거짓을 판별하시오.

06 명제의 증명

40 다음은 두 실수 a, b에 대하여 명제
    '$a^2+b^2=0$이면 $a=b=0$이다.'
가 참임을 증명하는 과정이다.

결론을 부정하여 [(가)] 또는 [(나)]이라 하면
    $a^2>0$ 또는 $b^2>0$
이므로 $a^2+b^2>0$이다.
이것은 [(다)]이라는 가정에 모순이다.
따라서 두 실수 a, b에 대하여 명제
    '$a^2+b^2=0$이면 $a=b=0$이다.'
는 참이다.

위의 (가), (나), (다)에 알맞을 식을 쓰시오.

07 필요조건과 충분조건

[41~44] 두 조건 p, q가 다음과 같을 때, ☐ 안에 알맞은 것을 써넣으시오.

41 p: $a=b$
   q: $ac=bc$
   p는 q이기 위한 [ ] 조건이다.

42 p: $a=2$
   q: $a^2=4$
   p는 q이기 위한 [ ] 조건이다.

43 p: x는 8의 양의 약수이다.
   q: x는 4의 양의 약수이다.
   p는 q이기 위한 [ ] 조건이다.

44 p: $|x|=1$
   q: $x^2=1$
   p는 q이기 위한 [ ] 조건이다.

08 절대부등식

45 다음은 $a>0$, $b>0$일 때, $\dfrac{a+b}{2} \geq \sqrt{ab}$가 성립함을 증명하는 과정이다.

$$\frac{a+b}{2}-\sqrt{ab}=\frac{a+b-2\sqrt{ab}}{2}$$
$$=\frac{(\boxed{\text{(가)}})^2+(\sqrt{b})^2-2\sqrt{ab}}{2}$$
$$=\frac{(\boxed{\text{(나)}})^2}{2} \geq 0$$

따라서 $\dfrac{a+b}{2} \geq \sqrt{ab}$이고, 등호는 [(다)]일 때 성립한다.

위의 (가), (나), (다)에 알맞을 식을 쓰시오.

[46~47] $x>0$일 때, 다음 식의 최솟값을 구하시오.

46 $x+\dfrac{1}{x}$

47 $8x+\dfrac{1}{2x}$

01 명제와 조건

(1) **명제:** 참, 거짓을 분명하게 판별할 수 있는 문장이나 식을 명제라고 한다.
(2) **조건:** 미지수를 포함하는 문장이나 식이 미지수의 값에 따라 참, 거짓이 결정될 때, 그 문장이나 식을 조건이라고 한다.

01 대표문제
▶ 23641-0109

다음 중 명제가 <u>아닌</u> 것은?

① 대한민국의 수도는 부산이다.
② 5는 소수이다.
③ 백두산은 높다.
④ 삼각형의 세 내각의 크기의 합은 $120°$이다.
⑤ 6은 짝수이다.

02 상중하
▶ 23641-0110

x에 대한 조건

$p: x^2 \leq 50$

이 참이 되도록 하는 자연수 x의 개수는?

① 6 　　　　② 7 　　　　③ 8
④ 9 　　　　⑤ 10

03 상중하
▶ 23641-0111

다음 중 명제가 <u>아닌</u> 것은?

① 대한민국의 수도는 서울이다.
② 10은 짝수이다.
③ 사각형의 네 내각의 크기의 합은 $180°$이다.
④ $2x+5=4$
⑤ 4는 18의 약수이다.

02 조건과 진리집합

전체집합 U의 원소 중에서 조건 p를 참이 되게 하는 모든 원소들의 집합을 조건 p의 진리집합이라고 한다.
두 조건 p, q의 진리집합을 각각 P, Q라 할 때
(1) $\sim p$의 진리집합은 P^C
(2) 'p 또는 q'의 진리집합은 $P \cup Q$
(3) 'p 그리고 q'의 진리집합은 $P \cap Q$

▷▷ **올림포스** 수학(하) 21쪽

04 대표문제
▶ 23641-0112

전체집합 $U = \{x \,|\, x$는 10 이하의 자연수$\}$에서 조건
'x는 15의 양의 약수이다.'
의 진리집합의 원소의 개수는?

① 1 　　　　② 2 　　　　③ 3
④ 4 　　　　⑤ 5

05 상중하
▶ 23641-0113

실수 전체의 집합에 대하여 x에 대한 두 조건 p, q가

$p: x^2+x-20=0$

$q: x>0$

일 때, 조건 'p 그리고 q'의 진리집합의 원소는?

① 1 　　　　② 2 　　　　③ 3
④ 4 　　　　⑤ 5

06 상중하
▶ 23641-0114

전체집합 $U = \{x \,|\, x$는 20 이하의 자연수$\}$에 대하여 두 조건 p, q가

$p: x$는 3의 배수

$q: x$는 4의 배수

일 때, 조건 '$\sim p$ 그리고 q'의 진리집합의 모든 원소의 합은?

① 32 　　　　② 36 　　　　③ 40
④ 44 　　　　⑤ 48

03 명제와 조건의 부정

(1) 명제 p가 참이면 $\sim p$는 거짓이고,
   명제 p가 거짓이면 $\sim p$는 참이다.
(2) 조건 p의 진리집합이 P이면 $\sim p$의 진리집합은 P^C
   이다.

>> 올림포스 수학(하) 21쪽

07 대표문제
▶ 23641-0115

조건 '$x>0$이고 $y \geq 0$이다.'의 부정은?

① $x<0$이고 $y \leq 0$이다.

② $x \leq 0$이고 $y<0$이다.

③ $x \leq 0$이거나 $y \leq 0$이다.

④ $x \leq 0$이거나 $y<0$이다.

⑤ $x<0$이거나 $y<0$이다.

08 (상중하)
▶ 23641-0116

실수 전체의 집합에서 x에 대한 조건 p가
$$p: (x-1)(x-4) \neq 0$$
일 때, 조건 $\sim p$의 진리집합의 모든 원소의 합은?

① 1   ② 2   ③ 3

④ 4   ⑤ 5

09 (상중하)
▶ 23641-0117

세 실수 a, b, c에 대하여 조건
$$`a^2+b^2+c^2=0`$$
의 부정으로 옳은 것은?

① $a=b=c=0$

② a, b, c 중 적어도 하나는 0이다.

③ a, b, c 중 적어도 하나는 0이 아니다.

④ a, b, c 중 적어도 둘은 0이다.

⑤ a, b, c 중 적어도 둘은 0이 아니다.

04 명제의 참, 거짓

두 조건 p, q의 진리집합을 각각 P, Q라 할 때

(1) $P \subset Q$이면 명제 $p \longrightarrow q$는 참이다.
(2) $P \not\subset Q$이면 명제 $p \longrightarrow q$는 거짓이다.

>> 올림포스 수학(하) 22쪽

10 대표문제
▶ 23641-0118

두 조건 p, q에 대하여 명제 $p \longrightarrow q$가 참인 것만을 **보기**에서 있는 대로 고른 것은?

• 보기 •
ㄱ. p: x는 6의 양의 약수
   q: x는 12의 양의 약수
ㄴ. p: x는 2의 배수
   q: x는 4의 배수
ㄷ. p: x는 6 이하의 자연수
   q: $3x \leq 2x+6$

① ㄱ   ② ㄴ   ③ ㄱ, ㄷ

④ ㄴ, ㄷ   ⑤ ㄱ, ㄴ, ㄷ

11 (상중하)
▶ 23641-0119

x에 대한 두 조건 p, q가
$$p: x=k$$
$$q: x^2-5x+4 \leq 0$$
일 때, 명제 $p \longrightarrow q$가 참이 되도록 하는 모든 정수 k의 개수는?

① 1   ② 2   ③ 3

④ 4   ⑤ 5

12 (상중하)
▶ 23641-0120

보기에서 참인 명제만을 있는 대로 고른 것은?

(단, a, b, c는 실수이다.)

• 보기 •
ㄱ. π는 무리수이다.
ㄴ. $ac>bc$이면 $a>b$이다.
ㄷ. a가 유리수이면 $\sqrt{3}a$는 무리수이다.

① ㄱ   ② ㄴ   ③ ㄱ, ㄷ

④ ㄴ, ㄷ   ⑤ ㄱ, ㄴ, ㄷ

05 명제의 참, 거짓과 진리집합

두 조건 p, q의 진리집합을 각각 P, Q라 할 때

(1) $P \subset Q$이면 명제 $p \longrightarrow q$는 참이다.

(2) 명제 $p \longrightarrow q$가 참이면 $P \subset Q$이다.

>> 올림포스 수학(하) 22쪽

13 대표문제
▶ 23641-0121

전체집합 U에 대하여 두 조건 p, q의 진리집합을 각각 P, Q라 하자. 명제 $p \longrightarrow q$가 참일 때, 다음 중 항상 옳은 것은?

(단, $P \neq \varnothing$, $Q \neq \varnothing$이다.)

① $Q \subset P$
② $P \cap Q = \varnothing$
③ $P \cup Q = U$
④ $P^C \cap Q = \varnothing$
⑤ $P^C \cup Q = U$

14 상중하
▶ 23641-0122

전체집합 U에 대하여 두 조건 p, q의 진리집합을 각각 P, Q라 하자. 명제 $p \longrightarrow \sim q$가 참일 때, **보기**에서 항상 옳은 것만을 있는 대로 고른 것은? (단, $P \neq \varnothing$, $Q \neq \varnothing$이다.)

┌─ 보기 ─
ㄱ. $P \cap Q = \varnothing$
ㄴ. $Q \subset P^C$
ㄷ. $P \cup Q^C = U$
└─

① ㄱ
② ㄱ, ㄴ
③ ㄱ, ㄷ
④ ㄴ, ㄷ
⑤ ㄱ, ㄴ, ㄷ

15 상중하
▶ 23641-0123

전체집합 U에 대하여 두 조건 p, q의 진리집합을 각각 P, Q라 하자. 명제 $q \longrightarrow \sim p$가 참일 때, 다음 중 옳지 <u>않은</u> 것은?

(단, $P \neq \varnothing$, $Q \neq \varnothing$이다.)

① $P \cup Q^C = Q^C$
② $P \cap Q^C = P$
③ $P - Q^C = \varnothing$
④ $P \cap (Q^C - P) = \varnothing$
⑤ $P \cup (P - Q) = \varnothing$

06 참인 명제가 되도록 하는 미지수 결정

두 조건 p, q의 진리집합을 각각 P, Q라 할 때, 명제 $p \longrightarrow q$가 참이 되도록 하는 미지수의 값은 두 집합 P, Q 사이에 $P \subset Q$가 성립하도록 하는 미지수의 값이다.

>> 올림포스 수학(하) 22쪽

16 대표문제
▶ 23641-0124

x에 대한 두 조건 p, q가

$p: 0 \le x \le k$

$q: (x+2)(x-7) \le 0$

일 때, 명제 $p \longrightarrow q$가 참이 되도록 하는 실수 k의 최댓값은?

① 6
② 7
③ 8
④ 9
⑤ 10

17 상중하
▶ 23641-0125

x에 대한 두 조건 p, q가

$p: a-2 \le x \le a+1$

$q: -1 < x < 5$

일 때, 명제 $p \longrightarrow q$가 참이 되도록 하는 모든 정수 a의 값의 합을 구하시오.

18 상중하
▶ 23641-0126

x에 대한 두 조건

$p: n-4 \le x \le n$

$q: 1 \le x \le 20-n$

에 대하여 명제 $p \longrightarrow q$가 참이 되도록 하는 자연수 n의 개수는?

① 6
② 7
③ 8
④ 9
⑤ 10

19 상중하
▶ 23641-0127

명제

    'n이 3의 배수이면 n은 5의 배수가 아니다.'

가 거짓임을 보이는 50 이하의 모든 자연수 n의 값의 합을 구하시오.

20 상중하
▶ 23641-0128

x에 대한 두 조건 p, q가

    p: $x \le \dfrac{a}{3}$ 또는 $x > 3a$

    q: $3 \le x < 36$

일 때, 명제 $\sim p \longrightarrow q$가 참이 되도록 하는 모든 양의 정수 a의 값의 합은?

① 28   ② 29   ③ 30

④ 31   ⑤ 32

21 상중하
▶ 23641-0129

x에 대한 세 조건 p, q, r가

    p: $2x \le a - 8$

    q: $x \ge 4a$

    r: $2 < x < 10$

일 때, 명제 $r \longrightarrow \sim(p$ 또는 $q)$가 참이 되도록 하는 자연수 a의 개수는?

① 6   ② 7   ③ 8

④ 9   ⑤ 10

중요
07 '모든' 또는 '어떤'을 포함한 명제

전체집합 U에 대하여 조건 p의 진리집합을 P라 할 때

(1) $P = U$이면 '모든 x에 대하여 p이다.'는 참이다.

(2) $P \ne \varnothing$이면 '어떤 x에 대하여 p이다.'는 참이다.

▶ 올림포스 수학(하) 22쪽

22 대표문제
▶ 23641-0130

보기에서 참인 명제만을 있는 대로 고른 것은?

● 보기 ●
ㄱ. 모든 자연수 x에 대하여 $x+1$은 자연수이다.
ㄴ. 어떤 자연수 x에 대하여 $1-x$는 자연수이다.
ㄷ. 모든 무리수 x에 대하여 x^2은 유리수이다.

① ㄱ   ② ㄱ, ㄴ   ③ ㄱ, ㄷ

④ ㄴ, ㄷ   ⑤ ㄱ, ㄴ, ㄷ

23 상중하
▶ 23641-0131

명제 '모든 고등학교 남학생은 A 과목과 B 과목 중 적어도 어느 한 과목은 좋아한다.'의 부정은?

① 모든 고등학교 여학생은 A 과목과 B 과목 중 적어도 어느 한 과목은 좋아하지 않는다.

② 모든 고등학교 여학생은 A 과목과 B 과목을 모두 좋아하지 않는다.

③ 어떤 고등학교 여학생은 A 과목과 B 과목 중 한 과목을 좋아하지 않는다.

④ 어떤 고등학교 남학생은 A 과목과 B 과목 중 한 과목을 좋아하지 않는다.

⑤ 어떤 고등학교 남학생은 A 과목과 B 과목을 모두 좋아하지 않는다.

24 상중하 ▶ 23641-0132

집합 $A=\{1, 2, 3, 4, 5\}$에 대하여 명제

　　'집합 A의 모든 원소 x에 대하여 $2x-7 \leq k$이다.'

가 참이 되도록 하는 실수 k의 최솟값은?

① 1 　　　　② 2 　　　　③ 3
④ 4 　　　　⑤ 5

25 상중하 ▶ 23641-0133

집합 $A=\{1, 2, 3, 4, 5, 6\}$에 대하여 $a \in A$일 때, 다음 중 참인 명제는?

① 모든 a에 대하여 $a+2 \leq 6$이다.
② 모든 a에 대하여 $a^2 \leq 30$이다.
③ 모든 a에 대하여 $a^2-6a < 0$이다.
④ 어떤 a에 대하여 $a^2 \geq 30$이다.
⑤ 어떤 a에 대하여 $|a| > 6$이다.

26 상중하 ▶ 23641-0134

명제

　　'어떤 실수 x에 대하여 $2x^2-5x+a \leq 0$이다.'

의 부정이 참이 되도록 하는 정수 a의 최솟값을 구하시오.

08 명제의 역, 대우

(1) **역**: 명제 $q \longrightarrow p$를 명제 $p \longrightarrow q$의 역이라고 한다.

(2) **대우**: 명제 $\sim q \longrightarrow \sim p$를 명제 $p \longrightarrow q$의 대우라고 한다.

(3) **명제와 그 대우의 참, 거짓**
　① 명제 $p \longrightarrow q$가 참이면 그 대우 $\sim q \longrightarrow \sim p$도 참이다.
　② 명제 $p \longrightarrow q$가 거짓이면 그 대우 $\sim q \longrightarrow \sim p$도 거짓이다.

　　　　　　　　　　≫ **올림포스** 수학(하) 23쪽

27 대표문제 ▶ 23641-0135

두 실수 x, y에 대하여 두 조건 p, q가

　　p: $xy \neq 2$
　　q: $x \neq 1$ 또는 $y \neq 2$

이다. 보기에서 참인 명제만을 있는 대로 고른 것은?

┌─ **보기** ────────────────────────┐
　ㄱ. $p \longrightarrow q$
　ㄴ. $q \longrightarrow p$
　ㄷ. $\sim q \longrightarrow \sim p$
└──────────────────────────────────┘

① ㄱ 　　　　② ㄴ 　　　　③ ㄱ, ㄷ
④ ㄴ, ㄷ 　　⑤ ㄱ, ㄴ, ㄷ

28 상중하 ▶ 23641-0136

전체집합 U에 대하여 세 조건 p, q, r의 진리집합을 각각 P, Q, R라 하자. 세 집합 P, Q, R의 포함 관계가 그림과 같을 때, 다음 중 항상 참인 명제는?

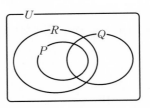

① $p \longrightarrow q$ 　　② $q \longrightarrow r$ 　　③ $p \longrightarrow \sim r$
④ $\sim r \longrightarrow \sim p$ 　　⑤ $\sim r \longrightarrow \sim q$

29 상중하

▶ 23641-0137

보기에서 역이 참인 명제만을 있는 대로 고른 것은?

(단, a, b는 실수이다.)

보기

ㄱ. $a=0$이면 $ab=0$이다.

ㄴ. $a^2+b^2>0$이면 $a\neq0$ 또는 $b\neq0$이다.

ㄷ. $a\leq1$이고 $b\leq1$이면 $a+b\leq2$이다.

① ㄱ   ② ㄴ   ③ ㄱ, ㄷ

④ ㄴ, ㄷ   ⑤ ㄱ, ㄴ, ㄷ

30 상중하

▶ 23641-0138

두 조건 p, q에 대하여 명제 $\sim p \longrightarrow \sim q$의 역이 참일 때, 다음 중 항상 참인 명제는?

① $p \longrightarrow q$ ② $q \longrightarrow p$ ③ $\sim p \longrightarrow q$

④ $q \longrightarrow \sim p$ ⑤ $\sim q \longrightarrow p$

31 상중하

▶ 23641-0139

보기에서 역과 대우가 모두 참인 명제만을 있는 대로 고른 것은?

보기

ㄱ. 두 실수 a, b에 대하여 $a^2+b^2=0$이면 $a=b=0$이다.

ㄴ. 실수 a에 대하여 $a=2$이면 $a^2=4$이다.

ㄷ. 두 자연수 a, b에 대하여 ab가 홀수이면 $a+b$는 짝수이다.

① ㄱ   ② ㄴ   ③ ㄱ, ㄷ

④ ㄴ, ㄷ   ⑤ ㄱ, ㄴ, ㄷ

중요
09 명제의 대우를 이용한 미지수 결정

두 조건 p, q의 진리집합을 각각 P, Q라 할 때,

명제 $p \longrightarrow q$가 참이면 그 대우 $\sim q \longrightarrow \sim p$도 참이므로

$$P \subset Q, \ Q^C \subset P^C$$

이 성립한다.

>> **올림포스** 수학(하) 23쪽

32 대표문제

▶ 23641-0140

x에 대한 두 조건

p: $x<k$

q: $x^2-4x-5<0$

에 대하여 명제 $\sim p \longrightarrow \sim q$가 참이 되도록 하는 실수 k의 최솟값을 구하시오.

33 상중하

▶ 23641-0141

명제

'$x^2-5x-14\neq0$이면 $x\neq n$이다.'

가 참이 되도록 하는 자연수 n의 값은?

① 6   ② 7   ③ 8

④ 9   ⑤ 10

34 (상중하)

▶ 23641-0142

명제

'$x^2+ax-8\neq0$이면 $x-2\neq0$이다.'

가 참이 되도록 하는 상수 a의 값은?

① 1   ② 2   ③ 3
④ 4   ⑤ 5

35 (상중하)

▶ 23641-0143

x에 대한 두 조건

p: $|x-k|\geq6$

q: $|x+1|>4$

에 대하여 명제 $p \longrightarrow q$가 참이 되도록 하는 정수 k의 개수는?

① 1   ② 2   ③ 3
④ 4   ⑤ 5

36 (상중하)

▶ 23641-0144

세 실수 a, b, c에 대하여 명제

'$a^2+b^2+c^2-abc\neq29$이면 $a\neq-2$ 또는 $b\neq3$이다.'

가 참이 되도록 하는 모든 c의 값의 합은?

① -6 ② -7 ③ -8
④ -9 ⑤ -10

10 삼단논법

세 조건 p, q, r에 대하여 명제 $p \longrightarrow q$가 참이고 명제 $q \longrightarrow r$가 참이면 명제 $p \longrightarrow r$는 참이다.

37 대표문제

▶ 23641-0145

세 조건 p, q, r에 대하여 명제 $p \longrightarrow q$와 명제 $\sim r \longrightarrow \sim q$가 모두 참일 때, 다음 중 항상 참인 명제가 아닌 것은?

① $q \longrightarrow r$ ② $p \longrightarrow r$ ③ $\sim r \longrightarrow \sim p$
④ $\sim p \longrightarrow \sim r$ ⑤ $\sim q \longrightarrow \sim p$

38 (상중하)

▶ 23641-0146

세 조건 p, q, r에 대하여 다음 중 항상 옳은 것은?

① 두 명제 $p \longrightarrow \sim q$, $r \longrightarrow q$가 모두 참이면 명제 $p \longrightarrow r$도 참이다.

② 두 명제 $p \longrightarrow \sim q$, $r \longrightarrow q$가 모두 참이면 명제 $p \longrightarrow \sim r$도 참이다.

③ 두 명제 $q \longrightarrow \sim p$, $\sim q \longrightarrow r$가 모두 참이면 명제 $\sim p \longrightarrow r$도 참이다.

④ 두 명제 $p \longrightarrow q$, $\sim r \longrightarrow \sim q$가 모두 참이면 명제 $\sim p \longrightarrow r$도 참이다.

⑤ 두 명제 $p \longrightarrow q$, $p \longrightarrow r$가 모두 참이면 명제 $q \longrightarrow r$도 참이다.

39 (상중하)

▶ 23641-0147

세 조건 p, q, r에 대하여 명제 $p \longrightarrow q$와 명제 $q \longrightarrow \sim r$가 모두 참일 때, 다음 중 항상 참인 명제가 아닌 것은?

① $p \longrightarrow \sim r$ ② $\sim q \longrightarrow \sim p$ ③ $r \longrightarrow \sim q$
④ $r \longrightarrow \sim p$ ⑤ $\sim p \longrightarrow r$

40 상중하

▶ 23641-0148

세 조건 p, q, r가 다음 조건을 만족시킨다.

> (가) 명제 $q \longrightarrow p$의 역은 참이다.
> (나) 명제 $\sim p \longrightarrow r$는 참이다.

다음 중 항상 참인 명제는?

① $q \longrightarrow \sim p$ ② $r \longrightarrow p$ ③ $r \longrightarrow \sim p$
④ $q \longrightarrow r$ ⑤ $\sim q \longrightarrow r$

41 상중하

▶ 23641-0149

다음 두 문장 (가), (나)가 모두 참일 때, 항상 참인 문장은?

> (가) 표정이 밝은 사람은 호감을 주는 사람이다.
> (나) 명랑한 사람은 표정이 밝은 사람이다.

① 표정이 밝지 않은 사람은 호감을 주지 못하는 사람이다.
② 호감을 주는 사람은 명랑한 사람이다.
③ 호감을 주지 못하는 사람은 명랑하지 않은 사람이다.
④ 명랑하지 않은 사람은 호감을 주지 못하는 사람이다.
⑤ 명랑하지 않은 사람은 표정이 밝지 않은 사람이다.

42 상중하

▶ 23641-0150

네 조건 p, q, r, s에 대하여 두 명제

$$p \longrightarrow \sim q, \quad \sim s \longrightarrow \sim r$$

가 모두 참이다. 다음 중 명제 $r \longrightarrow \sim p$가 항상 참임을 보이기 위해 반드시 필요한 참인 명제는?

① $p \longrightarrow q$ ② $s \longrightarrow q$ ③ $\sim p \longrightarrow r$
④ $q \longrightarrow p$ ⑤ $\sim q \longrightarrow s$

43 상중하

▶ 23641-0151

숫자 1, 2, 3, 4, 5가 하나씩 적힌 5장의 카드 중에서 다음 조건을 만족시키도록 2장의 카드만을 선택하려고 한다. 선택한 2장의 카드에 적힌 수의 합은?

> (가) 1이 적힌 카드와 5가 적힌 카드 중 적어도 한 장을 선택한다.
> (나) 2가 적힌 카드를 선택하면 3이 적힌 카드도 선택한다.
> (다) 4가 적힌 카드를 선택하면 2가 적힌 카드도 선택한다.
> (라) 2가 적힌 카드를 선택하지 않으면 1이 적힌 카드도 선택하지 않는다.

① 4   ② 5   ③ 6
④ 7   ⑤ 8

11 필요조건, 충분조건

(1) 명제 $p \longrightarrow q$가 참일 때, 이것을 기호로 $p \Longrightarrow q$와 같이 나타내고 p는 q이기 위한 충분조건, q는 p이기 위한 필요조건이라고 한다.

(2) $p \Longrightarrow q$이고 $q \Longrightarrow p$일 때, 이것을 기호로 $p \Longleftrightarrow q$와 같이 나타내고 p는 q이기 위한 필요충분조건이라고 한다. 이때 q도 p이기 위한 필요충분조건이다.

▶ **올림포스** 수학(하) 24쪽

44 대표문제
▶ 23641-0152

두 실수 a, b에 대하여 $a=b=0$이기 위한 필요충분조건인 것만을 **보기**에서 있는 대로 고른 것은?

┌─ 보기 ●────────────────
ㄱ. $a^2+b^2=0$
ㄴ. $ab=0$
ㄷ. $|a|+|b|=0$
└──────────────────────

① ㄱ   ② ㄴ   ③ ㄱ, ㄷ
④ ㄴ, ㄷ   ⑤ ㄱ, ㄴ, ㄷ

45 상중하
▶ 23641-0153

세 실수 a, b, c에 대하여 다음 중 옳지 <u>않은</u> 것은?

① $a=4$는 $a^2=16$이기 위한 충분조건이다.
② $a^2=9$는 $a=3$이기 위한 필요조건이다.
③ $a>2$는 $a^2>4$이기 위한 충분조건이다.
④ $a=b$는 $ac=bc$이기 위한 충분조건이다.
⑤ $a+b=0$은 $a=b=0$이기 위한 충분조건이다.

46 상중하
▶ 23641-0154

두 조건 p, q에 대하여 p가 q이기 위한 필요충분조건인 것만을 **보기**에서 있는 대로 고른 것은? (단, a, b는 실수이다.)

┌─ 보기 ●────────────────
ㄱ. p: $a^2+b^2=0$, q: $a=b=0$
ㄴ. p: a, b는 짝수, q: $a+b$는 짝수
ㄷ. p: $ab>0$, q: $|a+b|=|a|+|b|$
└──────────────────────

① ㄱ   ② ㄴ   ③ ㄱ, ㄷ
④ ㄴ, ㄷ   ⑤ ㄱ, ㄴ, ㄷ

47 상중하
▶ 23641-0155

두 조건 p, q에 대하여 p가 q이기 위한 충분조건이고 필요조건이 <u>아닌</u> 것만을 **보기**에서 있는 대로 고른 것은?
(단, a, b는 실수이다.)

┌─ 보기 ●────────────────
ㄱ. p: $\sqrt{a^2}=-a$, q: $a\leq 0$
ㄴ. 두 집합 A, B에 대하여
      p: $A=\varnothing$, q: $B-A=B$
ㄷ. p: $a+b$, ab는 유리수, q: a, b는 유리수
└──────────────────────

① ㄱ   ② ㄴ   ③ ㄱ, ㄷ
④ ㄴ, ㄷ   ⑤ ㄱ, ㄴ, ㄷ

중요
12 필요조건, 충분조건과 진리집합

두 조건 p, q의 진리집합을 각각 P, Q라 할 때,

(1) $P \subset Q$이면 $p \Longrightarrow q$이므로 p는 q이기 위한 충분조건, q는 p이기 위한 필요조건이다.

(2) $P = Q$이면 $p \Longleftrightarrow q$이므로 p는 q이기 위한 필요충분조건이다.

>> 올림포스 수학(하) 24쪽

48 대표문제
▶ 23641-0156

전체집합 U에 대하여 두 조건 p, q의 진리집합을 각각 P, Q라 하자. p가 q이기 위한 충분조건일 때, **보기**에서 항상 옳은 것만을 있는 대로 고른 것은? (단, $P \neq \varnothing$, $Q \neq \varnothing$이다.)

• 보기 •
ㄱ. $P \cap Q = P$
ㄴ. $P = Q$
ㄷ. $Q - P = \varnothing$

① ㄱ
② ㄴ
③ ㄱ, ㄷ
④ ㄴ, ㄷ
⑤ ㄱ, ㄴ, ㄷ

49 상중하
▶ 23641-0157

전체집합 U에 대하여 세 조건 p, q, r의 진리집합을 각각 P, Q, R라 할 때,
$$P - Q = \varnothing, \ P \cap Q = R$$
를 만족시킨다. **보기**에서 항상 옳은 것만을 있는 대로 고른 것은? (단, $P \neq \varnothing$, $Q \neq \varnothing$, $R \neq \varnothing$이다.)

• 보기 •
ㄱ. p는 q이기 위한 충분조건이다.
ㄴ. r는 p이기 위한 필요충분조건이다.
ㄷ. q는 r이기 위한 필요조건이다.

① ㄱ
② ㄴ
③ ㄱ, ㄷ
④ ㄴ, ㄷ
⑤ ㄱ, ㄴ, ㄷ

50 상중하
▶ 23641-0158

전체집합 U에 대하여 두 조건 p, q의 진리집합을 각각 P, Q라 하자. p가 $\sim q$이기 위한 충분조건일 때, **보기**에서 항상 옳은 것만을 있는 대로 고른 것은? (단, $P \neq \varnothing$, $Q \neq \varnothing$이다.)

• 보기 •
ㄱ. $P \cap Q = \varnothing$
ㄴ. $P \cup Q^C = U$
ㄷ. $Q \subset P^C$

① ㄱ
② ㄴ
③ ㄱ, ㄷ
④ ㄴ, ㄷ
⑤ ㄱ, ㄴ, ㄷ

51 상중하
▶ 23641-0159

전체집합 U에 대하여 세 조건 p, q, r의 진리집합을 각각 P, Q, R라 할 때,
$$P \subset (Q \cap R)$$
를 만족시킨다. **보기**에서 항상 옳은 것만을 있는 대로 고른 것은? (단, $P \neq \varnothing$, $Q \neq \varnothing$, $R \neq \varnothing$이다.)

• 보기 •
ㄱ. p는 q이기 위한 필요조건이다.
ㄴ. $\sim p$는 $\sim q$이기 위한 필요조건이다.
ㄷ. $\sim p$는 $\sim r$이기 위한 필요조건이다.

① ㄱ
② ㄴ
③ ㄱ, ㄷ
④ ㄴ, ㄷ
⑤ ㄱ, ㄴ, ㄷ

13 필요조건, 충분조건이 성립하도록 하는 미지수 결정

두 조건 p, q의 진리집합을 각각 P, Q라 할 때,

(1) p가 q이기 위한 충분조건, q가 p이기 위한 필요조건
$\Rightarrow P \subset Q$

(2) p가 q이기 위한 필요조건, q가 p이기 위한 충분조건
$\Rightarrow Q \subset P$

(3) p가 q이기 위한 필요충분조건
$\Rightarrow P = Q$

>> 올림포스 수학(하) 24쪽

52 대표문제
▶ 23641-0160

두 조건

p: $x < a$

q: $-4 < x < 3$

에 대하여 p가 q이기 위한 필요조건이 되도록 하는 정수 a의 최솟값은?

① 1 　　　② 2 　　　③ 3
④ 4 　　　⑤ 5

53 상중하
▶ 23641-0161

x에 대한 두 조건

p: $x^2 - 6x + k \neq 0$

q: $x \neq 2$

에 대하여 p가 q이기 위한 충분조건이 되도록 하는 상수 k의 값은?

① 6 　　　② 7 　　　③ 8
④ 9 　　　⑤ 10

54 상중하
▶ 23641-0162

x에 대한 두 조건

p: $|x - 8| \leq 6$

q: $a < x < a^2 + a + 2$

에 대하여 p가 q이기 위한 필요조건이 되도록 하는 모든 정수 a의 개수는?

① 1 　　　② 2 　　　③ 3
④ 4 　　　⑤ 5

14 필요조건, 충분조건과 삼단논법

세 조건 p, q, r에 대하여 p가 q이기 위한 충분조건이고, q가 r이기 위한 충분조건이면 p는 r이기 위한 충분조건이다.

즉, $p \Longrightarrow q$이고 $q \Longrightarrow r$이면 $p \Longrightarrow r$이다.

55 대표문제
▶ 23641-0163

세 조건 p, q, r에 대하여 q는 r이기 위한 충분조건이고, $\sim r$는 p이기 위한 필요조건이다. **보기**에서 항상 참인 명제만을 있는 대로 고른 것은?

● 보기 ●
ㄱ. $q \longrightarrow r$
ㄴ. $r \longrightarrow \sim p$
ㄷ. $p \longrightarrow \sim q$

① ㄱ 　　　② ㄴ 　　　③ ㄱ, ㄷ
④ ㄴ, ㄷ 　　　⑤ ㄱ, ㄴ, ㄷ

56 상중하
▶ 23641-0164

네 조건 p, q, r, s가 다음 조건을 만족시킨다.

(가) p는 $\sim q$이기 위한 충분조건이다.
(나) p는 $\sim r$이기 위한 필요조건이다.
(다) r는 $\sim s$이기 위한 충분조건이다.

보기에서 항상 참인 명제만을 있는 대로 고른 것은?

● 보기 ●
ㄱ. $s \longrightarrow p$
ㄴ. $q \longrightarrow r$
ㄷ. $s \longrightarrow \sim q$

① ㄱ 　　　② ㄴ 　　　③ ㄱ, ㄷ
④ ㄴ, ㄷ 　　　⑤ ㄱ, ㄴ, ㄷ

15 명제의 증명

(1) **대우를 이용한 증명**

명제 $p \longrightarrow q$가 참임을 보일 때, 그 대우 $\sim q \longrightarrow \sim p$가 참임을 보이면 된다.

(2) **귀류법**

어떤 명제가 참임을 증명할 때, 명제 또는 명제의 결론을 부정한 다음 모순이 생기는 것을 보여서 원래 명제가 참임을 보이는 증명 방법을 귀류법이라고 한다.

>> **올림포스** 수학(하) 24쪽

57 [대표문제]

▶ 23641-0165

다음은 두 실수 a, b에 대하여 명제

'$ab < 9$이면 $a < 3$ 또는 $b < 3$이다.'

가 참임을 증명하는 과정이다.

주어진 명제의 대우는

'[(가)]이면 $ab \geq 9$이다.'

이다.

[(가)]이면 $a - 3 \geq 0$이고 $b - 3 \geq 0$이므로

$(a - 3) \times (b - 3) \geq 0$에서

$ab \geq 3(a + b) - 9$

그런데 $a + b \geq$ [(나)]이므로

$ab \geq 9$

즉, 대우가 참이므로 주어진 명제도 참이다.

위의 (가), (나)에 알맞은 것으로 항상 옳은 것은?

	(가)	(나)
①	$a > 3$이고 $b > 3$	3
②	$a > 3$ 또는 $b > 3$	3
③	$a \geq 3$이고 $b \geq 3$	6
④	$a \geq 3$ 또는 $b \geq 3$	6
⑤	$a \geq 3$이고 $b \geq 3$	9

58 [상중하]

▶ 23641-0166

다음은 자연수 n에 대하여 명제

'n^2이 3의 배수이면 n은 3의 배수이다.'

가 참임을 증명하는 과정이다.

주어진 명제의 대우는

'n이 3의 배수가 아니면 n^2은 3의 배수가 아니다.'

이다.

(i) 음이 아닌 정수 k_1에 대하여

$n = 3k_1 + 1$이면

$n^2 = 3($ [(가)] $) + 1$

이므로 n^2은 3의 배수가 아니다.

(ii) 음이 아닌 정수 k_2에 대하여

$n = 3k_2 + 2$이면

$n^2 = 3($ [(나)] $) + 1$

이므로 n^2은 3의 배수가 아니다.

(i), (ii)에서 대우가 참이므로 주어진 명제도 참이다.

위의 (가), (나)에 알맞은 식을 각각 $f(k_1)$, $g(k_2)$라 할 때, $f(2) + g(3)$의 값은?

① 50   ② 52   ③ 54

④ 56   ⑤ 58

59 (상 중 하)

▶ 23641-0167

다음은 두 자연수 m, n에 대하여 명제

　　'm^2+n^2이 홀수이면 mn은 짝수이다.'

가 참임을 증명하는 과정이다.

결론을 부정하여 mn이 홀수라고 하면 음이 아닌 두 정수 a, b에 대하여

$$m=2a+1, \quad n=2b+\boxed{\text{(가)}}$$

로 놓을 수 있다. 이때

$$m^2+n^2=4(a^2+b^2)+4(a+b)+\boxed{\text{(나)}}$$

이므로 m^2+n^2은 $\boxed{\text{(다)}}$의 배수이다.

따라서 m^2+n^2은 짝수이고, 이는 가정에 모순이므로 mn은 짝수이다.

위의 (가), (나), (다)에 알맞은 수를 각각 p, q, r라 할 때, $\dfrac{p+q}{r}$의 값은?

① 2 　　　　② $\dfrac{3}{2}$ 　　　　③ $\dfrac{4}{3}$

④ $\dfrac{5}{4}$ 　　　　⑤ $\dfrac{6}{5}$

60 (상 중 하)

▶ 23641-0168

다음은 세 자연수 a, b, c에 대하여 명제

　　'$a^2+b^2=c^2$이면 a, b 중 적어도 하나는 3의 배수이다.'

가 참임을 증명하는 과정이다.

결론을 부정하여 a, b가 모두 3의 배수가 아니라고 하고, 3으로 나누었을 때의 나머지가 0, 1, 2인 자연수의 집합을 각각 S_0, S_1, S_2라 하자.

(i) $a \in S_1$, $b \in S_1$인 경우

$$a^2+b^2 \in S_2$$

(ii) $a \in S_2$, $b \in S_2$인 경우

$$a^2+b^2 \in S_2$$

(iii) $a \in S_1$, $b \in S_2$ 또는 $a \in S_2$, $b \in S_1$인 경우

$$a^2+b^2 \in \boxed{\text{(가)}}$$

그런데 c가 3의 배수이면 $c^2 \in \boxed{\text{(나)}}$이고,

c가 3의 배수가 아니면 $c^2 \in \boxed{\text{(다)}}$이다.

즉, 이는 $a^2+b^2=c^2$이라는 가정에 모순이다.

따라서 a, b 중 적어도 하나는 3의 배수이다.

위의 (가), (나), (다)에 알맞은 것으로 항상 옳은 것은?

	(가)	(나)	(다)
①	S_1	S_0	S_2
②	S_1	S_2	S_0
③	S_2	S_0	S_0
④	S_2	S_0	S_1
⑤	S_2	S_1	S_0

중요
16 산술평균과 기하평균의 관계

$a>0$, $b>0$일 때,

$$\frac{a+b}{2}\geq\sqrt{ab}\ (\text{단, 등호는 } a=b\text{일 때 성립한다.})$$

▷ **올림포스** 수학(하) 24쪽

61 대표문제
▶ 23641-0169

두 양수 a, b에 대하여 $ab=9$일 때, $4a+b$의 최솟값은?

① 8   ② 9   ③ 10

④ 11   ⑤ 12

62 상중하
▶ 23641-0170

두 양수 a, b에 대하여 $3a+2b=18$일 때, ab의 최댓값은?

① 13   ② $\frac{27}{2}$ ③ 14

④ $\frac{29}{2}$ ⑤ 15

63 상중하
▶ 23641-0171

$x>0$인 실수 x에 대하여 $x+\dfrac{9}{x}$는 $x=a$일 때 최솟값 b를 갖는다. $a+b$의 값은?

① 6   ② 7   ③ 8

④ 9   ⑤ 10

64 상중하
▶ 23641-0172

0이 아닌 두 실수 a, b에 대하여 x절편과 y절편이 모두 양수인 직선 $\dfrac{x}{a}+\dfrac{y}{b}=1$이 점 $(2, 3)$을 지날 때, ab의 최솟값은?

① 12   ② 16   ③ 20

④ 24   ⑤ 28

65 상중하
▶ 23641-0173

$a>0$, $b>0$인 두 실수 a, b에 대하여 $\left(4a+\dfrac{1}{b}\right)\left(2b+\dfrac{1}{a}\right)$의 최솟값은?

① $4\sqrt{2}$ ② $3+2\sqrt{2}$ ③ 8

④ $8\sqrt{2}$ ⑤ $6+4\sqrt{2}$

66 상중하
▶ 23641-0174

$a>0$, $b>0$인 두 실수 a, b에 대하여 $(2a+b)\left(\dfrac{1}{a}+\dfrac{2}{b}\right)$의 최솟값은?

① 6   ② 7   ③ 8

④ 9   ⑤ 10

유형 완성하기

67 상중하 ▶ 23641-0175

$x>0$, $y>0$일 때, $(3x+y)\left(\dfrac{3}{x}+\dfrac{4}{y}\right)$의 최솟값은?

① 21 ② 22 ③ 23
④ 24 ⑤ 25

68 상중하 ▶ 23641-0176

$a>0$, $b>0$인 두 실수 a, b에 대하여 부등식

$$\left(a+\dfrac{2}{b}\right)\left(b+\dfrac{1}{a}\right)\geq k$$

를 만족시키는 실수 k의 최댓값은?

① 2 ② 4 ③ 6
④ $2+3\sqrt{2}$ ⑤ $3+2\sqrt{2}$

69 상중하 ▶ 23641-0177

사차식 $f(x)=x^4-2x^3+2x^2-x+16$에 대하여 $\dfrac{f(x)}{x^2-x+1}$의 최솟값은?

① 6 ② 7 ③ 8
④ 9 ⑤ 10

17 절대부등식의 활용 중요

두 양수의 곱의 최댓값, 합의 최솟값을 구할 때, 산술평균과 기하평균의 관계를 이용한다.

≫ **올림포스** 수학(하) 24쪽

70 대표문제 ▶ 23641-0178

대각선의 길이가 20인 직사각형의 넓이의 최댓값은?

① 120 ② 160 ③ 200
④ 240 ⑤ 280

71 상중하 ▶ 23641-0179

$A\cup B=\{1, 2, 3, 4, 5\}$, $A\cap B=\{4, 5\}$인 두 집합 A, B에 대하여 집합 A의 모든 원소의 합을 S_1, 집합 B의 모든 원소의 합을 S_2라 할 때, $S_1\times S_2$의 최댓값을 구하시오.

72 상중하 ▶ 23641-0180

그림과 같이 선분 AB를 지름으로 하는 원 위의 점 P가 $\overline{AP}=8$, $\overline{BP}=6$을 만족시킨다. 이 원 위의 점 Q에 대하여 사각형 PAQB의 넓이의 최댓값은? (단, 두 점 P, Q는 선분 AB를 지름으로 하는 같은 반원 위의 점이 아니다.)

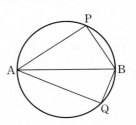

① 41 ② 45 ③ 49
④ 53 ⑤ 57

서술형 완성하기

01
▶ 23641-0181

두 조건

p: $-4 \leq x \leq 10$

q: $k+1 < x < k+3$

에 대하여 p가 q이기 위한 필요조건이 되도록 하는 정수 k의 최댓값과 최솟값의 합을 구하시오.

02
▶ 23641-0182

명제

'$x^2 - 5x - 6 \leq 0$이면 $|x-a| \leq b$이다.'

의 역과 대우가 모두 참이 되도록 하는 두 실수 a, b에 대하여 $4ab$의 값을 구하시오. (단, $b > 0$)

03
▶ 23641-0183

갑, 을, 병, 정의 4명을 A 팀과 B 팀으로 나누었다. 다음 명제가 모두 참이고 을이 A 팀일 때, 을과 같은 팀인 사람을 모두 구하시오.

(가) 갑이 B 팀이면 정은 B 팀이다.

(나) 을이 A 팀이면 병은 B 팀이다.

(다) 정이 B 팀이면 병은 A 팀이다.

04 내신기출
▶ 23641-0184

x에 대한 두 조건 p, q가

p: $1 < x < 5$

q: $|x-a| < 1$

일 때, p가 q이기 위한 필요조건이 되도록 하는 모든 정수 a의 값의 합을 구하시오.

05
▶ 23641-0185

좌표평면 위의 네 점 A$(1, 1)$, B$(5, 1)$, C$(5, 5)$, D$(1, 5)$를 꼭짓점으로 갖는 사각형 ABCD에 대하여 명제

'점 (a, b)를 지나는 모든 직선이 사각형 ABCD의 넓이를 이등분한다.'

가 항상 참이 되도록 하는 두 상수 a, b에 대하여 $a \times b$의 값을 구하시오.

06
▶ 23641-0186

전체집합 $U = \{x \,|\, x$는 10 이하의 자연수$\}$의 부분집합 X에 대하여 명제

'집합 X의 어떤 원소는 10의 양의 약수이다.'

가 참이 되도록 하는 집합 X의 개수를 구하시오.

07
▶ 23641-0187

$a < b$인 두 정수 a, b에 대하여 x에 대한 두 조건 p, q가

p: $x^2 - (a+b)x + ab \leq 0$

q: $x^2 - x - 6 < 0$

일 때, p가 q이기 위한 충분조건이 되도록 하는 정수 a, b의 모든 순서쌍 (a, b)의 개수를 구하시오.

08 내신기출
▶ 23641-0188

모든 실수 x, y에 대하여 부등식

$x^2 + 6x + y^2 - 2y + k \geq 0$

이 성립하도록 하는 실수 k의 최솟값을 구하시오.

09
▶ 23641-0189

$x > 2$인 실수 x에 대하여

$$x^2 + \frac{25}{x^2 - 4}$$

는 $x = a$일 때 최솟값 b를 갖는다. $a + b$의 값을 구하시오.

10
▶ 23641-0190

세 양수 a, b, c에 대하여

$$\frac{(a+b)(b+c)(c+a)}{abc} \geq k$$

를 만족시키는 실수 k의 최댓값을 구하시오.

01 ▶ 23641-0191

두 실수 a, b에 대하여 조건

'$(a-b)^2+(a-4)^2=0$'

의 부정은?

① $a=b=4$

② $a\neq b$이고 $a=4$

③ a, b는 모두 4이다.

④ a, b는 모두 4가 아니다.

⑤ a, b 중 적어도 하나는 4가 아니다.

02 ▶ 23641-0192

전체집합 U에서 세 조건 p, q, r의 진리집합을 각각 P, Q, R라 하자. p는 $\sim q$이기 위한 필요충분조건이고, p는 r이기 위한 필요조건일 때, **보기**에서 항상 옳은 것만을 있는 대로 고른 것은?

(단, $P\neq\varnothing$, $Q\neq\varnothing$, $R\neq\varnothing$이다.)

┌─ 보기 ───┐
ㄱ. $P-Q=\varnothing$ ㄴ. $P\cap R=R$ ㄷ. $Q\cap R=\varnothing$
└──┘

① ㄱ   ② ㄴ   ③ ㄱ, ㄷ   ④ ㄴ, ㄷ   ⑤ ㄱ, ㄴ, ㄷ

03 ▶ 23641-0193

전체집합 $U=\{x\,|\,x$는 12 이하의 자연수$\}$에 대하여 두 조건 p, q의 진리집합을 각각 P, Q라 하자.

p: x는 12의 양의 약수이다.

일 때, 명제 $\sim p \longrightarrow q$가 참이 되도록 하는 집합 Q의 개수를 구하시오.

04 ▶ 23641-0194

보기에서 옳은 것만을 있는 대로 고른 것은?

┌─ 보기 ───┐
ㄱ. $x=1$은 $x^2=1$이기 위한 충분조건이다.

ㄴ. $x>2$는 $x>3$이기 위한 필요조건이다.

ㄷ. 두 실수 a, b에 대하여 $a^2+b^2=0$은 $a=b=0$이기 위한 필요충분조건이다.
└──┘

① ㄱ   ② ㄴ   ③ ㄱ, ㄷ   ④ ㄴ, ㄷ   ⑤ ㄱ, ㄴ, ㄷ

▶ 23641-0195

05 다음 두 문장 (가), (나)가 모두 참일 때, 항상 참인 문장은?

> (가) 과학을 좋아하는 학생은 노력하는 학생이다.
> (나) 과학을 좋아하지 않는 학생은 수학을 좋아하지 않는다.

① 과학을 좋아하는 학생은 수학을 좋아한다.
② 수학을 좋아하지 않는 학생은 과학을 좋아하지 않는다.
③ 노력하는 학생은 수학을 좋아한다.
④ 노력하지 않는 학생은 수학을 좋아하지 않는다.
⑤ 노력하는 학생은 수학을 좋아하지 않는다.

▶ 23641-0196

06 세 조건 p, q, r의 진리집합을 각각 P, Q, R라 할 때,
$$P=\{x\,|\,x\geq a\},$$
$$Q=\{x\,|\,-5\leq x\leq 2 \text{ 또는 } x\geq 3\},$$
$$R=\{x\,|\,b\leq x<12\}$$
이다. 두 명제 $q \longrightarrow p$, $r \longrightarrow q$가 모두 참이 되도록 하는 두 실수 a, b에 대하여 $b-a$의 최솟값을 구하시오.

▶ 23641-0197

07 전체집합 U에 대하여 세 조건 p, q, r의 진리집합을 각각 P, Q, R라 할 때, 세 집합 P, Q, R의 포함 관계를 벤다이어그램으로 나타내면 그림과 같다. **보기**에서 항상 참인 명제만을 있는 대로 고른 것은?

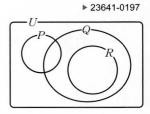

┌─ **보기** ───────────────────────────────────────┐
│ ㄱ. $r \longrightarrow q$ ㄴ. $\sim p \longrightarrow \sim q$ ㄷ. $p \longrightarrow \sim r$ │
└──┘

① ㄱ   ② ㄴ   ③ ㄱ, ㄷ   ④ ㄴ, ㄷ   ⑤ ㄱ, ㄴ, ㄷ

▶ 23641-0198

08 임의의 두 실수 x, y에 대하여 부등식
$$x^2+y^2-2kxy\geq 0$$
이 성립하도록 하는 모든 정수 k의 개수는?

① 1   ② 2   ③ 3   ④ 4   ⑤ 5

V

함수와 그래프

01 함수

(1) 대응

공집합이 아닌 두 집합 X, Y에 대하여 집합 X의 원소에 집합 Y의 원소를 짝 지어 주는 것을 집합 X에서 집합 Y로의 대응이라고 한다. 이때 집합 X의 원소 x에 집합 Y의 원소 y가 짝 지어지면 x에 y가 대응한다고 하고, 이를 기호로 $x \longrightarrow y$와 같이 나타낸다.

(2) 함수

공집합이 아닌 두 집합 X, Y에 대하여 집합 X의 각 원소에 집합 Y의 원소가 오직 하나씩 대응할 때, 이 대응을 X에서 Y로의 함수라 하고, 이를 기호로

$$f : X \longrightarrow Y$$

와 같이 나타낸다.

① **정의역**: 집합 X

② **공역**: 집합 Y

③ **함숫값**: 함수 $f : X \longrightarrow Y$에서 정의역 X의 원소 x에 공역 Y의 원소 y가 대응할 때, 이것을 기호로

$$y = f(x)$$

와 같이 나타내고, $f(x)$를 함수 f에 의한 x의 함숫값이라고 한다.

④ **치역**: 함숫값 전체의 집합, 즉 $\{f(x) | x \in X\}$

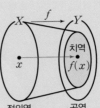

> 참고 함수 $y = f(x)$의 정의역이나 공역이 주어지지 않을 때, 정의역은 $f(x)$가 정의되는 실수 전체의 집합이고, 공역은 실수 전체의 집합이다.

다음의 경우는 함수가 아니다.
① 집합 X의 원소 중에서 대응하지 않고 남아 있는 원소가 있는 경우
② 집합 X의 어떤 원소에 집합 Y의 원소가 2개 이상 대응하는 경우

치역은 공역의 부분집합이다.

02 서로 같은 함수

두 함수 f, g가 다음 두 조건을 만족시킬 때, f와 g는 서로 같다고 하고, 기호로 $f = g$와 같이 나타낸다.

(i) 정의역과 공역이 각각 서로 같다.

(ii) 정의역의 모든 원소 x에 대하여 $f(x) = g(x)$이다.

두 함수 f, g가 서로 같지 않을 때, 기호로 $f \neq g$와 같이 나타낸다.

03 함수의 그래프

함수 $f : X \longrightarrow Y$에서 정의역 X의 각 원소 x와 그에 대응하는 함숫값 $f(x)$의 순서쌍 $(x, f(x))$ 전체의 집합

$$\{(x, f(x)) | x \in X\}$$

를 함수 f의 그래프라고 한다.

> 참고 함수 $y = f(x)$의 정의역과 공역이 실수 전체의 집합의 부분집합이면 이 함수의 그래프를 좌표평면에 그릴 수 있다.

함수의 그래프는 정의역의 각 원소 a에 대하여 y축에 평행한 직선 $x = a$와 오직 한 점에서 만난다.

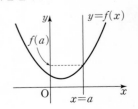

01 함수

[01~08] 집합 X의 원소 x에 집합 Y의 원소 y가 대응되는 다음의 대응 중 함수인 것은 ○, 함수가 아닌 것은 ×를 표시하시오.

01 ( )

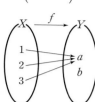

02 ( )

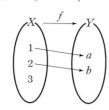

03 ( )

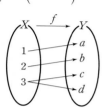

04 ( )

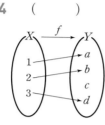

05 $y^2 = x$ (단, $x \geq 0$) ( )

06 $y = x^2$ (단, x는 모든 실수) ( )

07 $y = |x| + 1$ (단, x는 모든 실수) ( )

08 $|y| = x$ (단, $x \geq 0$) ( )

[09~14] 다음 함수의 정의역, 공역, 치역을 구하시오.

09

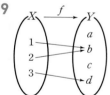

정의역:

공역:

치역:

10

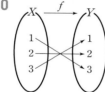

정의역:

공역:

치역:

11 $y = 2x^2 + 1$

정의역:

공역:

치역:

12 $y = 2x$ (단, $x \geq 1$)

정의역:

공역:

치역:

13 $y = |x - 1|$

정의역:

공역:

치역:

14 $y = \dfrac{1}{x}$

정의역:

공역:

치역:

02 서로 같은 함수

[15~18] 두 함수 f, g의 정의역이 $\{-1, 0\}$일 때, 다음 두 함수가 서로 같으면 ○, 서로 같지 않으면 ×를 표시하시오.

15 $f(x) = -2x + 1$, $g(x) = -2x + 1$ ( )

16 $f(x) = x$, $g(x) = |x|$ ( )

17 $f(x) = x^2 + x + 1$, $g(x) = 1$ ( )

18 $f(x) = 2x$, $g(x) = -2x^2$ ( )

03 함수의 그래프

[19~20] 정의역이 다음과 같은 함수 $y = x^2 - 1$의 그래프를 좌표평면 위에 그리시오.

19 $\{-1, 0, 1\}$

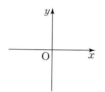

20 실수 전체의 집합

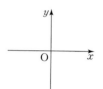

[21~24] 다음의 그래프가 함수의 그래프이면 ○, 함수의 그래프가 아니면 ×를 표시하시오.

21 ( )

22 ( )

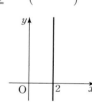

23 ( )

24 ( )

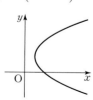

12 함수

04 여러 가지 함수

(1) 일대일함수

함수 $f : X \longrightarrow Y$의 정의역 X의 임의의 두 원소 x_1, x_2에 대하여

$$x_1 \neq x_2 \text{이면 } f(x_1) \neq f(x_2)$$

일 때, 함수 f를 일대일함수라고 한다.

(참고) 명제 '$x_1 \neq x_2$이면 $f(x_1) \neq f(x_2)$'의 대우 '$f(x_1) = f(x_2)$이면 $x_1 = x_2$'를 만족시켜도 일대일함수이다.

(2) 일대일대응

일대일함수인 $f : X \longrightarrow Y$의 치역과 공역이 서로 같을 때, 함수 f를 일대일대응이라고 한다. 즉, 다음 두 조건을 만족시키면 함수 $f : X \longrightarrow Y$는 일대일대응이다.

(i) 함수 f가 일대일함수이다.

(ii) 치역과 공역이 서로 같다.

(3) 항등함수

함수 $f : X \longrightarrow X$의 정의역 X의 임의의 원소 x에 그 자신인 x가 대응할 때, 즉

$$f(x) = x$$

인 함수 f를 항등함수라고 한다.

(4) 상수함수

함수 $f : X \longrightarrow Y$의 정의역 X의 모든 원소에 공역 Y의 단 하나의 원소 c가 대응할 때, 즉

$$f(x) = c \ (c\text{는 상수})$$

인 함수 f를 상수함수라고 한다.

예 (1) 일대일함수   (2) 일대일대응   (3) 항등함수   (4) 상수함수

05 합성함수

(1) 합성함수

두 함수 $f : X \longrightarrow Y$, $g : Y \longrightarrow Z$가 주어졌을 때, 집합 X의 각 원소 x에 집합 Z의 원소 $g(f(x))$를 대응시키면 X를 정의역, Z를 공역으로 하는 새로운 함수를 정의할 수 있다. 이 함수를 f와 g의 합성함수라 하고, 기호로 $g \circ f$와 같이 나타낸다. 즉,

$$g \circ f : X \longrightarrow Z, \ (g \circ f)(x) = g(f(x))$$

예 오른쪽 그림과 같은 두 함수 f, g에 대하여

$$(g \circ f)(1) = g(f(1)) = g(4) = 7$$
$$(g \circ f)(2) = g(f(2)) = g(5) = 6$$

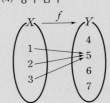

(2) 합성함수의 성질

합성이 가능한 세 함수 f, g, h에 대하여

① $g \circ f \neq f \circ g$ ⇐ 일반적으로 함수의 합성에 대한 교환법칙이 성립하지 않는다.

② $(f \circ g) \circ h = f \circ (g \circ h)$ ⇐ 일반적으로 함수의 합성에 대한 결합법칙은 성립한다.

③ $f : X \longrightarrow X$, $I : X \longrightarrow X$, $I(x) = x$일 때,

$$f \circ I = I \circ f = f$$

일대일함수의 판별법

'$x_1 \neq x_2$이면 $f(x_1) \neq f(x_2)$'

또는 그 대우

'$f(x_1) = f(x_2)$이면 $x_1 = x_2$'

가 참이면 일대일함수이다.

일대일함수의 그래프는 치역의 각 원소 b에 대하여 x축에 평행한 직선 $y = b$와 오직 한 점에서 만난다.

함수 사이의 관계

함수 f의 치역이 함수 g의 정의역의 부분집합일 때, 합성함수 $g \circ f$를 정의할 수 있다.

함수의 합성에 대한 결합법칙이 성립하므로 세 함수 f, g, h에 대하여 $f \circ (g \circ h)$, $(f \circ g) \circ h$를 괄호를 생략하여 $f \circ g \circ h$로 나타내기도 한다.

04 여러 가지 함수

[25~28] 보기의 함수 중에서 다음에 해당하는 것만을 있는 대로 고르시오.

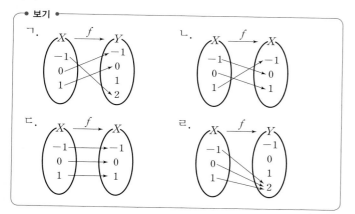

25 일대일함수

26 일대일대응

27 항등함수

28 상수함수

[29~32] 보기의 정의역이 $\{x \mid 0 \leq x \leq 3\}$, 공역이 $\{y \mid 0 \leq y \leq 3\}$인 함수의 그래프 중에서 다음에 해당하는 것만을 있는 대로 고르시오.

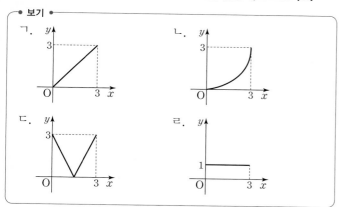

29 일대일함수

30 일대일대응

31 항등함수

32 상수함수

[33~36] 보기의 함수 중에서 다음에 해당하는 것만을 있는 대로 고르시오.

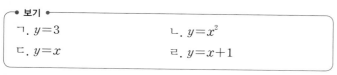

33 일대일함수

34 일대일대응

35 항등함수

36 상수함수

05 합성함수

[37~38] 두 함수 $f : X \longrightarrow X$, $g : X \longrightarrow X$가 그림과 같을 때, 다음 함수를 그림으로 나타내시오.

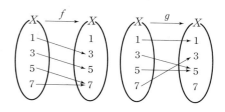

37 $g \circ f$

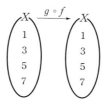

38 $f \circ g$

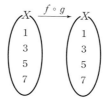

[39~46] 두 함수 $f(x) = x + 2$, $g(x) = x^2$에 대하여 다음을 구하시오.

39 $(f \circ g)(2)$

40 $(g \circ f)(2)$

41 $(f \circ f)(-1)$

42 $(g \circ g)(-1)$

43 $(f \circ g)(x)$

44 $(g \circ f)(x)$

45 $(f \circ f)(x)$

46 $(g \circ g)(x)$

06 역함수

(1) 역함수

함수 $f : X \longrightarrow Y$가 일대일대응일 때, 집합 Y의 각 원소 y에 $f(x)=y$인 집합 X의 원소 x를 대응시키는 함수를 f의 역함수라 하고, 기호로 f^{-1}와 같이 나타낸다. 즉,

$$f^{-1} : Y \longrightarrow X, \ x=f^{-1}(y)$$

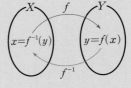

(참고) 함수 f의 역함수 f^{-1}에 대하여 $f(a)=b \Longleftrightarrow a=f^{-1}(b)$

(2) 역함수 구하기

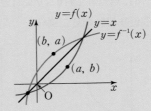

$y=f(x) \xrightarrow[\text{x를 y에 대한 식으로 나타내기}]{} x=f^{-1}(y) \xrightarrow[\text{x와 y를 서로 바꾸기}]{} y=f^{-1}(x)$

(3) 역함수의 성질

함수 $f : X \longrightarrow Y$가 일대일대응일 때, 그 역함수 $f^{-1} : Y \longrightarrow X$에 대하여

① $(f^{-1})^{-1}=f$

② $(f^{-1} \circ f)(x)=x \ (x \in X)$, $(f \circ f^{-1})(y)=y \ (y \in Y)$

③ 함수 $g : Y \longrightarrow Z$가 일대일대응이고 그 역함수가 g^{-1}일 때,
$$(g \circ f)^{-1}=f^{-1} \circ g^{-1}$$

(4) 역함수의 그래프

① 함수 $y=f(x)$의 그래프와 그 역함수 $y=f^{-1}(x)$의 그래프는 직선 $y=x$에 대하여 대칭이다.

② 함수 $y=f(x)$의 그래프와 직선 $y=x$의 교점은 함수 $y=f(x)$의 그래프와 그 역함수 $y=f^{-1}(x)$의 그래프의 교점이다.

07 절댓값 기호를 포함한 함수의 그래프

(1) $y=|f(x)|$의 그래프는 다음과 같은 순서로 그린다.

(i) $y=f(x)$의 그래프를 그린다.

(ii) $y \geq 0$인 부분은 그대로 두고, $y<0$인 부분을 x축에 대하여 대칭이동한다.

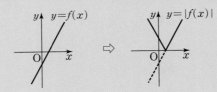

(2) $y=f(|x|)$의 그래프

(i) $y=f(x)$의 그래프를 그린다.

(ii) $x \geq 0$인 부분은 그대로 두고 $x<0$인 부분은 없앤다.

(iii) $x \geq 0$인 부분을 y축에 대하여 대칭이동한다.

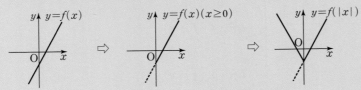

함수 f의 역함수가 존재하기 위한 필요충분조건은 '함수 f가 일대일대응'이다.

함수 $y=f(x)$의 역함수가 존재하면
$$y=f(x) \Longleftrightarrow x=f^{-1}(y)$$

일대일대응 $f : X \longrightarrow Y$에서

① $(f^{-1} \circ f)(x)=x$는 정의역이 X인 항등함수

② $(f \circ f^{-1})(y)=y$는 정의역이 Y인 항등함수

따라서 일반적으로
$$f^{-1} \circ f \neq f \circ f^{-1}$$
이지만 일대일대응 $f : X \longrightarrow X$에서는
$$f^{-1} \circ f=f \circ f^{-1}$$
이다.

함수 $y=f(x)$의 그래프가 점 (a, b)를 지나면 그 역함수 $y=f^{-1}(x)$의 그래프는 점 (b, a)를 지난다.

절댓값 기호를 포함한 식의 그래프 그리는 방법

(i) 절댓값 기호 안의 식의 값을 0으로 하는 x 또는 y의 값을 구한다.

(ii) (i)에서 구한 값을 경계로 구간을 나누어 절댓값 기호를 포함하지 않는 식을 구한다.

(iii) 각 구간에서 (ii)의 식의 그래프를 그린다.

06 역함수

47 보기에서 역함수가 존재하는 함수만을 있는 대로 고르시오.

• 보기 •
ㄱ. $y=2x$ ㄴ. $y=x^2-3$
ㄷ. $y=-x+2$ ㄹ. $y=2$

[48~49] 함수 $f(x)=3x-1$에 대하여 다음 등식을 만족시키는 상수 a, b의 값을 구하시오.

48 $f^{-1}(5)=a$

49 $f^{-1}(b)=3$

[50~51] 다음 함수의 역함수를 구하시오.

50 $y=-2x+4$

51 $y=\dfrac{1}{3}x+1$

[52~55] 그림과 같은 함수 $f : X \longrightarrow Y$에 대하여 다음을 구하시오.

52 $f^{-1}(2)$

53 $(f^{-1})^{-1}(1)$

54 $(f^{-1} \circ f)(5)$

55 $(f \circ f^{-1})(8)$

[56~57] 함수 $y=f(x)$의 그래프가 다음과 같을 때, 직선 $y=x$를 이용하여 역함수 $y=f^{-1}(x)$의 그래프를 그리시오.

56

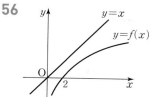

57

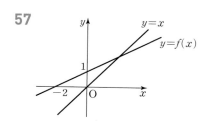

07 절댓값 기호를 포함한 함수의 그래프

[58~59] 함수 $y=f(x)$의 그래프가 그림과 같을 때, 다음 함수의 그래프를 그리시오.

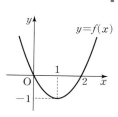

58 $y=|f(x)|$

59 $y=f(|x|)$

[60~61] 다음 함수의 그래프를 그리시오.

60 $y=|x-1|$

61 $y=-|x|+1$

01 함수의 뜻

(1) 집합 X의 각 원소에 집합 Y의 원소가 오직 하나씩 대응할 때, 이 대응을 X에서 Y로의 함수라고 한다.

(2) 다음의 경우는 함수가 아니다.
  ① 집합 X의 원소 중에서 대응하지 않고 남아 있는 원소가 있는 경우
  ② 집합 X의 어떤 원소에 집합 Y의 원소가 2개 이상 대응하는 경우

» 올림포스 수학(하) 37쪽

01 대표문제
▶ 23641-0199

두 집합 $X=\{-1,\ 0,\ 1\}$, $Y=\{1,\ 2,\ 3,\ 4\}$에 대하여 X에서 Y로의 함수인 것만을 **보기**에서 있는 대로 고른 것은?

┌─ • 보기 •
│ ㄱ. $f(x)=|x-2|$
│ ㄴ. $g(x)=2x^2$
│ ㄷ. $h(x)=\begin{cases} 1 & (x\leq 0) \\ 4 & (x>0) \end{cases}$
└

① ㄱ   ② ㄱ, ㄴ   ③ ㄱ, ㄷ
④ ㄴ, ㄷ   ⑤ ㄱ, ㄴ, ㄷ

02 (상중하)
▶ 23641-0200

집합 $X=\{x\,|\,0\leq x\leq 2\}$에 대하여 다음 중 X에서 X로의 함수가 <u>아닌</u> 것은?

① $y=1$ ② $y=\dfrac{1}{2}(x+2)$ ③ $y=x$

④ $y=2(x-1)$ ⑤ $y=(x-1)^2$

03 (상중하)
▶ 23641-0201

두 집합 $X=\{x\,|\,1\leq x\leq 3\}$, $Y=\{y\,|\,1\leq y\leq 7\}$에 대하여
$$f(x)=ax+b$$
가 X에서 Y로의 함수가 되도록 하는 두 자연수 a, b의 모든 순서쌍 $(a,\ b)$의 개수는?

① 1   ② 2   ③ 3
④ 4   ⑤ 5

중요
02 함숫값 구하기

함수 $f:X\longrightarrow Y$에서 정의역 X의 원소 x에 공역 Y의 원소 y가 대응할 때, 이것을 기호로 $y=f(x)$와 같이 나타내고, $f(x)$를 함수 f에 의한 x의 함숫값이라고 한다.

» 올림포스 수학(하) 37쪽

04 대표문제
▶ 23641-0202

실수 전체의 집합에서 정의된 함수
$$f(x)=\begin{cases} -x^2+4 & (x\leq 2) \\ 3x-6 & (x>2) \end{cases}$$
에 대하여 $f(-1)+f(1)+f(3)$의 값을 구하시오.

05 (상중하)
▶ 23641-0203

실수 전체의 집합에서 정의된 두 함수
$$f(x)=x^2+2x-5,\ g(x)=-2x+3$$
에 대하여 $f(2)g(3)$의 값은?

① -9 ② -6 ③ -3
④ 0 ⑤ 3

06 (상중하)
▶ 23641-0204

자연수 전체의 집합에서 정의된 함수 f를
$$f(x)=(x를\ 7로\ 나눈\ 나머지)$$
라 할 때, $f(5)+f(10)+f(15)+f(20)$의 값은?

① 14   ② 15   ③ 16
④ 17   ⑤ 18

07 (상중하)
▶ 23641-0205

자연수 전체의 집합에서 정의된 함수
$$f(x)=\begin{cases} 2x & (1\leq x\leq 5) \\ f(x-5)-3 & (x\geq 6) \end{cases}$$
에 대하여 $f(3)+f(6)+f(9)+f(12)$의 값을 구하시오.

03 함수의 정의역, 공역, 치역

함수 $f : X \longrightarrow Y$에 대하여
(1) **정의역**: 집합 X
(2) **공역**: 집합 Y
(3) **치역**: 함숫값 전체의 집합, 즉 $\{f(x) \mid x \in X\}$

>> **올림포스** 수학(하) 37쪽

08 대표문제
▶ 23641-0206

함수 $f(x)=2x+k$가 집합 $X=\{x \mid 2 \le x \le 4\}$를 정의역, 집합 $Y=\{y \mid 1 \le y \le 7\}$을 공역으로 하는 함수가 되도록 하는 실수 k의 값의 범위는 $a \le k \le b$이다. $a+b$의 값은?

① -6 ② -4 ③ -2
④ 0 ⑤ 2

09 상중하
▶ 23641-0207

정의역이 집합 $X=\{x \mid -1 \le x \le a\}$이고 공역이 실수 전체의 집합인 함수

$$f(x)=2x^2+1$$

의 치역이 $\{y \mid b \le y \le 9\}$일 때, $a+b$의 값은?

① 1 ② 2 ③ 3
④ 4 ⑤ 5

10 상중하
▶ 23641-0208

정의역이 집합 $X=\{1, 2, 4, a\}$, 공역이 집합 $Y=\{5, 6, 7, 8, 9\}$인 함수

$$f(x)=-x^2+4x+b$$

의 치역을 집합 A라 하면 집합 A는 다음 조건을 만족시킨다.

(가) 집합 A의 원소의 개수는 3이다.
(나) 집합 A의 모든 원소의 합은 22이다.

두 자연수 a, b에 대하여 $a+b$의 값은?
(단, 집합 X의 원소의 개수는 4이다.)

① 7 ② 8 ③ 9
④ 10 ⑤ 11

04 조건식을 이용하여 함숫값 구하기

주어진 조건식의 x, y에 적당한 숫자를 대입하여 함숫값을 구한다.

11 대표문제
▶ 23641-0209

임의의 실수 x, y에 대하여 함수 f가

$$f(x+y)=f(x)f(y)$$

를 만족시킨다. $f(1)=2$일 때, $f(4)$의 값은?

① 4 ② 8 ③ 12
④ 16 ⑤ 20

12 상중하
▶ 23641-0210

임의의 실수 x에 대하여 함수 f가

$$f(x)=4-f(6-x)$$

를 만족시킬 때, $f(1)+f(2)+f(3)+f(4)+f(5)$의 값은?

① 6 ② 7 ③ 8
④ 9 ⑤ 10

13 상중하
▶ 23641-0211

임의의 실수 x에 대하여 함수 f가

$$f(x+4)=f(x)+3$$

을 만족시킨다. $f(17)=15$일 때, $f(1)$의 값은?

① 1 ② 2 ③ 3
④ 4 ⑤ 5

05 서로 같은 함수

서로 같은 함수 f와 g, 즉 $f=g$
$\iff$ (i) 정의역과 공역이 각각 서로 같다.
  (ii) 정의역의 모든 원소 x에 대하여 $f(x)=g(x)$

≫ 올림포스 수학(하) 37쪽

14 대표문제
▶ 23641-0212

정의역이 집합 $X=\{-1,\ 1\}$인 두 함수
$$f(x)=2x+2,\ g(x)=x^2+ax+b$$
에 대하여 $f=g$일 때, ab의 값은? (단, a, b는 상수이다.)

① 1 ② 2 ③ 3
④ 4 ⑤ 5

15 상중하
▶ 23641-0213

정의역이 집합 $X=\{-1,\ 1\}$인 두 함수
$$f(x)=3,\ g(x)=a|x|+bx$$
에 대하여 $f=g$일 때, $2a+b$의 값은? (단, a, b는 상수이다.)

① 2 ② 4 ③ 6
④ 8 ⑤ 10

16 상중하
▶ 23641-0214

정의역이 집합 $X=\{-1,\ a\}$인 두 함수
$$f(x)=3x|x|,\ g(x)=bx^2-8$$
에 대하여 $f=g$일 때, $a+b$의 값은?
(단, a, b는 상수이고, $a\neq-1$이다.)

① 3 ② 4 ③ 5
④ 6 ⑤ 7

17 상중하
▶ 23641-0215

공집합이 아닌 집합 X를 정의역으로 하는 두 함수
$$f(x)=x^3-6x^2+5x-3,\ g(x)=-6x+3$$
이 서로 같은 함수가 되도록 하는 집합 X의 개수를 구하시오.

06 함수의 그래프

함수 $f:X\longrightarrow Y$에서 정의역 X의 각 원소 x와 그에 대응하는 함숫값 $f(x)$의 순서쌍 $(x,\ f(x))$ 전체의 집합
$$\{(x,\ f(x))\,|\,x\in X\}$$
를 함수 f의 그래프라고 한다.

≫ 올림포스 수학(하) 38쪽

18 대표문제
▶ 23641-0216

정의역이 집합 $X=\{1,\ 2,\ 3\}$인 함수
$f(x)=ax+b$의 그래프가 그림과 같을 때,
실수 전체의 집합에서 정의된 함수
$g(x)=bx+a$에 대하여 $g(2)$의 값은?
(단, a, b는 상수이다.)

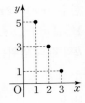

① 11 ② 12 ③ 13
④ 14 ⑤ 15

19 상중하
▶ 23641-0217

정의역이 집합 $X=\{0,\ 1,\ 3\}$인 함수
$f(x)=ax^2+bx+c$의 그래프가 그림과 같을
때, 실수 전체의 집합에서 정의된 함수
$g(x)=ax+b+c$에 대하여 $g(5)$의 값은?
(단, a, b, c는 상수이다.)

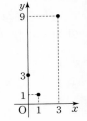

① 9 ② 10
③ 11 ④ 12
⑤ 13

20 상중하
▶ 23641-0218

실수 전체의 집합에서 정의된 함수
$f(x)=ax^2+bx+c$의 그래프가 그림과
같다. 정의역이 집합 $X=\{x\,|\,0\le x\le4\}$
인 함수 $g(x)=ax^2+bx+c$의 치역이 집
합 $\{y\,|-2\le y\le0\}$일 때, $a+b+c$의 값은?
(단, $f(0)=f(4)=0$이고, a, b, c는 상수이다.)

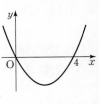

① -2 ② $-\dfrac{3}{2}$ ③ -1
④ $-\dfrac{1}{2}$ ⑤ 0

07 일대일함수

(1) 함수 $f : X \longrightarrow Y$가 일대일함수이다.
$\iff$ 정의역 X의 임의의 두 원소 x_1, x_2에 대하여
$x_1 \neq x_2$이면 $f(x_1) \neq f(x_2)$이다.
(2) 일대일함수의 그래프는 치역의 각 원소 b에 대하여
x축에 평행한 직선 $y=b$와 오직 한 점에서 만난다.

> **올림포스** 수학(하) 38쪽

21 대표문제
▶ 23641-0219

두 집합 $X=\{2, 4, 6\}$, $Y=\{1, 2, 3, 4\}$에 대하여 X에서 Y로의 함수 f가 다음 조건을 만족시킨다.

(가) f는 일대일함수이다.
(나) $f(2)=2$, $f(4)=3$

$f(6)$이 될 수 있는 모든 값의 합은?

① 4 　　② 5 　　③ 6
④ 7 　　⑤ 8

22 상중하
▶ 23641-0220

두 집합 $X=\{1, 2\}$, $Y=\{a, b, c\}$에 대하여 X에서 Y로의 일대일함수의 개수를 구하시오.

23 상중하
▶ 23641-0221

보기의 정의역과 공역이 모두 실수 전체의 집합인 함수의 그래프 중에서 일대일함수의 그래프만을 있는 대로 고른 것은?

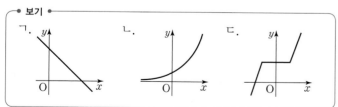

① ㄱ 　　② ㄱ, ㄴ 　　③ ㄱ, ㄷ
④ ㄴ, ㄷ 　　⑤ ㄱ, ㄴ, ㄷ

08 일대일대응

함수 $f : X \longrightarrow Y$가 일대일대응이다.
$\iff$ (i) 함수 f가 일대일함수이다.
(ii) 치역과 공역이 서로 같다.

> **올림포스** 수학(하) 38쪽

24 대표문제
▶ 23641-0222

보기의 정의역과 공역이 모두 실수 전체의 집합인 함수의 그래프 중에서 일대일대응의 그래프만을 있는 대로 고른 것은?

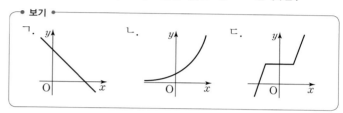

① ㄱ 　　② ㄱ, ㄴ 　　③ ㄱ, ㄷ
④ ㄴ, ㄷ 　　⑤ ㄱ, ㄴ, ㄷ

25 상중하
▶ 23641-0223

보기의 정의역과 공역이 모두 실수 전체의 집합인 함수 중에서 일대일대응인 것만을 있는 대로 고른 것은?

보기
ㄱ. $f(x)=x^2-4$
ㄴ. $g(x)=-2x-3$
ㄷ. $h(x)=\begin{cases} 3x+1 & (x \leq 0) \\ 2x^2+1 & (x>0) \end{cases}$

① ㄱ 　　② ㄴ 　　③ ㄷ
④ ㄴ, ㄷ 　　⑤ ㄱ, ㄴ, ㄷ

26 상중하
▶ 23641-0224

두 집합 $X=\{-1, 0, a\}$, $Y=\{3, 4, 7\}$에 대하여 X에서 Y로의 함수 $f(x)=x^2+b$가 일대일대응일 때, $a+b$의 최댓값은? (단, a, b는 상수이고, $a \neq -1$, $a \neq 0$이다.)

① 5 　　② 6 　　③ 7
④ 8 　　⑤ 9

09 일대일대응이 되기 위한 조건

연속으로 이어진 그래프를 갖는 함수 f가 다음 두 조건을 만족하면 일대일대응이다.

(i) 정의역의 전 범위에서 증가하는 함수이거나 감소하는 함수이다.

(ii) 정의역이 $\{x \mid a \leq x \leq b\}$일 때, 공역과 치역은 $\{y \mid f(a) \leq y \leq f(b)\}$ 또는 $\{y \mid f(b) \leq y \leq f(a)\}$

» **올림포스** 수학(하) 38쪽

27 대표문제
▶ 23641-0225

두 집합

$$X = \{x \mid -1 \leq x \leq 1\}, \; Y = \{y \mid -2 \leq y \leq 4\}$$

에 대하여 X에서 Y로의 함수 $f(x) = ax + b$가 일대일대응이 되도록 하는 두 실수 a, b에 대하여 ab의 최솟값은?

① -5 ② -3 ③ -1

④ 1 ⑤ 3

28 상중하
▶ 23641-0226

두 집합 $X = \{x \mid x \geq a\}$, $Y = \{y \mid y \geq f(a)\}$에 대하여 X에서 Y로의 함수 $f(x) = \dfrac{1}{2}x^2 - 3x + \dfrac{5}{2}$가 일대일대응이 되도록 하는 실수 a의 최솟값은?

① $\dfrac{3}{2}$ ② 2 ③ $\dfrac{5}{2}$

④ 3 ⑤ $\dfrac{7}{2}$

29 상중하
▶ 23641-0227

실수 전체의 집합에서 정의된 함수

$$f(x) = \begin{cases} a(x+3) & (x < 0) \\ x^2 + 2 & (x \geq 0) \end{cases}$$

이 일대일대응이 되도록 하는 상수 a의 값은?

① $\dfrac{1}{3}$ ② $\dfrac{2}{3}$ ③ 1

④ $\dfrac{4}{3}$ ⑤ $\dfrac{5}{3}$

10 항등함수와 상수함수

(1) **항등함수**: 함수 $f : X \longrightarrow X$에 대하여
$$f(x) = x$$

(2) **상수함수**: 함수 $f : X \longrightarrow Y$에 대하여
$$f(x) = c \; (단, c \in Y이고, c는 상수이다.)$$

» **올림포스** 수학(하) 38쪽

30 대표문제
▶ 23641-0228

보기에서 집합 $X = \{-1, 1\}$에 대하여 X에서 X로의 항등함수인 것만을 있는 대로 고른 것은?

┌─ 보기 ─────────────────
ㄱ. $f(x) = x$
ㄴ. $g(x) = x \mid x \mid$
ㄷ. $h(x) = x^2 + x - 1$
└──────────────────────

① ㄱ   ② ㄱ, ㄴ   ③ ㄱ, ㄷ

④ ㄴ, ㄷ   ⑤ ㄱ, ㄴ, ㄷ

31 상중하
▶ 23641-0229

실수 전체의 집합에서 정의된 두 함수 f, g에 대하여 함수 f는 항등함수이고 함수 g는 상수함수이다.

$$f(1) + f(2) + g(3) + g(4) = 10$$

일 때, $g(5)$의 값은?

① 3 ② $\dfrac{7}{2}$ ③ 4

④ $\dfrac{9}{2}$ ⑤ 5

32 상중하
▶ 23641-0230

함수 $f(x) = x^3 - x^2 - 3x + 4$가 집합 X에서 X로의 항등함수가 되도록 하는 집합 X에 대하여 집합 X의 모든 원소의 합을 $S(X)$라 하자. $S(X)$의 최댓값은? (단, X는 공집합이 아니다.)

① -1 ② 0 ③ 1

④ 2 ⑤ 3

11 함수의 개수

두 집합 X, Y의 원소의 개수가 각각 m, n일 때
(1) X에서 Y로의 함수의 개수는
$$n^m$$
(2) X에서 Y로의 일대일함수의 개수는
$$n(n-1)(n-2) \times \cdots \times (n-m+1) \text{ (단, } n \geq m)$$
(3) X에서 X로의 일대일대응의 개수는
$$m(m-1)(m-2) \times \cdots \times 2 \times 1$$
(4) X에서 Y로의 상수함수의 개수는
$$n$$

33 대표문제
▶ 23641-0231

집합 $X = \{1, 3, 5\}$에 대하여 X에서 X로의 함수의 개수는 a, 일대일대응의 개수는 b, 상수함수의 개수는 c이다. $a+b+c$의 값을 구하시오.

34 상중하
▶ 23641-0232

두 집합 $X = \{1, 2\}$, Y에 대하여 X에서 Y로의 함수의 개수가 36일 때, X에서 Y로의 일대일함수의 개수를 구하시오.

35 상중하
▶ 23641-0233

두 집합 $X = \{1, 2, 3, 4\}$, Y에 대하여 X에서 Y로의 상수함수의 개수가 3일 때, X에서 Y로의 함수의 개수를 구하시오.

12 합성함수의 함숫값

(1) $(g \circ f)(a) = g(f(a))$
(2) $(f \circ g)(a) = f(g(a))$

▶ 올림포스 수학(하) 39쪽

36 대표문제
▶ 23641-0234

두 함수
$$f(x) = x^2 - 2x + 3, \ g(x) = 2x - 1$$
에 대하여 $(f \circ g)(1) + (g \circ f)(2)$의 값은?

① 5   ② 6   ③ 7
④ 8   ⑤ 9

37 상중하
▶ 23641-0235

두 함수
$$f(x) = \begin{cases} -x^2 - 3x + 1 & (x \leq -1) \\ x + 4 & (x > -1) \end{cases},$$
$$g(x) = -2x + 4$$
에 대하여 $(f \circ g)(1) + (f \circ g)(3)$의 값은?

① 5   ② 6   ③ 7
④ 8   ⑤ 9

38 상중하
▶ 23641-0236

두 함수
$$f(x) = -3x + a, \ g(x) = bx + 1$$
에 대하여 $(f \circ g)(1) = -4$, $(g \circ f)(2) = -1$일 때, $a+b$의 값은? (단, a, b는 상수이고, $a \neq 0$이다.)

① 7   ② 8   ③ 9
④ 10   ⑤ 11

13 합성함수의 성질

합성이 가능한 세 함수 f, g, h에 대하여
(1) $g \circ f \neq f \circ g$
(2) $(f \circ g) \circ h = f \circ (g \circ h)$
(3) $f : X \longrightarrow X$, $I : X \longrightarrow X$, $I(x) = x$일 때,
$\quad f \circ I = I \circ f = f$

≫ 올림포스 수학(하) 39쪽

39 대표문제
▶ 23641-0237

집합 X에서 X로의 네 함수 f, g, h, I에 대하여 **보기**에서 항상 옳은 것만을 있는 대로 고른 것은? (단, I는 항등함수이다.)

──● 보기 ●──
ㄱ. $g \circ f = f \circ g$
ㄴ. $(f \circ g) \circ h = f \circ (g \circ h)$
ㄷ. $f \circ I = I \circ f = f$

① ㄱ
② ㄴ
③ ㄷ
④ ㄴ, ㄷ
⑤ ㄱ, ㄴ, ㄷ

40 상중하
▶ 23641-0238

집합 X에서 X로의 두 함수 f, g가 다음 조건을 만족시킨다.

(가) f는 일대일대응이다.
(나) $f \circ g = f$

$f(3) = 5$, $f(5) = 9$일 때, $(f \circ g)(3) + (g \circ f)(5)$의 값을 구하시오.

41 상중하
▶ 23641-0239

세 함수 f, g, h에 대하여
$\quad f(x) = ax + 1$, $(g \circ h)(x) = 3x + b$
이고,
$\quad ((f \circ g) \circ h)(1) = 3$, $(g \circ (h \circ f))(-1) = 5$
일 때, 두 정수 a, b에 대하여 ab의 값은?

① 2
② 4
③ 6
④ 8
⑤ 10

14 $f \circ g = g \circ f$가 성립하는 경우

$f(g(x)) = g(f(x))$에서 동류항의 계수를 비교한다.

≫ 올림포스 수학(하) 39쪽

42 대표문제
▶ 23641-0240

두 함수 $f(x) = -3x + 2$, $g(x) = ax + 1$에 대하여 $f \circ g = g \circ f$가 항상 성립할 때, 상수 a의 값은?

① -5
② -3
③ -1
④ 1
⑤ 3

43 상중하
▶ 23641-0241

정의역이 $X = \{-3, a\}$인 두 함수
$\quad f(x) = 2x + 1$, $g(x) = x^2 + b$
에 대하여 $f \circ g = g \circ f$가 성립할 때, $a + b$의 값은?
$\qquad$ (단, a, b는 상수이고, $a \neq -3$이다.)

① 5
② 6
③ 7
④ 8
⑤ 9

44 상중하
▶ 23641-0242

두 함수 $f(x) = ax + b$, $g(x) = 2x - 1$에 대하여 $f \circ g = g \circ f$가 항상 성립할 때, $f(1)$의 값은?
$\qquad$ (단, a, b는 상수이다.)

① 1
② 2
③ 3
④ 4
⑤ 5

중요
15 여러 가지 합성함수

$f(x)=ax+b$일 때
(1) $(f \circ f)(x)=f(f(x))=f(ax+b)=a(ax+b)+b$
(2) $(f \circ g)(x)=f(g(x))=ag(x)+b$
(3) $(g \circ f)(x)=g(f(x))=g(ax+b)$

>> **올림포스** 수학(하) 39쪽

45 대표문제
▶ 23641-0243

함수 $f(x)=\frac{1}{2}x+2$에 대하여 함수 $y=(f \circ f)(x)$의 그래프
와 x축 및 y축으로 둘러싸인 부분의 넓이는?

① 16
② $\frac{33}{2}$
③ 17
④ $\frac{35}{2}$
⑤ 18

46 상중하
▶ 23641-0244

함수
$$f(x)=\begin{cases} -x^2+x+3 & (x \leq 2) \\ \frac{1}{3}x-3 & (x>2) \end{cases}$$
에 대하여 $(f \circ f \circ f)(-1)$의 값은?

① -3
② -2
③ -1
④ 0
⑤ 1

47 상중하
▶ 23641-0245

함수
$$f(x)=\begin{cases} \frac{1}{2}x+1 & (x \leq 0) \\ 2x+1 & (x>0) \end{cases}$$
에 대하여 $(f \circ f)(-3)+(f \circ f)(-1)+(f \circ f)(1)$의 값
은?

① $\frac{33}{4}$
② $\frac{35}{4}$
③ $\frac{37}{4}$
④ $\frac{39}{4}$
⑤ $\frac{41}{4}$

48 상중하
▶ 23641-0246

함수 f에 대하여 $(f \circ f)(x)=\frac{1}{4}x+4$, $f(8)=4$일 때,
$f(4)$의 값은?

① 2
② 4
③ 6
④ 8
⑤ 10

49 상중하
▶ 23641-0247

두 함수 $f(x)=2x-1$, $g(x)=4x^2-6x+3$에 대하여
$(f \circ h)(x)=g(x)$를 만족시키는 함수 $h(x)$는?

① $h(x)=x-\frac{1}{2}$
② $h(x)=4x-2$
③ $h(x)=2x^2-3x+1$
④ $h(x)=2x^2-3x+\frac{3}{2}$
⑤ $h(x)=2x^2-3x+2$

50 상중하
▶ 23641-0248

두 함수 $f(x)=x^2+x-2$, $g(x)=4x^2-6x$가 있다.
$(f \circ h)(x)=g(x)$를 만족시키는 함수 $h(x)$에 대하여
$h(-2)$가 될 수 있는 모든 값의 합은?

① -3
② -2
③ -1
④ 0
⑤ 1

51 상중하
▶ 23641-0249

두 함수 f, g에 대하여
$$f(x)=\frac{3x-2}{4}, \quad (g \circ f)(x)=x^2+4x+3$$
일 때, $g(1)$의 값을 구하시오.

16 그래프와 합성함수

$(f \circ f)(a) = b$를 만족하는 상수 a의 값 찾기

(i) $f(f(a)) = b$에서 $f(a) = k$라 한다.

(ii) $f(k) = b$를 만족하는 k의 값을 모두 구한다.

(iii) (ii)에서 구한 k의 값에 대하여 $f(a) = k$를 만족하는 a의 값을 모두 구한다.

52 대표문제

▶ 23641-0250

집합 $X = \{1, 2, 3, 4, 5\}$에 대하여 X에서 X로의 함수 f의 그래프가 그림과 같을 때,
$(f \circ f)(1) + (f \circ f)(2) + (f \circ f)(3)$의 값은?

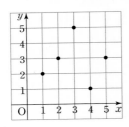

① 3   ② 5   ③ 7

④ 9   ⑤ 11

53 상중하

▶ 23641-0251

집합 $X = \{x | 0 \le x \le 5\}$에 대하여 X에서 X로의 함수 f의 그래프가 그림과 같을 때, $(f \circ f \circ f)(1)$의 값은?

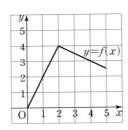

① 1   ② 2   ③ 3

④ 4   ⑤ 5

54 상중하

▶ 23641-0252

집합 $X = \{x | 0 \le x \le 5\}$에 대하여 X에서 X로의 두 함수 f, g의 그래프가 그림과 같을 때,
$$(g \circ f)(a) = 2, \quad (g \circ f \circ g)(3) = b$$
이다. $a + b$의 값은? (단, a, b는 상수이다.)

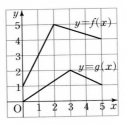

① 1   ② 2   ③ 3

④ 4   ⑤ 5

55 상중하

▶ 23641-0253

집합 $X = \{x | 0 \le x \le 5\}$에 대하여 X에서 X로의 함수 f의 그래프가 그림과 같을 때, $(f \circ f)(a) = 3$을 만족시키는 실수 a의 개수를 구하시오.

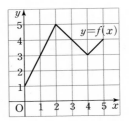

56 상중하

▶ 23641-0254

집합 $X = \{x | 0 \le x \le 4\}$에 대하여 X에서 X로의 함수
$$f(x) = \begin{cases} -2x + 4 & (0 \le x \le 2) \\ 2x - 4 & (2 < x \le 4) \end{cases}$$
의 그래프는 그림과 같다. $(f \circ f)(a) = 2$를 만족시키는 모든 실수 a의 값의 합은?

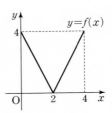

① 4   ② 5   ③ 6

④ 7   ⑤ 8

17 f^n꼴의 합성함수 값의 추정

함수 f에 대하여 $f^1=f$, $f^{n+1}=f\circ f^n$ (n은 자연수)일 때, $f^n(a)$의 값 구하기

$\Rightarrow$ $f^1(a)$, $f^2(a)$, $f^3(a)$, $\cdots$를 직접 구하여 규칙을 찾아 $f^n(a)$의 값을 추정한다.

57 대표문제
▶ 23641-0255

함수 $f(x)=2x$에 대하여
$$f^1=f,\ f^{n+1}=f\circ f^n\ (n은\ 자연수)$$
로 정의할 때, $f^{10}(1)$의 값을 구하시오.

58 상중하
▶ 23641-0256

함수 $f(x)=x^2-2x$에 대하여
$$f^1=f,\ f^{n+1}=f\circ f^n\ (n은\ 자연수)$$
로 정의할 때, $f^{10}(1)$의 값은?

① 3   ② 5   ③ 7
④ 9   ⑤ 11

59 상중하
▶ 23641-0257

함수 $f(x)=\begin{cases} 2x+1 & (x<15) \\ f(x-15) & (x\ge 15) \end{cases}$ 에 대하여

$$f^1=f,\ f^{n+1}=f\circ f^n\ (n은\ 자연수)$$
로 정의할 때, $f^5(1)+f^{10}(1)+f^{15}(1)+f^{20}(1)+f^{25}(1)$의 값을 구하시오.

18 역함수의 함숫값

함수 f의 역함수가 f^{-1}일 때,
$$f^{-1}(a)=b \iff f(b)=a$$

올림포스 수학(하) 40쪽

60 대표문제
▶ 23641-0258

함수 $f(x)=ax-2$에 대하여
$$f(3)=-1,\ f^{-1}(1)=b$$
일 때, ab의 값은? (단, a, b는 상수이다.)

① 1   ② 3   ③ 5
④ 7   ⑤ 9

61 상중하
▶ 23641-0259

실수 전체의 집합에서 정의된 함수 f에 대하여
$$f(2x-1)=\frac{x+a}{3},\ f(3)=\frac{4}{3},\ f^{-1}(b)=7$$
일 때, $a+b$의 값은? (단, a, b는 상수이다.)

① 2   ② 4   ③ 6
④ 8   ⑤ 10

62 상중하
▶ 23641-0260

함수 $f(x)=\begin{cases} -2x+3 & (x\le 1) \\ -x^2-2x+4 & (x>1) \end{cases}$ 에 대하여

$f^{-1}(-4)+f^{-1}(7)$의 값은?

① -2 ② -1 ③ 0
④ 1   ⑤ 2

19 역함수가 존재하기 위한 조건
중요

(1) 함수 f의 역함수가 존재하기 위한 필요충분조건:
함수 f가 일대일대응
(2) 연속으로 이어진 그래프를 갖는 함수 f가 다음 두 조건을 만족하면 일대일대응이다.
　① 정의역의 전 범위에서 증가하는 함수이거나 감소하는 함수
　② 정의역이 $\{x | a \le x \le b\}$일 때, 공역과 치역은 $\{y | f(a) \le y \le f(b)\}$ 또는 $\{y | f(b) \le y \le f(a)\}$

》》 올림포스 수학(하) 40쪽

63 대표문제
▶ 23641-0261

보기의 정의역과 공역이 모두 실수 전체의 집합인 함수 중 역함수가 존재하는 것만을 있는 대로 고른 것은?

● 보기 ●
ㄱ. $y = x^2 - 4$
ㄴ. $y = -4x + 2$
ㄷ. $f(x) = \begin{cases} x & (x \le 0) \\ x^2 & (x > 0) \end{cases}$

① ㄱ　　　　　② ㄴ　　　　　③ ㄷ
④ ㄴ, ㄷ　　　⑤ ㄱ, ㄴ, ㄷ

64 상중하
▶ 23641-0262

두 집합 $X = \{x | -1 \le x \le 2\}$, $Y = \{y | a \le y \le 5\}$에 대하여 X에서 Y로의 함수 $f(x) = -2x + b$의 역함수가 존재할 때, $a + b$의 값은? (단, a, b는 상수이다.)

① 1　　　　　② 2　　　　　③ 3
④ 4　　　　　⑤ 5

65 상중하
▶ 23641-0263

두 집합 $X = \{x | 0 \le x \le 2\}$, $Y = \{y | a \le y \le b\}$에 대하여 X에서 Y로의 함수 $f(x) = ax + b$의 역함수가 존재할 때, $f(1)$의 값은? (단, a, b는 상수이고, $a \ne 0$이다.)

① -2　　　　② -1　　　　③ 0
④ 1　　　　　⑤ 2

66 상중하
▶ 23641-0264

두 집합 $X = \{x | x \ge a\}$, $Y = \{y | y \ge f(a)\}$에 대하여 X에서 Y로의 함수 $f(x) = x^2 - 4x + 7$의 역함수가 존재하도록 하는 실수 a의 최솟값은?

① 1　　　　　② 2　　　　　③ 3
④ 4　　　　　⑤ 5

67 상중하
▶ 23641-0265

두 집합 $X = \{x | x \le a\}$, $Y = \{y | y \ge a\}$에 대하여 X에서 Y로의 함수 $f(x) = x^2 - x - 8$의 역함수가 존재하도록 하는 상수 a의 값은?

① -2　　　　② -1　　　　③ 0
④ 1　　　　　⑤ 2

68 상중하
▶ 23641-0266

정의역과 공역이 모두 실수 전체의 집합인 함수
$$f(x) = \begin{cases} 2x + 1 & (x \le 1) \\ x^2 + ax + b & (x > 1) \end{cases}$$
의 역함수가 존재하도록 하는 자연수 b의 개수는?

① 1　　　　　② 2　　　　　③ 3
④ 4　　　　　⑤ 5

>> 정답과 풀이 42쪽

20 역함수 구하기

$$y=f(x) \xrightarrow{\text{x를 y에 대한 식으로 나타내기}} x=f^{-1}(y)$$
$$\xrightarrow{\text{x와 y를 서로 바꾸기}} y=f^{-1}(x)$$

>> 올림포스 수학(하) 40쪽

69 대표문제
▶ 23641-0267

함수 $f(x)=\frac{1}{2}x-2$의 역함수가 $f^{-1}(x)=ax+b$일 때, ab의 값은? (단, a, b는 상수이다.)

① 2   ② 4   ③ 6
④ 8   ⑤ 10

70 상중하
▶ 23641-0268

함수 $f(x)=ax+2$의 역함수가 $f^{-1}(x)=-\frac{1}{3}x+b$일 때, ab의 값은? (단, a, b는 상수이고, $a \neq 0$이다.)

① -2 ② -1 ③ 0
④ 1   ⑤ 2

71 상중하
▶ 23641-0269

함수 $f(x)=ax+2$의 역함수가 $f^{-1}(x)=ax+2$일 때, 함수 $y=f(x)$의 그래프와 x축 및 y축으로 둘러싸인 부분의 넓이는? (단, a는 0이 아닌 상수이다.)

① $\frac{3}{2}$ ② 2   ③ $\frac{5}{2}$
④ 3   ⑤ $\frac{7}{2}$

72 상중하
▶ 23641-0270

두 집합 $X=\{x \mid x \geq a\}$, $Y=\{y \mid y \geq 3\}$에 대하여 X에서 Y로의 함수 $f(x)=\frac{1}{4}x+2$의 역함수가 $f^{-1}(x)=4x+b$ $(x \geq 3)$일 때, $a+b$의 값은? (단, a, b는 상수이다.)

① -8 ② -4 ③ 0
④ 4   ⑤ 8

73 상중하
▶ 23641-0271

함수 $f(x)=\frac{1}{3}x+2$ $(x \geq 0)$의 역함수가 $f^{-1}(x)=3x+a$ $(x \geq b)$일 때, $a+b$의 값은? (단, a, b는 상수이다.)

① -8 ② -4 ③ 0
④ 4   ⑤ 8

74 상중하
▶ 23641-0272

함수 $f(x)=\begin{cases} 2x-3 & (x \leq 2) \\ \frac{1}{4}x+\frac{1}{2} & (x > 2) \end{cases}$의 역함수가

$f^{-1}(x)=\begin{cases} ax+\frac{3}{2} & (x \leq b) \\ 4x+c & (x > b) \end{cases}$

일 때, $a+b+c$의 값은? (단, a, b, c는 상수이고, $a \neq 0$이다.)

① $-\frac{1}{2}$ ② -1 ③ $-\frac{3}{2}$
④ -2 ⑤ $-\frac{5}{2}$

75 상중하
▶ 23641-0273

실수 전체의 집합에서 정의된 함수 f가 $f(4x+1)=6x-\frac{1}{2}$을 만족시킨다. 함수 f의 역함수가 $f^{-1}(x)=ax+b$일 때, $a+b$의 값은? (단, a, b는 상수이고, $a \neq 0$이다.)

① -2 ② -1 ③ 0
④ 1   ⑤ 2

21 합성함수와 역함수

중요

(1) $(f^{-1} \circ g)(a)$의 값을 구하는 경우
⇨ $f^{-1}(g(a))=k$로 놓고, $f(k)=g(a)$임을 이용한다.

(2) $(f \circ g^{-1})(a)$의 값을 구하는 경우
⇨ $(f \circ g^{-1})(a)=f(g^{-1}(a))$에서 $g^{-1}(a)=k$로 놓고, $g(k)=a$를 만족하는 k의 값을 구한다.

>> **올림포스** 수학(하) 40쪽

76 대표문제
▶ 23641-0274

두 함수 $f(x)=\dfrac{1}{3}x+2$, $g(x)=2x+a$에 대하여
$(f^{-1} \circ g)(1)=9$일 때, 상수 a의 값은?

① 1   ② 3   ③ 5
④ 7   ⑤ 9

77 상중하
▶ 23641-0275

두 함수 f, g를 그림과 같이 정의할 때,
$(f^{-1} \circ g)(3)+(f \circ g^{-1})(4)$의 값을 구하시오.

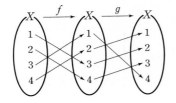

78 상중하
▶ 23641-0276

두 함수 $f(x)=\dfrac{1}{2}x-1$, $g(x)=x-3$에 대하여
$(f \circ g^{-1})(a)=5$일 때, 상수 a의 값은?

① 1   ② 3   ③ 5
④ 7   ⑤ 9

79 상중하
▶ 23641-0277

두 함수 $f(x)=2x+a$, $g(x)=ax-3$에 대하여
$$(f \circ g)(x)=4x+b, \quad g^{-1}(c)=4$$
이다. $a+b+c$의 값은? (단, a, b, c는 상수이다.)

① 3   ② 5   ③ 7
④ 9   ⑤ 11

80 상중하
▶ 23641-0278

집합 $X=\{1, 2, 3, 4\}$에 대하여 역함수가 존재하는 X에서 X로의 두 함수 f, g가 다음 조건을 만족시킬 때, $f(1)+g(4)$의 값은?

(가) $f(3)=1$, $g(2)=3$
(나) $(g \circ f)^{-1}(3)=(f \circ g^{-1})(3)=(g^{-1} \circ f)(3)=4$

① 3   ② 4   ③ 5
④ 6   ⑤ 7

81 상중하
▶ 23641-0279

집합 $X=\{1, 2, 3\}$에 대하여 역함수가 존재하는 X에서 X로의 두 함수 f, g가 다음 조건을 만족시킬 때, $f(3)+g(3)+(f^{-1} \circ g^{-1})(2)$의 값은?

(가) $f(1)=3$, $g(2)=1$
(나) $x \in X$일 때, $(f \circ g^{-1})(x)=(g^{-1} \circ f)(x)$

① 3   ② 4   ③ 5
④ 6   ⑤ 7

22 역함수의 성질

두 함수 f, g의 역함수가 각각 f^{-1}, g^{-1}일 때

(1) $(f^{-1})^{-1} = f$

(2) $(f^{-1} \circ f)(x) = x$

(3) $(g \circ f)^{-1} = f^{-1} \circ g^{-1}$

>> 올림포스 수학(하) 40쪽

82 대표문제
▶ 23641-0280

역함수가 존재하는 함수 f와 함수 $g(x) = 3x - 5$에 대하여 $((f \circ g)^{-1} \circ f)(4)$의 값은?

① 1   ② 2   ③ 3

④ 4   ⑤ 5

83 상중하
▶ 23641-0281

함수 $f(x) = -\dfrac{1}{4}x + 6$의 역함수가 $y = g(x)$일 때, $g^{-1}(8)$의 값은?

① 1   ② 2   ③ 3

④ 4   ⑤ 5

84 상중하
▶ 23641-0282

두 함수 $f(x) = -3x + 2$, $g(x) = 4x - 3$에 대하여 $(g \circ f^{-1})^{-1}(5)$의 값은?

① -5 ② -4 ③ -3

④ -2 ⑤ -1

85 상중하
▶ 23641-0283

두 함수 $f(x) = 3x + 5$, $g(x) = -4x + 1$에 대하여 $((g \circ f)^{-1} \circ (g \circ f^{-1}))(2)$의 값은?

① -5 ② -4 ③ -3

④ -2 ⑤ -1

86 상중하
▶ 23641-0284

역함수가 존재하는 두 함수 f, g에 대하여 $(g \circ f^{-1})(x) = 4x - 3$일 때, $(f \circ g^{-1})(7)$의 값은?

① $\dfrac{1}{2}$ ② 1   ③ $\dfrac{3}{2}$

④ 2   ⑤ $\dfrac{5}{2}$

87 상중하
▶ 23641-0285

두 함수 $f(x) = \dfrac{1}{2}x + 3$, $y = g(x)$에 대하여 $(f^{-1} \circ g)(x) = 3x - 2$가 성립할 때, $g(4)$의 값은?

① 2   ② 4   ③ 6

④ 8   ⑤ 10

88 상중하
▶ 23641-0286

세 함수

$$f(x) = -2x + 1,$$

$$g(x) = \begin{cases} -x^2 + 2x - 2 & (x \le -1) \\ 2x - 3 & (x > -1) \end{cases},$$

$$h(x) = ax + b$$

에 대하여

$$(f^{-1} \circ g^{-1} \circ h)(1) = 2, \quad (f^{-1} \circ g^{-1} \circ h)(6) = -1$$

이 성립할 때, $h(5)$의 값은? (단, a, b는 상수이다.)

① -5 ② -4 ③ -3

④ -2 ⑤ -1

중요
23 그래프와 역함수

(1) 함수 $y=f(x)$의 그래프가 점 (a, b)를 지나면 그 역함수 $y=f^{-1}(x)$의 그래프는 점 (b, a)를 지난다.

(2) 함수 $y=f(x)$의 그래프와 그 역함수 $y=f^{-1}(x)$의 그래프는 직선 $y=x$에 대하여 대칭이다.

(3) 함수 $y=f(x)$의 그래프와 직선 $y=x$의 교점은 함수 $y=f(x)$의 그래프와 그 역함수 $y=f^{-1}(x)$의 그래프의 교점이다.

89 대표문제
▶ 23641-0287

두 함수 $y=f(x)$, $y=g(x)$는 모두 일대일대응이고 두 함수의 그래프는 직선 $y=x$에 대하여 대칭이다. 직선 $y=2$가 두 함수 $y=f(x)$, $y=g(x)$의 그래프와 만나는 점의 x좌표가 각각 1, 3일 때, $(f \circ f)(1)+(g \circ g)(3)$의 값은?

① 1   ② 2   ③ 3

④ 4   ⑤ 5

90 상중하
▶ 23641-0288

함수 $f(x)=\dfrac{1}{3}x+2$와 그 역함수 $y=f^{-1}(x)$의 그래프는 한 점에서 만나고, 그 점의 좌표는 (a, b)이다. $a+b$의 값을 구하시오.

91 상중하
▶ 23641-0289

함수 $f(x)=\begin{cases} \dfrac{1}{2}x-\dfrac{1}{2} & (x \leq 1) \\ 2(x-1)^2 & (x>1) \end{cases}$ 과 그 역함수 $y=f^{-1}(x)$의 그래프가 서로 다른 두 점에서 만날 때, 두 교점 사이의 거리는?

① $\sqrt{2}$ ② 2   ③ $2\sqrt{2}$

④ 3   ⑤ $3\sqrt{2}$

92 상중하
▶ 23641-0290

함수 $f(x)=\dfrac{1}{4}x^2-3x+a \ (x \geq 6)$과 그 역함수 $y=f^{-1}(x)$의 그래프의 서로 다른 교점의 개수가 2가 되도록 하는 실수 a의 값의 범위를 구하시오.

93 상중하
▶ 23641-0291

함수 $f(x)=\dfrac{1}{4}x^2 \ (x \geq 0)$과 그 역함수 $y=f^{-1}(x)$의 그래프의 교점 중 원점이 아닌 점을 $A(t, f(t))$라 하자. 두 함수 $y=f(x)$, $y=f^{-1}(x)$의 그래프로 둘러싸인 부분의 넓이가 $\dfrac{16}{3}$일 때, 함수 $y=f(x)$의 그래프와 직선 $x=t$ 및 x축으로 둘러싸인 부분의 넓이는?

① $\dfrac{16}{3}$ ② $\dfrac{14}{3}$ ③ 4

④ $\dfrac{10}{3}$ ⑤ $\dfrac{8}{3}$

94 상중하
▶ 23641-0292

함수 $f(x)=\dfrac{1}{3}x^2 \ (x \geq 0)$과 그 역함수 $y=f^{-1}(x)$의 그래프의 교점 중 원점이 아닌 점을 $A(a, b)$라 하자. 함수 $y=f(x)$의 그래프와 직선 $y=x$로 둘러싸인 부분의 넓이가 $\dfrac{3}{2}$일 때, 함수 $y=f^{-1}(x)$의 그래프와 직선 $y=b$ 및 y축으로 둘러싸인 부분의 넓이는?

① 1   ② $\dfrac{3}{2}$ ③ 2

④ $\dfrac{5}{2}$ ⑤ 3

24 절댓값 기호를 포함한 함수

(1) $y=|f(x)|$의 그래프

$y=f(x)$의 그래프의

$(y \geq 0$인 부분$)+\binom{y<0$인 부분을 x축에 대하여 대칭이동한 부분$}$

(2) $y=f(|x|)$의 그래프

$y=f(x)$의 그래프의

$(x \geq 0$인 부분$)+\binom{x \geq 0$인 부분을 y축에 대하여 대칭이동한 부분$}$

(3) 절댓값 기호를 포함한 함수의 그래프 그리는 방법

(i) 절댓값 기호 안의 식의 값을 0으로 하는 x의 값을 구한다.

(ii) (i)에서 구한 값을 경계로 구간을 나누어 절댓값 기호를 포함하지 않은 식을 구한다.

(iii) 각 구간에서 (ii)의 식의 그래프를 그린다.

---

95 대표문제
▶ 23641-0293

함수 $f(x)=2|x^2-2x|$에 대하여 $f(a)=1$을 만족시키는 실수 a의 개수를 구하시오.

---

96 상중하
▶ 23641-0294

함수 $f(x)=x^2-4x+3$에 대하여 $g(x)=f(|x|)$라 할 때, $g(a)=3$을 만족시키는 실수 a의 개수를 구하시오.

---

97 상중하
▶ 23641-0295

정의역이 실수 전체의 집합인 함수

$$f(x)=|2x+3|-|2x-3|$$

의 치역은 $\{y|a \leq y \leq b\}$이다. $b-a$의 값은?

① 3   ② 6   ③ 9

④ 12   ⑤ 15

---

98 상중하
▶ 23641-0296

함수 $f(x)=|x-1|$에 대하여 $g(x)=f(|x|)$일 때, $g(a)=\dfrac{1}{2}$을 만족시키는 모든 실수 a의 값의 합은?

① -2 ② -1 ③ 0

④ 1   ⑤ 2

---

99 상중하
▶ 23641-0297

함수 $f(x)=2|x-1|$에 대하여 $(f \circ f)(a)=1$을 만족시키는 실수 a의 개수를 구하시오.

---

100 상중하
▶ 23641-0298

함수 $f(x)=2|x-2|-2$와 실수 t에 대하여 함수 $y=f(x)$의 그래프와 직선 $y=t$로 둘러싸인 부분의 넓이를 $g(t)$라 하자. $g^{-1}(8)$의 값은? (단, $t>-2$이다.)

① 2   ② $\dfrac{5}{2}$ ③ 3

④ $\dfrac{7}{2}$ ⑤ 4

서술형 완성하기

01 ▶ 23641-0299

집합 $X=\{1, 2, 3, 4, 5\}$에 대하여 X에서 X로의 함수 f가 다음 조건을 만족시킨다.

(가) $f(2n)=n+1$ $(n=1,\ n=2)$
(나) $f(n)=f(n+3)$ $(n=1,\ n=2)$

함수 f의 치역의 모든 원소의 합의 최댓값을 구하시오.

02 ▶ 23641-0300

공집합이 아닌 집합 X에 대하여 X에서 X로의 함수
$$f(x)=x^3+x^2-5x$$
가 항등함수가 되도록 하는 집합 X의 개수를 구하시오.

03 ▶ 23641-0301

함수 $f(x)=\begin{cases} 2x+5 & (x\leq a) \\ 2x^2+4x+a & (x>a) \end{cases}$ 가 일대일함수가 되도록 하는 실수 a의 값의 범위를 구하시오.

04 ▶ 23641-0302

두 함수 $f(x)=ax+2$, $g(x)=bx+1$이 다음 조건을 만족시킬 때, 두 정수 a, b의 값을 구하시오.

(가) $(f\circ g)(1)=11$
(나) 모든 실수 x에 대하여 $(f\circ g)(x)=(g\circ f)(x)$이다.

05 ▶ 23641-0303

두 함수 $f(x)=3x-4$, $y=g(x)$에 대하여 $(f\circ g)(x)=x$가 성립할 때, $(g\circ f^{-1}\circ g^{-1})(5)$의 값을 구하시오.

06 ▶ 23641-0304

역함수가 존재하는 함수 $f(x)=\begin{cases} \dfrac{1}{2}x-\dfrac{1}{2} & (x\leq 3) \\ x^2+ax+b & (x>3) \end{cases}$ 에 대하여 두 함수 $y=f(x)$, $y=f^{-1}(x)$의 그래프는 두 점에서 만나고, 두 교점 사이의 거리는 $6\sqrt{2}$이다. 상수 a, b의 값을 구하시오.

≫ 올림포스 수학(하) 45쪽

내신 + 수능 고난도 도전

≫ 정답과 풀이 49쪽

01

▸ 23641-0305

두 집합 $X=\{1,\ 2,\ 3,\ 4,\ 5\}$, $Y=\{1,\ 3,\ 5,\ 6,\ 7,\ 8\}$에 대하여 X에서 Y로의 일대일함수 f가 다음 조건을 만족시킬 때, $f(3)+f(4)+f(5)$의 최댓값은?

(가) $f(n)f(n+3)$은 짝수이다. $(n\in X,\ n+3\in X)$
(나) $f(n)f(n+4)$는 홀수이다. $(n\in X,\ n+4\in X)$

① 17 ② 18 ③ 19 ④ 20 ⑤ 21

02

▸ 23641-0306

함수 $f(x)=(x+1)^2\ (x\geq -1)$의 그래프가 x축, y축과 만나는 점을 각각 A, B라 하고, 함수 $y=f(x)$의 역함수 $y=f^{-1}(x)$의 그래프가 x축, y축과 만나는 점을 각각 $\mathrm{C}(t,\ 0)$, D라 하자. 또 점 B를 지나고 x축에 평행한 직선이 함수 $y=f^{-1}(x)$의 그래프와 만나는 점을 E, 점 C를 지나고 y축에 평행한 직선이 함수 $y=f(x)$의 그래프와 만나는 점을 F라 하자. 함수 $y=f(x)$의 그래프와 직선 $x=t$ 및 x축으로 둘러싸인 부분의 넓이가 $\frac{8}{3}$일 때, 두 함수 $y=f(x)$, $y=f^{-1}(x)$의 그래프와 두 직선 AD, EF로 둘러싸인 부분의 넓이는 $\frac{q}{p}$이다. $p+q$의 값을 구하시오. (단, p와 q는 서로소인 자연수이다.)

03

▸ 23641-0307

함수 $f(x)=\frac{1}{3}|x^2-4x|$에 대하여 $(f\circ f)(a)=1$을 만족하는 실수 a의 개수를 구하시오.

04

▸ 23641-0308

실수 m에 대하여 함수 $f(x)=|x+1|-|x-1|$의 그래프와 직선 $y=m(x-1)$의 교점의 개수를 $g(m)$이라 할 때, $g(g(4))$의 값을 구하시오.

---

01 유리식의 뜻과 연산

(1) **유리식**: 두 다항식 A, $B(B \neq 0)$에 대하여 $\dfrac{A}{B}$ 꼴로 나타낸 식

(2) **유리식의 성질**: 다항식 A, B, $C(B \neq 0, C \neq 0)$에 대하여

   ① $\dfrac{A}{B} = \dfrac{A \times C}{B \times C}$ ② $\dfrac{A}{B} = \dfrac{A \div C}{B \div C}$

(3) **유리식의 연산**: 네 다항식 A, B, C, D ($C \neq 0, D \neq 0$)에 대하여

   ① 유리식의 덧셈과 뺄셈: $\dfrac{A}{C} \pm \dfrac{B}{C} = \dfrac{A \pm B}{C}$, $\dfrac{A}{C} \pm \dfrac{B}{D} = \dfrac{AD \pm BC}{CD}$ (복부호동순)

   ② 유리식의 곱셈과 나눗셈: $\dfrac{A}{C} \times \dfrac{B}{D} = \dfrac{AB}{CD}$, $\dfrac{A}{C} \div \dfrac{B}{D} = \dfrac{A}{C} \times \dfrac{D}{B} = \dfrac{AD}{BC}$ (단, $B \neq 0$)

   ③ 부분분수로의 변형: $\dfrac{1}{AB} = \dfrac{1}{B-A}\left(\dfrac{1}{A} - \dfrac{1}{B}\right)$ (단, $AB \neq 0, A \neq B$)

   ④ 번분수식의 계산: $\dfrac{\frac{A}{B}}{\frac{C}{D}} = \dfrac{A}{B} \div \dfrac{C}{D} = \dfrac{A}{B} \times \dfrac{D}{C} = \dfrac{AD}{BC}$ (단, $B \neq 0$)

   ⑤ 비례식: $a:b=c:d \Longleftrightarrow \dfrac{a}{b} = \dfrac{c}{d} \Longleftrightarrow \dfrac{a}{c} = \dfrac{b}{d} \Longleftrightarrow a=ck, b=dk$ (단, $k \neq 0$)

02 유리함수

(1) **유리함수**: 함수 $y=f(x)$에서 $f(x)$가 x에 대한 유리식인 함수

(2) **다항함수**: 유리함수 $y=f(x)$ 중에서 $f(x)$가 x에 대한 다항식인 함수

03 유리함수 $y = \dfrac{k}{x}(k \neq 0)$의 그래프

(1) 정의역과 치역은 모두 0이 아닌 실수 전체의 집합이다.

(2) $k > 0$이면 그래프는 제1사분면과 제3사분면에 있고, $k < 0$이면 그래프는 제2사분면과 제4사분면에 있다.

(3) 원점 및 두 직선 $y=x$, $y=-x$에 대하여 대칭이다.

(4) 점근선은 x축(직선 $y=0$)과 y축(직선 $x=0$)이다.

04 유리함수 $y = \dfrac{ax+b}{cx+d}$ $(ad-bc \neq 0, c \neq 0)$의 그래프

$y = \dfrac{ax+b}{cx+d}$ $(ad-bc \neq 0, c \neq 0)$을 $y = \dfrac{k}{x-p} + q$ $(k \neq 0)$의 꼴로 변형하여 그래프를 그린다.

유리함수 $y = \dfrac{k}{x-p} + q$ $(k \neq 0)$의 그래프는

(1) 유리함수 $y = \dfrac{k}{x}$ $(k \neq 0)$의 그래프를 x축의 방향으로 p만큼, y축의 방향으로 q만큼 평행이동한 것이다.

(2) 정의역은 $\{x \mid x \neq p$인 실수$\}$, 치역은 $\{y \mid y \neq q$인 실수$\}$이다.

(3) 점 (p, q)에 대하여 대칭이다.
   또 점 (p, q)를 지나고 기울기가 ± 1인 직선 $y = \pm(x-p) + q$에 대하여 대칭이다.

(4) 점근선은 두 직선 $x=p$, $y=q$이다.

B가 0이 아닌 상수이면 $\dfrac{A}{B}$는 다항식이 되므로 다항식도 유리식이다.

유리식의 덧셈과 곱셈에 대하여 교환법칙과 결합법칙이 성립한다.

분자 또는 분모에 또 다른 분수식이 있는 유리식을 번분수식이라고 한다.

유리함수의 정의역이 주어지지 않을 때는 분모가 0이 되지 않도록 하는 실수 전체의 집합을 정의역으로 한다.

유리함수 $y = \dfrac{k}{x}(k \neq 0)$의 그래프는 k의 절댓값이 커질수록 원점으로부터 멀어진다.

유리함수 $y = \dfrac{k}{x}(k \neq 0)$의 그래프는 직선 $y=x$에 대하여 대칭이므로 역수는 자기 자신이다.

점 (p, q)는 두 점근선의 교점이다.

01 유리식의 뜻과 연산

[01~02] 다음에 해당하는 것을 보기에서 있는 대로 고르시오.

● 보기 ●

ㄱ. $x+1$ ㄴ. $\dfrac{2x-3}{5}$ ㄷ. $\dfrac{1}{x^2-1}$

ㄹ. $\dfrac{2x+3}{3x-2}$ ㅁ. $x+\dfrac{1}{x}$ ㅂ. $x^2-\dfrac{1}{2}$

01 다항식

02 다항식이 아닌 유리식

[03~04] 다음 유리식을 간단히 하시오.

03 $\dfrac{x-1}{x^2-1}$

04 $\dfrac{2x^2-5x+2}{x^3-8}$

[05~08] 다음 식을 계산하시오.

05 $\dfrac{1}{x-1}+\dfrac{1}{x+1}$

06 $\dfrac{1}{x-1}-\dfrac{x+1}{x^2+x+1}$

07 $\dfrac{2x+1}{x^2-2x}\times\dfrac{x-2}{2x^2-5x-3}$

08 $\dfrac{x-3}{x^2-x}\div\dfrac{x^2-x-6}{x^2-1}$

[09~10] 다음 식을 부분분수로 변형하시오.

09 $\dfrac{1}{x(x+2)}$

10 $\dfrac{1}{(x+1)(x+4)}$

[11~12] 다음 비례식에 따른 식의 값을 구하시오.

11 $a:b=2:3$일 때, $\dfrac{3a-b}{2a+b}$의 값을 구하시오.

12 $x:y=3:4$일 때, $\dfrac{xy}{x^2+xy-y^2}$의 값을 구하시오.

02 유리함수

[13~14] 다음에 해당하는 것을 보기에서 있는 대로 고르시오.

● 보기 ●

ㄱ. $y=3x-2$ ㄴ. $y=\dfrac{2}{x}$ ㄷ. $y=\dfrac{x+5}{2}$

ㄹ. $y=\dfrac{1}{2}x^2+3$ ㅁ. $y=\dfrac{2x+1}{x-2}$ ㅂ. $y=\dfrac{1}{x^2}$

13 다항함수

14 다항함수가 아닌 유리함수

[15~16] 다음 함수의 정의역을 구하시오.

15 $y=\dfrac{1}{x-3}$

16 $y=\dfrac{2x}{x^2-4}$

03 유리함수 $y=\dfrac{k}{x}\ (k\neq0)$의 그래프

[17~18] 다음 함수의 그래프를 그리시오.

17 $y=\dfrac{2}{x}$

18 $y=-\dfrac{3}{x}$

04 유리함수 $y=\dfrac{ax+b}{cx+d}\ (ad-bc\neq0,\ c\neq0)$의 그래프

[19~20] 다음 함수의 그래프를 그리고, 점근선의 방정식을 구하시오.

19 $y=\dfrac{2x}{x-1}$

20 $y=-\dfrac{2x-1}{x-2}$

05 무리식의 뜻과 연산

(1) 무리식: 근호 안에 문자가 포함된 식 중에서 유리식으로 나타낼 수 없는 식

(2) 제곱근의 성질

$$① (\sqrt{a})^2 = a\ (a \geq 0),\ \sqrt{a^2} = |a| = \begin{cases} -a & (a < 0) \\ a & (a \geq 0) \end{cases}$$

$$② a > 0,\ b > 0 이면\ \sqrt{a}\sqrt{b} = \sqrt{ab},\ \frac{\sqrt{a}}{\sqrt{b}} = \sqrt{\frac{a}{b}}$$

(3) 분모의 유리화: $a > 0$, $b > 0$일 때

$$① \frac{a}{\sqrt{b}} = \frac{a\sqrt{b}}{\sqrt{b}\sqrt{b}} = \frac{a\sqrt{b}}{b}$$

$$② \frac{c}{\sqrt{a}+\sqrt{b}} = \frac{c(\sqrt{a}-\sqrt{b})}{(\sqrt{a}+\sqrt{b})(\sqrt{a}-\sqrt{b})} = \frac{c(\sqrt{a}-\sqrt{b})}{a-b}\ (단,\ a \neq b)$$

무리식의 값이 실수가 되기 위한 조건
① $\sqrt{A}$가 실수 $\Longleftrightarrow A \geq 0$
② $\dfrac{1}{\sqrt{A}}$이 실수 $\Longleftrightarrow A > 0$

음수의 제곱근의 성질
① $a < 0$, $b < 0$이면
$\sqrt{a}\sqrt{b} = -\sqrt{ab}$
② $a > 0$, $b < 0$이면
$\dfrac{\sqrt{a}}{\sqrt{b}} = -\sqrt{\dfrac{a}{b}}$

06 무리함수

(1) 무리함수: 함수 $y = f(x)$에서 $f(x)$가 x에 대한 무리식인 함수

(2) 무리함수에서 정의역이 주어지지 않을 때는 근호 안의 식의 값이 0 또는 양수가 되도록 하는(무리식의 값이 실수가 되도록 하는) 실수 전체의 집합을 정의역으로 한다.

07 무리함수 $y = \sqrt{ax}\ (a \neq 0)$의 그래프

(1) 무리함수 $y = \sqrt{ax}\ (a \neq 0)$의 그래프

① $a > 0$일 때, 정의역은 $\{x | x \geq 0\}$, 치역은 $\{y | y \geq 0\}$이다.
$a < 0$일 때, 정의역은 $\{x | x \leq 0\}$, 치역은 $\{y | y \geq 0\}$이다.

② $y = \sqrt{ax}\ (a \neq 0)$의 역함수가 $y = \dfrac{x^2}{a}\ (x \geq 0)$이므로 함수

$y = \dfrac{x^2}{a}\ (x \geq 0)$의 그래프와 직선 $y = x$에 대하여 대칭이다.

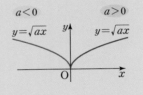

(2) 무리함수 $y = -\sqrt{ax}\ (a \neq 0)$의 그래프

① $a > 0$일 때, 정의역은 $\{x | x \geq 0\}$, 치역은 $\{y | y \leq 0\}$이다.
$a < 0$일 때, 정의역은 $\{x | x \leq 0\}$, 치역은 $\{y | y \leq 0\}$이다.

② $y = \sqrt{ax}\ (a \neq 0)$의 그래프와 x축에 대하여 대칭이다.

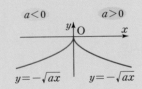

$y = \sqrt{ax}$의 그래프를
① x축에 대하여 대칭이동하면
$y = -\sqrt{ax}$
② y축에 대하여 대칭이동하면
$y = \sqrt{-ax}$
③ 원점에 대하여 대칭이동하면
$y = -\sqrt{-ax}$
의 그래프와 일치한다.

08 무리함수 $y = \sqrt{ax+b}+c\ (a \neq 0)$의 그래프

$y = \sqrt{ax+b}+c\ (a \neq 0)$을 $y = \sqrt{a(x-p)}+q\ (a \neq 0)$의 꼴로 변형하여 그래프를 그린다. 무리함수 $y = \sqrt{a(x-p)}+q\ (a \neq 0)$의 그래프는

(1) 무리함수 $y = \sqrt{ax}\ (a \neq 0)$의 그래프를 x축의 방향으로 p만큼, y축의 방향으로 q만큼 평행이동한 것이다.

(2) $a > 0$일 때, 정의역은 $\{x | x \geq p\}$, 치역은 $\{y | y \geq q\}$이다.
$a < 0$일 때, 정의역은 $\{x | x \leq p\}$, 치역은 $\{y | y \geq q\}$이다.

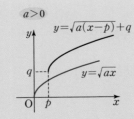

무리함수의 그래프는 정의역과 치역을 먼저 파악한 후 그 부분에 그래프를 그리면 된다.

05 무리식의 뜻과 연산

[21~23] 다음 무리식의 값이 실수가 되도록 하는 실수 x의 값의 범위를 구하시오.

21 $\sqrt{x-2}$

22 $\sqrt{x-1}-\sqrt{3-x}$

23 $\sqrt{4-x}+\dfrac{1}{\sqrt{x+2}}$

[24~26] 다음 식의 분모를 유리화하시오.

24 $\dfrac{1}{\sqrt{x+1}+\sqrt{x}}$

25 $\dfrac{1}{\sqrt{x+2}-\sqrt{x-2}}$

26 $\dfrac{\sqrt{x-4}-2}{\sqrt{x-4}+2}$

06 무리함수

27 다음 보기에서 무리함수인 것만을 있는 대로 고르시오.

> 보기
> ㄱ. $y=\sqrt{2x-3}$ ㄴ. $y=\sqrt{x^2+2x+1}$
> ㄷ. $y=x+\dfrac{1}{\sqrt{x}}$ ㄹ. $y=\sqrt{4-x^2}$

[28~31] 다음 함수의 정의역을 구하시오.

28 $y=\sqrt{2x-4}$

29 $y=\sqrt{3-x}+1$

30 $y=\sqrt{9-x^2}$

31 $y=\dfrac{1}{\sqrt{4-x^2}}$

07 무리함수 $y=\sqrt{ax}\ (a\neq0)$의 그래프

[32~35] 다음 함수의 그래프를 그리고, 정의역과 치역을 구하시오.

32 $y=\sqrt{2x}$
  정의역:
  치역:

33 $y=\sqrt{-2x}$
  정의역:
  치역:

34 $y=-\sqrt{2x}$
  정의역:
  치역:

35 $y=-\sqrt{-2x}$
  정의역:
  치역:

[36~38] 함수 $y=\sqrt{3x}$의 그래프를 다음과 같이 대칭이동한 그래프의 식을 구하시오.

36 x축에 대하여 대칭이동

37 y축에 대하여 대칭이동

38 원점에 대하여 대칭이동

08 무리함수 $y=\sqrt{ax+b}+c\ (a\neq0)$의 그래프

39 함수 $y=\sqrt{5x}$의 그래프를 x축의 방향으로 2만큼, y축의 방향으로 -3만큼 평행이동한 그래프의 식을 구하시오.

[40~43] 다음 함수의 그래프를 그리고, 정의역과 치역을 구하시오.

40 $y=\sqrt{2x-4}-1$
  정의역:
  치역:

41 $y=\sqrt{6-2x}+1$
  정의역:
  치역:

42 $y=-\sqrt{2x-2}+2$
  정의역:
  치역:

43 $y=-\sqrt{4-2x}+2$
  정의역:
  치역:

01 유리식의 연산

네 다항식 A, B, C, D $(C \neq 0, D \neq 0)$에 대하여

(1) $\dfrac{A}{C} \pm \dfrac{B}{C} = \dfrac{A \pm B}{C}$, $\dfrac{A}{C} \pm \dfrac{B}{D} = \dfrac{AD \pm BC}{CD}$

　　　　　　　　　　　　　　　　(복부호동순)

(2) $\dfrac{A}{C} \times \dfrac{B}{D} = \dfrac{AB}{CD}$, $\dfrac{A}{C} \div \dfrac{B}{D} = \dfrac{A}{C} \times \dfrac{D}{B} = \dfrac{AD}{BC}$

　　　　　　　　　　　　　　　　(단, $B \neq 0$)

(3) $\dfrac{\dfrac{A}{B}}{\dfrac{C}{D}} = \dfrac{A}{B} \div \dfrac{C}{D} = \dfrac{A}{B} \times \dfrac{D}{C} = \dfrac{AD}{BC}$ (단, $B \neq 0$)

(4) $a:b=c:d \iff \dfrac{a}{b} = \dfrac{c}{d} \iff \dfrac{a}{c} = \dfrac{b}{d}$

　　　　　 $\iff a=ck, b=dk$ (단, $k \neq 0$)

▶ **올림포스** 수학(하) 50쪽

01 [대표문제]
▶ 23641-0309

$\dfrac{3x}{x^2-4} + \dfrac{x}{x+2} - \dfrac{2}{x-2}$ 를 계산하시오.

02 상중하
▶ 23641-0310

$\dfrac{2}{x+2} - \dfrac{2x-6}{x^2+x-2} \div \dfrac{x^2-2x-3}{x-1}$ 을 계산하시오.

03 상중하
▶ 23641-0311

함수 $f(x) = \dfrac{2 - \dfrac{2}{x+1}}{1 + \dfrac{1}{x-1}}$ 에 대하여 $f(a) = \dfrac{1}{4}$ 을 만족시키는

상수 a의 값을 구하시오.

04 상중하
▶ 23641-0312

$x:y=1:2$, $y:z=3:4$일 때, $\dfrac{4x+2y-z}{2x+y-z}$ 의 값은?

① $\dfrac{4}{3}$ 　　　　② 2 　　　　③ $\dfrac{8}{3}$

④ $\dfrac{10}{3}$ 　　　　⑤ 4

02 유리식과 항등식

유리식의 연산을 이용하여 양변의 식을 간단히 정리한 후 동류항끼리 계수를 비교한다.

▶ **올림포스** 수학(하) 50쪽

05 [대표문제]
▶ 23641-0313

$x \neq -1$, $x \neq -2$인 모든 실수 x에 대하여

$$\dfrac{5x+7}{x^2+3x+2} = \dfrac{a}{x+1} + \dfrac{b}{x+2}$$

가 성립할 때, ab의 값은? (단, a, b는 상수이다.)

① 2 　　　　② 4 　　　　③ 6

④ 8 　　　　⑤ 10

06 상중하
▶ 23641-0314

$x \neq -1$, $x \neq 0$, $x \neq 1$인 모든 실수 x에 대하여

$$\dfrac{5x+1}{x^3-x} = \dfrac{a}{x-1} + \dfrac{b}{x} + \dfrac{c}{x+1}$$

가 성립할 때, abc의 값은? (단, a, b, c는 상수이다.)

① -6 　　　　② -2 　　　　③ 2

④ 6 　　　　⑤ 10

07 상중하
▶ 23641-0315

$x \neq -2$인 모든 실수 x에 대하여

$$\dfrac{x^2+20}{x^3+8} = \dfrac{a}{x+2} + \dfrac{bx+c}{x^2-2x+4}$$

가 성립할 때, $a+b+c$의 값은? (단, a, b, c는 상수이다.)

① 7 　　　　② 8 　　　　③ 9

④ 10 　　　　⑤ 11

03 유리식의 변형1 (분자의 차수 낮추기)

분자의 차수가 분모의 차수보다 크거나 같은 유리식
⇨ 분자를 분모로 나누어 다항식과 분수식(다항식이 아닌 유리식)의 합으로 변형한다.

$$\frac{ax+b}{x+c}=\frac{a(x+c)-ac+b}{x+c}=a+\frac{b-ac}{x+c}$$

>> **올림포스** 수학(하) 50쪽

08 대표문제

▶ 23641-0316

$x\neq-3$, $x\neq3$인 모든 실수 x에 대하여

$$\frac{2x+5}{x+3}+\frac{3x-8}{x-3}=a+\frac{b}{x^2-9}$$

가 성립할 때, $a+b$의 값은? (단, a, b는 상수이다.)

① 10　　　　② 11　　　　③ 12
④ 13　　　　⑤ 14

09 상중하

▶ 23641-0317

$x\neq-2$, $x\neq0$, $x\neq2$인 모든 실수 x에 대하여

$$\frac{2x^2+4x+3}{x^2+2x}+\frac{3x^2-15}{x^2-4}=a+\frac{b}{x^3-4x}$$

가 성립할 때, $a+b$의 값은? (단, a, b는 상수이다.)

① -2　　　　② -1　　　　③ 0
④ 1　　　　⑤ 2

10 상중하

▶ 23641-0318

$x\neq-3$, $x\neq-2$, $x\neq2$인 모든 실수 x에 대하여

$$\frac{x^3+2x^2-5x-5}{x^2+x-6}+\frac{x^3+x^2-4x-5}{x^2-4}$$

$$=ax+b+\frac{c}{(x+3)(x+2)(x-2)}$$

가 성립할 때, $a+b+c$의 값은? (단, a, b, c는 상수이다.)

① -1　　　　② 1　　　　③ 3
④ 5　　　　⑤ 7

중요
04 유리식의 변형2 (부분분수로 나누기)

$$\frac{1}{AB}=\frac{1}{B-A}\left(\frac{1}{A}-\frac{1}{B}\right)$$ (단, $AB\neq0$, $A\neq B$)

11 대표문제

▶ 23641-0319

다음 식의 분모를 0으로 만들지 않는 모든 실수 x에 대하여

$$\frac{1}{x(x+1)}+\frac{1}{(x+1)(x+2)}+\frac{1}{(x+2)(x+3)}$$
$$+\frac{1}{(x+3)(x+4)}=\frac{a}{x(x+4)}$$

가 성립할 때, 상수 a의 값은?

① 1　　　　② 2　　　　③ 3
④ 4　　　　⑤ 5

12 상중하

▶ 23641-0320

다음 식의 분모를 0으로 만들지 않는 모든 실수 x에 대하여

$$\frac{2}{x(x-2)}+\frac{3}{x(x+3)}+\frac{4}{(x+3)(x+7)}$$
$$=\frac{a}{(x-2)(x+7)}$$

가 성립할 때, 상수 a의 값은?

① 5　　　　② 6　　　　③ 7
④ 8　　　　⑤ 9

13 상중하

▶ 23641-0321

$f(x)=\dfrac{1}{4x^2-1}$일 때,

$$f(1)+f(2)+f(3)+\cdots+f(50)=\frac{q}{p}$$

이다. $p+q$의 값을 구하시오.

(단, p와 q는 서로소인 자연수이다.)

05 유리식의 값 구하기

주어진 조건식을 적절히 변형하여 값을 구해야 하는 식에 대입한다.

(1) $x^2 - ax + 1 = 0 \iff x + \dfrac{1}{x} = a$ (단, $x \neq 0$)

(2) $x^2 - axy + y^2 = 0 \iff \dfrac{y}{x} + \dfrac{x}{y} = a$ (단, $xy \neq 0$)

(3) $\dfrac{x}{a} = \dfrac{y}{b} = \dfrac{z}{c} \iff x = ak,\ y = bk,\ z = ck$ (단, $k \neq 0$)

14 대표문제
▶ 23641-0322

$x^2 - 3x + 1 = 0$일 때, $2x^2 - 3x + 5 - \dfrac{3}{x} + \dfrac{2}{x^2}$의 값은?

① 8   ② 9   ③ 10

④ 11   ⑤ 12

15 상중하
▶ 23641-0323

$x^2 + 4xy - y^2 = 0$일 때, $\dfrac{y^3}{x^3} - \dfrac{x^3}{y^3}$의 값을 구하시오.

(단, $xy \neq 0$)

16 상중하
▶ 23641-0324

$\dfrac{x+y}{6} = \dfrac{y+z}{5} = \dfrac{z+x}{3}$일 때, $\dfrac{xy + 2yz + 3zx}{x^2 + y^2 + z^2} = \dfrac{q}{p}$이다. $p + q$의 값을 구하시오. (단, p와 q는 서로소인 자연수이다.)

06 유리함수 $y = \dfrac{k}{x}$ $(k \neq 0)$의 그래프

(1) 정의역과 치역은 모두 0이 아닌 실수 전체의 집합
(2) $k > 0$이면 그래프는 제1사분면과 제3사분면에 있고, $k < 0$이면 그래프는 제2사분면과 제4사분면에 있다.
(3) 원점 및 두 직선 $y = x$, $y = -x$에 대하여 대칭이다.
(4) 점근선은 x축(직선 $y = 0$)과 y축(직선 $x = 0$)이다.

≫ 올림포스 수학(하) 50쪽

17 대표문제
▶ 23641-0325

유리함수 $f(x) = -\dfrac{1}{x}$의 그래프에 대한 **보기**의 설명 중 옳은 것만을 있는 대로 고른 것은?

• 보기 •
ㄱ. 제4사분면을 지난다.
ㄴ. $x_2 < x_1 < 0$이면 $f(x_2) < f(x_1)$이다.
ㄷ. 직선 $y = x$에 대하여 대칭이다.

① ㄱ   ② ㄱ, ㄴ   ③ ㄱ, ㄷ

④ ㄴ, ㄷ   ⑤ ㄱ, ㄴ, ㄷ

18 상중하
▶ 23641-0326

함수 $f(x) = \dfrac{4}{x}$의 그래프가 직선 $y = x$와 만나는 두 점을 각각 A, B라 하고, 함수 $g(x) = -\dfrac{9}{x}$의 그래프가 직선 $y = -x$와 만나는 두 점을 각각 C, D라 하자. 사각형 ADBC의 넓이는?

(단, 두 점 B, D의 x좌표는 모두 양수이다.)

① 12   ② $12\sqrt{2}$ ③ 24

④ $24\sqrt{2}$ ⑤ 48

19 상중하
▶ 23641-0327

함수 $f(x) = \dfrac{2}{x}$에 대하여 $(f^{-1} \circ f^{-1} \circ f^{-1})(8)$의 값은?

① $\dfrac{1}{8}$ ② $\dfrac{1}{4}$ ③ 4

④ 8   ⑤ 16

07 유리함수의 그래프의 평행이동

유리함수 $y=\dfrac{k}{x-p}+q\ (k\neq0)$의 그래프는

(1) 유리함수 $y=\dfrac{k}{x}$의 그래프를 x축의 방향으로 p만큼, y축의 방향으로 q만큼 평행이동한 것이다.

(2) 정의역: $\{x\,|\,x\neq p$인 실수$\}$
치역: $\{y\,|\,y\neq q$인 실수$\}$

》 **올림포스** 수학(하) 51쪽

20 대표문제 ▶ 23641-0328

함수 $y=\dfrac{ax+b}{x+2}$의 그래프는 함수 $y=\dfrac{1}{x}$의 그래프를 x축의 방향으로 -2만큼, y축의 방향으로 3만큼 평행이동한 것이다. $a+b$의 값은? (단, a, b는 상수이다.)

① 6 　　　　　② 7 　　　　　③ 8
④ 9 　　　　　⑤ 10

21 상중하 ▶ 23641-0329

함수 $f(x)=-\dfrac{2}{x}$의 그래프를 x축의 방향으로 a만큼, y축의 방향으로 -1만큼 평행이동한 그래프는 함수 $y=g(x)$의 그래프와 같다. $g(4)=-3$일 때, 상수 a의 값은?

① 1 　　　　　② 2 　　　　　③ 3
④ 4 　　　　　⑤ 5

22 상중하 ▶ 23641-0330

함수 $f(x)=\dfrac{3}{x}$의 그래프를 x축의 방향으로 a만큼, y축의 방향으로 b만큼 평행이동한 그래프는 함수 $y=g(x)$의 그래프와 같다. 함수 $y=g(x)$가 다음 조건을 만족시킬 때, $a+b$의 값은? (단, a, b는 상수이다.)

(가) $g(5)=4$
(나) 함수 $y=g(x)$의 치역은 $\{y\,|\,y\neq3$인 실수$\}$이다.

① -3 　　　② -1 　　　③ 1
④ 3 　　　　　⑤ 5

중요 08 유리함수의 그래프의 성질

유리함수 $y=\dfrac{k}{x-p}+q\ (k\neq0)$의 그래프

(1) 정의역: $\{x\,|\,x\neq p$인 실수$\}$
치역: $\{y\,|\,y\neq q$인 실수$\}$

(2) 점 $(p,\ q)$와 두 직선 $y=\pm(x-p)+q$에 대하여 대칭

(3) 점근선의 방정식: $x=p$, $y=q$

》 **올림포스** 수학(하) 51쪽

23 대표문제 ▶ 23641-0331

함수 $f(x)=-\dfrac{3}{x-2}-1$의 그래프에 대한 **보기**의 설명 중 옳은 것만을 있는 대로 고른 것은?

● 보기 ●
ㄱ. 치역은 $\{y\,|\,y\neq-1$인 실수$\}$이다.
ㄴ. $x_2<x_1<2$이면 $f(x_2)<f(x_1)$이다.
ㄷ. 제2사분면을 지나지 않는다.

① ㄱ 　　　　② ㄱ, ㄴ 　　　③ ㄱ, ㄷ
④ ㄴ, ㄷ 　　　⑤ ㄱ, ㄴ, ㄷ

24 상중하 ▶ 23641-0332

함수 $f(x)=\dfrac{4}{x+2}-2$의 그래프에 대한 **보기**의 설명 중 옳은 것만을 있는 대로 고른 것은?

● 보기 ●
ㄱ. 직선 $y=-2$와 만나지 않는다.
ㄴ. 점 $(2,\ -2)$에 대하여 대칭이다.
ㄷ. $(f\circ f)(x)=x$

① ㄱ 　　　　② ㄱ, ㄴ 　　　③ ㄱ, ㄷ
④ ㄴ, ㄷ 　　　⑤ ㄱ, ㄴ, ㄷ

25 상중하 ▶ 23641-0333

함수 $f(x)=\dfrac{3x-8}{x-2}$의 그래프에 대한 **보기**의 설명 중 옳은 것만을 있는 대로 고른 것은?

● 보기 ●
ㄱ. x축과 만나지 않는다.
ㄴ. 직선 $y=-x+5$에 대하여 대칭이다.
ㄷ. 평행이동에 의하여 함수 $y=\dfrac{3}{x}$의 그래프와 겹쳐질 수 있다.

① ㄱ 　　　　② ㄴ 　　　　③ ㄷ
④ ㄴ, ㄷ 　　　⑤ ㄱ, ㄴ, ㄷ

09 유리함수의 그래프의 점근선

(1) 유리함수 $y=\dfrac{k}{x-p}+q\ (k\neq0)$의 그래프의 점근선
의 방정식은
$$x=p,\ y=q$$
(2) 유리함수 $y=\dfrac{ax+b}{cx+d}$의 그래프의 점근선의 방정식은
$y=\dfrac{k}{x-p}+q$ 꼴로 변형한 후 (1)과 같이 구한다.

≫ 올림포스 수학(하) 51쪽

26 대표문제
▶ 23641-0334

함수 $y=\dfrac{3x-5}{x-2}$의 그래프의 점근선의 방정식이 $x=a$, $y=b$
일 때, 함수 $y=\dfrac{ax+b}{x+1}$의 그래프의 점근선의 방정식은 $x=c$,
$y=d$이다. $a+b+c+d$의 값은? (단, a, b, c, d는 상수이다.)

① 6   ② 7   ③ 8
④ 9   ⑤ 10

27 상중하
▶ 23641-0335

함수 $f(x)=\dfrac{ax+b}{3x+c}$의 그래프의 점근선의 방정식은 $x=\dfrac{2}{3}$,
$y=2$이다. $f(1)=9$일 때, $a+b+c$의 값은?
(단, a, b, c는 상수이다.)

① 6   ② 7   ③ 8
④ 9   ⑤ 10

28 상중하
▶ 23641-0336

함수 $f(x)=\dfrac{ax+b}{x+3}$의 그래프의 두 점근선의 교점의 좌표는
$(-3, -2)$이다. $f(-2)=1$일 때, ab의 값은?
(단, a, b는 상수이다.)

① -6 ② -2 ③ 2
④ 6   ⑤ 10

10 유리함수의 그래프와 식

그래프의 점근선의 방정식이 $x=p$, $y=q$이고, 그래프가
점 (a, b)를 지나는 유리함수의 식 구하기
⇨ $y=\dfrac{k}{x-p}+q\ (k\neq0)$으로 놓고, 이 식에 $x=a$, $y=b$
를 대입하여 k의 값을 구한다.

≫ 올림포스 수학(하) 51쪽

29 대표문제
▶ 23641-0337

원점을 지나는 함수 $y=\dfrac{a}{x-p}+q$의
그래프가 그림과 같을 때, apq의 값은?
(단, a, p, q는 상수이다.)

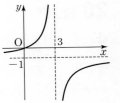

① 6   ② 7
③ 8   ④ 9
⑤ 10

30 상중하
▶ 23641-0338

점 $(2, 0)$을 지나는 함수
$y=\dfrac{ax+b}{x+c}$의 그래프가 그림과 같을
때, $a+b+c$의 값은?
(단, a, b, c는 상수이다.)

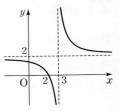

① -7 ② -6
③ -5 ④ -4
⑤ -3

31 상중하
▶ 23641-0339

원점을 지나는 함수 $y=\dfrac{ax+b}{x+c}$의 그래
프와 직선 $y=x$가 그림과 같을 때, 보기
의 설명 중 옳은 것만을 있는 대로 고른
것은? (단, a, b, c는 상수이다.)

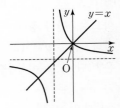

보기
ㄱ. $b=0$ ㄴ. $ac<0$ ㄷ. $a+c>0$

① ㄱ   ② ㄱ, ㄴ   ③ ㄱ, ㄷ
④ ㄴ, ㄷ   ⑤ ㄱ, ㄴ, ㄷ

11 유리함수의 그래프의 대칭성

유리함수 $y=\dfrac{k}{x-p}+q \ (k\neq0)$의 그래프는

(1) 점 $(p,\ q)$에 대하여 대칭이다.

(2) 직선 $y=\pm(x-p)+q$에 대하여 대칭이다.

32 대표문제
▶ 23641-0340

함수 $y=\dfrac{-2x+3}{x-4}$의 그래프는 점 $(p,\ q)$에 대하여 대칭이고, 동시에 직선 $y=-x+k$에 대해서도 대칭이다. $k+p+q$의 값은? (단, k는 상수이다.)

① 3   ② 4   ③ 5

④ 6   ⑤ 7

33 상중하
▶ 23641-0341

함수 $y=\dfrac{ax+2}{x+b}$의 그래프가 두 직선 $y=x+2$, $y=-x-4$에 대하여 대칭일 때, ab의 값은? (단, a, b는 상수이다.)

① -5 ② -3 ③ -1

④ 1   ⑤ 3

34 상중하
▶ 23641-0342

점 $A(3,\ 2)$에 대하여 대칭인 함수 $y=\dfrac{ax+b}{x+c}$의 그래프가 직선 $y=x-1$과 만나는 두 점을 각각 B, C라 하자. $\overline{BC}=4\sqrt{2}$일 때, abc의 값은? (단, a, b, c는 상수이다.)

① 4   ② 6   ③ 8

④ 10   ⑤ 12

12 유리함수의 그래프가 지나는 사분면

유리함수 $y=\dfrac{k}{x-p}+q \ (k\neq0)$의 그래프를 그린 후 점근선의 위치와 적절한 함숫값($x=0$에서의 함숫값)의 부호를 이용하여 그래프가 지나는 사분면을 파악한다.

35 대표문제
▶ 23641-0343

함수 $f(x)=\dfrac{k}{x+2}-1 \ (k\neq0)$의 그래프가 제1사분면을 지나도록 하는 실수 k의 값의 범위를 구하시오.

36 상중하
▶ 23641-0344

함수 $f(x)=\dfrac{5}{x+1}+a$의 그래프가 모든 사분면을 지나도록 하는 정수 a의 개수는?

① 1   ② 2   ③ 3

④ 4   ⑤ 5

37 상중하
▶ 23641-0345

함수 $f(x)=-\dfrac{4}{x-a}-1$의 그래프가 모든 사분면을 지나도록 하는 모든 정수 a의 값의 합은?

① 4   ② 5   ③ 6

④ 7   ⑤ 8

13 유리함수의 최댓값과 최솟값

주어진 정의역의 범위에서 유리함수 $y=f(x)$의 그래프를 그린 후, y의 최댓값과 최솟값을 찾는다.

38 대표문제
▶ 23641-0346

정의역이 $\{x \mid -4 \leq x \leq 1\}$인 함수 $f(x)=-\dfrac{6}{x-2}-3$의 최댓값을 M, 최솟값을 m이라 할 때, $M+m$의 값은?

① -2　　　② -1　　　③ 0
④ 1　　　⑤ 2

39 상중하
▶ 23641-0347

정의역이 $\{x \mid 0 \leq x \leq a\}$인 함수 $f(x)=\dfrac{-x+6}{x+2}$의 최솟값은 1이다. 함수 f의 최댓값을 M이라 할 때, $a+M$의 값은?

① 3　　　② 4　　　③ 5
④ 6　　　⑤ 7

40 상중하
▶ 23641-0348

정의역이 $\{x \mid 0 \leq x \leq 3\}$인 함수 $f(x)=\dfrac{a}{x+1}+2$의 최댓값이 1이 되도록 하는 상수 a의 값은? (단, $a \neq 0$)

① -6　　　② -4　　　③ -2
④ 2　　　⑤ 4

14 유리함수의 그래프와 직선의 위치 관계

유리함수 $y=f(x)$의 그래프와 직선 $y=g(x)$의 위치 관계
(1) 방정식 $f(x)=g(x)$, 즉 $f(x)-g(x)=0$의 판별식을 이용하여 위치 관계를 파악한다.
(2) 직선 $y=g(x)$가 항상 지나는 점을 이용하여 위치 관계를 파악한다.

41 대표문제
▶ 23641-0349

함수 $y=\dfrac{3}{x}$의 그래프와 직선 $y=m(x-2)$가 한 점에서 만날 때, 상수 m의 값은?

① -3　　　② $-\dfrac{5}{2}$　　　③ -2
④ $-\dfrac{3}{2}$　　　⑤ -1

42 상중하
▶ 23641-0350

함수 $f(x)=\dfrac{2x-9}{x-3}$의 그래프와 직선 $y=3x+k$가 만나지 않도록 하는 실수 k의 값의 범위를 구하시오.

43 상중하
▶ 23641-0351

함수 $f(x)=\dfrac{x-2}{x}$의 그래프와 직선 $y=mx+1-2m$이 만나지 않도록 하는 실수 m의 값의 범위를 구하시오.

중요
15 유리함수의 그래프의 활용

유리함수 $y=f(x)$의 그래프를 그린 후, 유리함수의 여러 가지 성질을 이용하여 그래프를 분석하고 필요한 값을 찾는다.

44 대표문제
▶ 23641-0352

함수 $y=\dfrac{x+2}{x-2}$의 그래프의 두 점근선의 교점을 A라 하고, 이 함수의 그래프가 x축, y축과 만나는 점을 각각 B, C라 하자. 두 점 B, C를 점 A에 대하여 대칭이동한 점을 각각 $\mathrm{D}(a,\ b)$, $\mathrm{E}(c,\ d)$라 할 때, $a+b+c+d$의 값을 구하시오.

45 상중하
▶ 23641-0353

실수 k에 대하여 함수 $y=\dfrac{4}{x}$의 그래프와 직선 $y=x+k$가 만나는 두 점 사이의 거리를 $l(k)$라 할 때, $l(k)$의 최솟값은?

① $2\sqrt{2}$ ② 4 ③ $4\sqrt{2}$
④ 8 ⑤ $8\sqrt{2}$

46 상중하
▶ 23641-0354

함수 $y=-\dfrac{6}{x-3}+3$의 그래프가 x축, y축과 만나는 점을 각각 A, B라 하고, 두 점 A, B를 직선 $y=-x+6$에 대하여 대칭이동한 점을 각각 C, D라 하자. 사각형 ACDB의 넓이를 구하시오.

16 유리함수의 합성

유리함수 $y=f(x)$의 그래프가 직선 $y=x$에 대하여 대칭이면 f의 역함수는 자기 자신이다. 즉,
$$f(x)=f^{-1}(x)$$

47 대표문제
▶ 23641-0355

함수 $f(x)=\dfrac{x}{x-1}$에 대하여
$$f^1=f,\ f^{n+1}=f\circ f^n\ (n\text{은 자연수})$$
로 정의할 때, $f^{10}(3)$의 값은?

① 1 ② $\dfrac{3}{2}$ ③ 2
④ $\dfrac{5}{2}$ ⑤ 3

48 상중하
▶ 23641-0356

함수 $f(x)=-\dfrac{2x}{x+2}$에 대하여
$$f^1=f,\ f^{n+1}=f\circ f^n\ (n\text{은 자연수})$$
로 정의할 때, $f^{15}(-1)$의 값은?

① -2 ② -1 ③ 0
④ 1 ⑤ 2

49 상중하
▶ 23641-0357

함수 $f(x)=\dfrac{2x-5}{x-2}$에 대하여
$$f^1=f,\ f^{n+1}=f\circ f^n\ (n\text{은 자연수})$$
로 정의할 때, $f^9(x)=\dfrac{ax+b}{x+c}$이다. abc의 값을 구하시오.

(단, a, b, c는 상수이다.)

17 유리함수의 역함수

유리함수 $y=\dfrac{ax+b}{cx+d}$ $(ad-bc\neq0,\ c\neq0)$의 역함수 구하기

(i) x를 y에 대한 식으로 나타낸다. $\Rightarrow x=\dfrac{-dy+b}{cy-a}$

(ii) x와 y를 서로 바꾼다. $\Rightarrow y=\dfrac{-dx+b}{cx-a}$

》 올림포스 수학(하) 51쪽

50 대표문제
▶ 23641-0358

함수 $f(x)=\dfrac{2x+1}{x+3}$에 대하여 $f^{-1}(1)$의 값은?

① -2 ② -1 ③ 0
④ 1 ⑤ 2

51 상중하
▶ 23641-0359

함수 $f(x)=\dfrac{3x+1}{x-a}$의 역함수가 $f^{-1}(x)=\dfrac{2x+1}{x-b}$일 때, $a+b$의 값은? (단, a, b는 상수이다.)

① 1 ② 2 ③ 3
④ 4 ⑤ 5

52 상중하
▶ 23641-0360

함수 $f(x)=\dfrac{3}{x-2}+a$에 대하여 $f(x)=f^{-1}(x)$가 성립할 때, 상수 a의 값은?

① -2 ② -1 ③ 0
④ 1 ⑤ 2

18 무리식의 값이 실수가 되기 위한 조건

무리식의 값이 실수가 되기 위한 조건

(1) $\sqrt{A}$가 실수 $\Longleftrightarrow A\geq0$

(2) $\dfrac{1}{\sqrt{A}}$이 실수 $\Longleftrightarrow A>0$

53 대표문제
▶ 23641-0361

$\sqrt{2x^2+5x-12}$의 값이 실수가 되도록 하는 실수 x의 값의 범위를 구하시오.

54 상중하
▶ 23641-0362

$\sqrt{x+4}+\sqrt{4-3x}$의 값이 실수가 되도록 하는 정수 x의 개수는?

① 3 ② 4 ③ 5
④ 6 ⑤ 7

55 상중하
▶ 23641-0363

$\sqrt{5-2x}+\dfrac{1}{\sqrt{x+2}}$의 값이 실수가 되도록 하는 정수 x의 개수는?

① 3 ② 4 ③ 5
④ 6 ⑤ 7

56 상중하
▶ 23641-0364

$\dfrac{\sqrt{x+3}+\sqrt{3-x}}{x^2+x-2}$의 값이 실수가 되도록 하는 정수 x의 개수는?

① 3 ② 4 ③ 5
④ 6 ⑤ 7

19 무리식의 연산

(1) **제곱근의 성질:** 실수 a에 대하여 $\sqrt{a^2}=|a|$
(2) **분모의 유리화:** $a>0$, $b>0$일 때,

① $\dfrac{a}{\sqrt{b}}=\dfrac{a\sqrt{b}}{\sqrt{b}\sqrt{b}}=\dfrac{a\sqrt{b}}{b}$

② $\dfrac{c}{\sqrt{a}+\sqrt{b}}=\dfrac{c(\sqrt{a}-\sqrt{b})}{(\sqrt{a}+\sqrt{b})(\sqrt{a}-\sqrt{b})}$

$\quad =\dfrac{c(\sqrt{a}-\sqrt{b})}{a-b}$ (단, $a\neq b$)

>> **올림포스** 수학(하) 52쪽

57 대표문제
▶ 23641-0365

$\dfrac{1}{\sqrt{x+2}-\sqrt{x-2}}-\dfrac{1}{\sqrt{x+2}+\sqrt{x-2}}$ 을 간단히 하면?

① $\dfrac{\sqrt{x-2}}{4}$ ② $\dfrac{\sqrt{x-2}}{2}$ ③ $\dfrac{\sqrt{x+2}}{2}$

④ $\sqrt{x-2}$ ⑤ $\sqrt{x+2}$

58 상중하
▶ 23641-0366

$0<x<3$인 x에 대하여 $\sqrt{x^2-6x+9}+\dfrac{x}{\sqrt{x+9}+3}$ 를 간단히 하면?

① $\sqrt{x+9}-6$ ② $\sqrt{x+9}+6$ ③ $\sqrt{x+9}-x$

④ $\sqrt{x+9}+x$ ⑤ $\sqrt{x+9}-x+6$

59 상중하
▶ 23641-0367

$f(x)=\dfrac{\sqrt{x+1}+\sqrt{x}}{\sqrt{x+1}-\sqrt{x}}+\dfrac{\sqrt{x+1}-\sqrt{x}}{\sqrt{x+1}+\sqrt{x}}$ 일 때,

$f(10)+f(20)+f(30)+f(40)$의 값을 구하시오.

20 무리식의 값

(1) 먼저 주어진 수와 식을 간단히 한 후, 수를 대입하여 식의 값을 구한다.
(2) $x=\sqrt{a}+\sqrt{b}$, $y=\sqrt{a}-\sqrt{b}$의 꼴이 주어지면 $x+y$, $x-y$, xy의 값을 이용할 수 있도록 주어진 식을 변형한다.

>> **올림포스** 수학(하) 52쪽

60 대표문제
▶ 23641-0368

$x=\sqrt{2}$일 때, $\dfrac{1}{\sqrt{x+4}-2}-\dfrac{1}{\sqrt{x+4}+2}$의 값은?

① $2\sqrt{2}-2$ ② $2\sqrt{2}-1$ ③ $2\sqrt{2}$

④ $2\sqrt{2}+1$ ⑤ $2\sqrt{2}+2$

61 상중하
▶ 23641-0369

$x=\dfrac{\sqrt{3}+1}{\sqrt{3}-1}$ 일 때, $\dfrac{\sqrt{x^2+x}+x}{\sqrt{x^2+x}-x}+\dfrac{\sqrt{x^2+x}-x}{\sqrt{x^2+x}+x}$의 값은 $a+b\sqrt{3}$이다. $a+b$의 값을 구하시오. (단, a, b는 정수이다.)

62 상중하
▶ 23641-0370

$x=\sqrt{3}+\sqrt{2}$, $y=\sqrt{3}-\sqrt{2}$일 때,

$\dfrac{\sqrt{x}+\sqrt{y}}{\sqrt{x}-\sqrt{y}}-\dfrac{\sqrt{x}-\sqrt{y}}{\sqrt{x}+\sqrt{y}}$의 값은?

① $\dfrac{\sqrt{2}}{2}$ ② $\sqrt{2}$ ③ $2\sqrt{2}$

④ $3\sqrt{2}$ ⑤ $4\sqrt{2}$

21 무리함수의 정의역과 치역

(1) 무리함수 $y=\sqrt{ax+b}+c$ (단, $a\neq0$)

정의역: $\{x|ax+b\geq0\}$, 치역: $\{y|y\geq c\}$

(2) 무리함수 $y=-\sqrt{ax+b}+c$ (단, $a\neq0$)

정의역: $\{x|ax+b\geq0\}$, 치역: $\{y|y\leq c\}$

》 **올림포스** 수학(하) 52쪽

63 대표문제 ▶ 23641-0371

점 $(3, 2)$를 지나는 함수 $y=-\sqrt{kx+4}+3$의 정의역과 치역을 구하시오. (단, k는 0이 아닌 상수이다.)

64 상중하 ▶ 23641-0372

함수 $f(x)=\sqrt{4-2x}+3$의 정의역을 X, 치역을 Y라 하자. X를 정의역으로 하는 함수 $g(x)=-\dfrac{1}{2}x+k$의 치역이 Y가 되도록 하는 상수 k의 값은?

① 1   ② 2   ③ 3

④ 4   ⑤ 5

65 상중하 ▶ 23641-0373

함수 $y=-\sqrt{1-x}-2$의 정의역 X, 치역 Y에 대하여 두 집합 Z, W를

$$Z=\{(x, y)|x\in X, y\in Y\},$$
$$W=\left\{(x, y)\middle|x\in X, y=\dfrac{-x+6}{x-2}\right\}$$

이라 하자. 함수 $y=f(x)$의 그래프 G가 $G=Z\cap W$일 때, 함수 $y=f(x)$의 치역이 $\{y|a\leq y\leq b\}$이다. $a+b$의 값은?

① -7 ② -4 ③ -1

④ 2   ⑤ 5

22 무리함수의 그래프의 평행이동과 대칭이동

(1) 무리함수 $y=\sqrt{a(x-p)}+q$ $(a\neq0)$의 그래프는 무리함수 $y=\sqrt{ax}$의 그래프를 x축의 방향으로 p만큼, y축의 방향으로 q만큼 평행이동한 것이다.

(2) 무리함수 $y=\sqrt{ax+b}+c$ $(a\neq0)$의 그래프를

① x축에 대하여 대칭이동 $\Rightarrow y=-\sqrt{ax+b}-c$

② y축에 대하여 대칭이동 $\Rightarrow y=\sqrt{-ax+b}+c$

③ 원점에 대하여 대칭이동 $\Rightarrow y=-\sqrt{-ax+b}-c$

》 **올림포스** 수학(하) 52쪽

66 대표문제 ▶ 23641-0374

함수 $y=\sqrt{2x-5}+6$의 그래프는 함수 $y=\sqrt{ax}$의 그래프를 x축의 방향으로 b만큼, y축의 방향으로 c만큼 평행이동한 것이다. abc의 값을 구하시오. (단, a, b, c는 상수이다.)

67 상중하 ▶ 23641-0375

보기의 함수 중 그 그래프가 평행이동 또는 대칭이동에 의하여 함수 $y=\sqrt{2x}$의 그래프와 겹쳐지는 것만을 있는 대로 고른 것은?

┌─ 보기 ─────────────────────┐
ㄱ. $y=\sqrt{1-2x}+2$ ㄴ. $y=-\sqrt{2x+3}-1$
ㄷ. $y=\sqrt{x-2}$ ㄹ. $y=-\sqrt{2-x}-2$
└──────────────────────────┘

① ㄴ   ② ㄱ, ㄴ   ③ ㄱ, ㄹ

④ ㄴ, ㄷ   ⑤ ㄷ, ㄹ

68 상중하 ▶ 23641-0376

함수 $y=\sqrt{x+4}$의 그래프와 x축, y축으로 둘러싸인 부분의 넓이를 A라 할 때, 함수 $y=-\sqrt{4-x}-2$의 그래프와 직선 $x=4$ 및 x축, y축으로 둘러싸인 부분의 넓이는?

① $A+2$ ② $A+4$ ③ $A+6$

④ $A+8$ ⑤ $A+10$

중요
23 무리함수의 그래프의 성질

무리함수 $y=\sqrt{a(x-p)}+q\ (a\neq0)$의 그래프는
(1) 무리함수 $y=\sqrt{ax}$의 그래프를 x축의 방향으로 p만큼, y축의 방향으로 q만큼 평행이동한 것이다.
(2) $a>0$일 때, 정의역: $\{x|x\geq p\}$, 치역: $\{y|y\geq q\}$
$a<0$일 때, 정의역: $\{x|x\leq p\}$, 치역: $\{y|y\geq q\}$

>> 올림포스 수학(하) 53쪽

69 대표문제
▶ 23641-0377

함수 $y=\sqrt{5-x}-1$에 대한 **보기**의 설명 중 옳은 것만을 있는 대로 고른 것은?

• 보기 •
ㄱ. 그래프는 점 $(1, 1)$을 지난다.
ㄴ. 정의역은 $\{x|x\leq5\}$, 치역은 $\{y|y\geq-1\}$이다.
ㄷ. 그래프는 제3사분면을 지나지 않는다.

① ㄱ ② ㄱ, ㄴ ③ ㄱ, ㄷ
④ ㄴ, ㄷ ⑤ ㄱ, ㄴ, ㄷ

70 상중하
▶ 23641-0378

함수 $f(x)=-\sqrt{x-3}+1$에 대한 **보기**의 설명 중 옳은 것만을 있는 대로 고른 것은?

• 보기 •
ㄱ. 그래프는 점 $(3, 1)$을 지난다.
ㄴ. 함수 $y=\sqrt{x}$의 그래프를 평행이동한 것이다.
ㄷ. $x_2>x_1>3$이면 $f(x_2)>f(x_1)$이다.

① ㄱ ② ㄷ ③ ㄱ, ㄴ
④ ㄱ, ㄷ ⑤ ㄱ, ㄴ, ㄷ

71 상중하
▶ 23641-0379

함수 $y=\sqrt{kx+k}-2$에 대한 **보기**의 설명 중 옳은 것만을 있는 대로 고른 것은? (단, k는 0이 아닌 상수이다.)

• 보기 •
ㄱ. 정의역은 $\{x|x\geq-1\}$, 치역은 $\{y|y\geq-2\}$이다.
ㄴ. $k=4$이면 증가하는 함수이다.
ㄷ. $k<0$이면 그래프는 제1사분면을 지나지 않는다.

① ㄱ ② ㄴ ③ ㄷ
④ ㄱ, ㄴ ⑤ ㄴ, ㄷ

24 무리함수의 그래프와 식

(1) 무리함수 $y=\pm\sqrt{a(x-p)}+q\ (a\neq0)$의 그래프의 성질을 이용하여 그래프의 식을 구한다.
(2) 무리함수의 정의역과 치역을 이용하여 그래프의 개형을 그린다.

>> 올림포스 수학(하) 53쪽

72 대표문제
▶ 23641-0380

y절편이 1인 함수 $y=\sqrt{ax+b}+c$의 그래프가 그림과 같을 때, $a+b+c$의 값은? (단, a, b, c는 상수이다.)

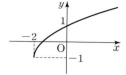

① 5 ② 6
③ 7 ④ 8
⑤ 9

73 상중하
▶ 23641-0381

함수 $f(x)=-\sqrt{a(x-b)}+c$의 그래프가 그림과 같을 때, 함수 $g(x)=\sqrt{b(x-c)}+a$의 그래프가 지나는 사분면만을 모두 고른 것은? (단, a, b, c는 상수이다.)

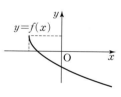

① 제1사분면 ② 제2사분면 ③ 제1, 2사분면
④ 제2, 3사분면 ⑤ 제3, 4사분면

74 상중하
▶ 23641-0382

유리함수 $f(x)=\dfrac{ax+b}{x+c}$의 그래프가 그림과 같을 때, 무리함수 $g(x)=\sqrt{a(x-b)}-c$의 그래프의 개형은? (단, a, b, c는 상수이다.)

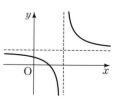

① ② ③

④ ⑤

25 무리함수의 그래프가 지나는 사분면

무리함수 $y=\pm\sqrt{a(x-p)}+q$ $(a\neq0)$의 정의역과 치역, 적절한 함숫값($x=0$에서의 함숫값)의 부호를 이용하여 그래프가 지나는 사분면을 파악한다.

75 대표문제 ▶ 23641-0383

함수 $f(x)=\sqrt{x+5}+a$의 그래프가 제1, 2, 3사분면을 모두 지나도록 하는 정수 a의 개수는?

① 1   ② 2   ③ 3
④ 4   ⑤ 5

76 상중하 ▶ 23641-0384

함수 $f(x)=-\sqrt{6-x}+a$의 그래프가 제1, 3, 4사분면을 모두 지나도록 하는 모든 정수 a의 값의 합은?

① -1 ② 0   ③ 1
④ 2   ⑤ 3

77 상중하 ▶ 23641-0385

다음 중 함수 $f(x)=\sqrt{a(x-2)}+b$의 그래프가 제3사분면을 지나지 않도록 하는 두 정수 a, b의 순서쌍 (a, b)가 <u>아닌</u> 것은? (단, $a\neq0$)

① $(-4, 1)$ ② $(-3, -2)$ ③ $(-2, -3)$
④ $(2, -3)$ ⑤ $(3, 5)$

26 무리함수의 최댓값과 최솟값

무리함수 $y=\pm\sqrt{a(x-p)}+q$ $(a\neq0)$의 그래프가 주어진 정의역에서 증가하는 함수인지 감소하는 함수인지 판단하면 최댓값과 최솟값을 구할 수 있다.

78 대표문제 ▶ 23641-0386

$1\leq x\leq7$에서 함수 $y=\sqrt{4x-3}-2$의 최댓값을 M, 최솟값을 m이라 할 때, $M+m$의 값은?

① -1 ② 0   ③ 1
④ 2   ⑤ 3

79 상중하 ▶ 23641-0387

$x\geq-4$에서 함수 $y=\sqrt{5-x}-1$의 최댓값을 M, 최솟값을 m이라 할 때, $M+m$의 값은?

① -1 ② 0   ③ 1
④ 2   ⑤ 3

80 상중하 ▶ 23641-0388

$x\geq-2$에서 함수 $y=-\sqrt{a(2-x)}+b$의 최솟값이 -1이고, 그래프가 점 $(1, 1)$을 지날 때, $a+b$의 값은?
(단, a, b는 상수이고, $a>0$이다.)

① 3   ② 4   ③ 5
④ 6   ⑤ 7

81 상중하 ▶ 23641-0389

$-2\leq x\leq b$에서 함수 $y=-\sqrt{x+3}+a$의 최솟값은 1, 최댓값은 3이다. $a+b$의 값을 구하시오. (단, a, b는 상수이다.)

27 무리함수의 그래프와 직선의 위치 관계 (중요)

무리함수 $y=f(x)$의 그래프와 직선 $y=g(x)$의 위치 관계
(1) 그래프를 그려서 위치 관계를 파악한다.
(2) 접하는 경우를 구하기 위해서는 $f(x)=g(x)$, 즉 이차방정식 $\{f(x)\}^2=\{g(x)\}^2$의 판별식을 D라 할 때, $D=0$임을 이용한다.

82 대표문제
▶ 23641-0390

함수 $y=\sqrt{x-2}$의 그래프와 직선 $y=\dfrac{1}{2}x+k$가 서로 다른 두 점에서 만나도록 하는 실수 k의 값의 범위를 구하시오.

83 상중하
▶ 23641-0391

함수 $y=2\sqrt{4-x}-3$의 그래프와 직선 $y=m(x+1)$이 서로 다른 두 점에서 만나도록 하는 실수 m의 최솟값은?

① $-\dfrac{6}{5}$
② -1
③ $-\dfrac{4}{5}$
④ $-\dfrac{3}{5}$
⑤ $-\dfrac{2}{5}$

84 상중하
▶ 23641-0392

실수 k에 대하여 함수 $y=\sqrt{2-x}$의 그래프와 직선 $y=-x+k$가 만나는 서로 다른 점의 개수를 $g(k)$라 할 때,
$$g(0)+g(1)+g(2)+g(3)+\cdots+g(20)$$
의 값을 구하시오.

28 무리함수의 합성

두 함수 $f:X\longrightarrow Y$, $g:Y\longrightarrow Z$에 대하여 f의 치역이 g의 정의역의 부분집합이면 합성함수 $g\circ f$를 정의할 수 있다. 이때
$$(g\circ f)(a)=g(f(a))$$

85 대표문제
▶ 23641-0393

두 함수 $f(x)=\sqrt{x+3}-1$, $g(x)=\sqrt{3(x+1)}+2$에 대하여 $(g\circ f)(6)$의 값은?

① 3
② 4
③ 5
④ 6
⑤ 7

86 상중하
▶ 23641-0394

두 함수 $f(x)=\sqrt{x+2}$, $g(x)=\sqrt{x}-2$에 대하여 $(f\circ g)(a)=3$, $(g\circ f)(b)=3$일 때, $a+b$의 값을 구하시오. (단, a, b는 상수이다.)

87 상중하
▶ 23641-0395

두 함수 $f(x)=-\sqrt{x-2}+3$, $g(x)=\sqrt{a-x}+1$에 대하여 합성함수 $y=(g\circ f)(x)$가 정의되도록 하는 실수 a의 값의 범위를 구하시오.

29 무리함수의 역함수

무리함수 $y=\sqrt{x+a}+b$의 역함수 구하기

(i) x를 y에 대한 식으로 나타낸다. $\Rightarrow x=(y-b)^2-a$

(ii) x와 y를 서로 바꾼다. $\Rightarrow y=(x-b)^2-a$

(iii) 역함수의 정의역은 $\{x\,|\,x\geq b\}$ (원함수의 치역)

›› 올림포스 수학(하) 53쪽

88 대표문제
▶ 23641-0396

함수 $f(x)=-\sqrt{ax+b}+1$의 그래프는 점 $(4,\ -1)$을 지나고 그 역함수 $y=f^{-1}(x)$의 그래프는 점 $(-3,\ 10)$을 지난다. $a+b$의 값은? (단, a, b는 상수이고, $a\neq0$이다.)

① -2 ② -1 ③ 0

④ 1 ⑤ 2

89 상중하
▶ 23641-0397

함수 $y=-\sqrt{x-2}+3$의 역함수가
$$y=(x+a)^2+b\ (x\leq c)$$
일 때, $a+b+c$의 값은? (단, a, b, c는 상수이다.)

① -1 ② 0 ③ 1

④ 2 ⑤ 3

90 상중하
▶ 23641-0398

함수 $f(x)=\sqrt{6x+8}-2$에 대하여 두 함수 $y=f(x)$, $y=f^{-1}(x)$의 그래프는 두 점 A, B에서 만난다. 선분 AB의 길이는?

① $4\sqrt{2}$ ② 6 ③ $2\sqrt{10}$

④ $3\sqrt{5}$ ⑤ $5\sqrt{2}$

30 무리함수, 유리함수의 합성함수와 역함수

두 함수 f, g의 역함수가 각각 f^{-1}, g^{-1}일 때,

(1) $(f^{-1})^{-1}=f$

(2) $f^{-1}\circ f=f\circ f^{-1}=I$ (I는 항등함수)

(3) $(g\circ f)^{-1}=f^{-1}\circ g^{-1}$

›› 올림포스 수학(하) 53쪽

91 대표문제
▶ 23641-0399

두 함수
$$f(x)=-\sqrt{3-x}+3\ (x<3),$$
$$g(x)=\frac{3x-5}{x-3}\ (x<3)$$
에 대하여 $((f\circ g^{-1})^{-1}\circ g)(1)$의 값은?

① $\dfrac{1}{2}$ ② 1 ③ $\dfrac{3}{2}$

④ 2 ⑤ $\dfrac{5}{2}$

92 상중하
▶ 23641-0400

두 함수
$$f(x)=\frac{x+1}{x-1}\ (x>1),$$
$$g(x)=\sqrt{2x-2}+1\ (x>1)$$
에 대하여 $(f\circ(g\circ f^{-1})^{-1})(5)$의 값은?

① 8 ② 9 ③ 10

④ 11 ⑤ 12

93 상중하
▶ 23641-0401

함수 $f(x)=\sqrt{x-1}+1$에 대하여 $(f\circ f)(a)=a$를 만족시키는 모든 실수 a의 값의 합은?

① 3 ② 4 ③ 5

④ 6 ⑤ 7

31 무리함수의 그래프의 활용 중요

무리함수 $y=f(x)$의 그래프를 그린 후, 무리함수의 여러 가지 성질을 이용하여 그래프를 분석하고 필요한 값을 찾는다.

>> **올림포스** 수학(하) 53쪽

94 대표문제
▶ 23641-0402

함수 $f(x)=2\sqrt{x+2}-2$의 그래프가 x축과 만나는 점을 A, 직선 $y=4$가 두 함수 $y=f(x)$, $g(x)=\dfrac{4}{x-1}$ $(x>1)$의 그래프와 만나는 점을 각각 B, C라 하자. 삼각형 ABC의 넓이는?

① 10
② $\dfrac{25}{2}$
③ 15
④ $\dfrac{35}{2}$
⑤ 20

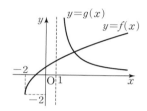

95 상중하
▶ 23641-0403

직선 $y=1$이 두 함수

$$f(x)=-4\sqrt{x-2}+3,\ g(x)=2\sqrt{x-2}-1$$

의 그래프와 만나는 점을 각각 A, B라 하자. 또 점 A를 지나고 y축에 평행한 직선이 함수 $y=g(x)$의 그래프와 만나는 점을 C, 점 B를 지나고 y축에 평행한 직선이 함수 $y=f(x)$의 그래프와 만나는 점을 D라 하자. 사각형 ACDB의 넓이가 $\dfrac{q}{p}$일 때, $p+q$의 값을 구하시오.

(단, p와 q는 서로소인 자연수이다.)

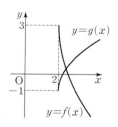

96 상중하
▶ 23641-0404

함수 $f(x)=\sqrt{x}-2$의 그래프와 x축 및 y축으로 둘러싸인 부분의 넓이가 $\dfrac{8}{3}$일 때, 함수 $g(x)=\sqrt{x+4}$의 그래프와 x축 및 y축으로 둘러싸인 부분의 넓이는 $\dfrac{q}{p}$이다. $p+q$의 값을 구하시오. (단, p와 q는 서로소인 자연수이다.)

97 상중하
▶ 23641-0405

함수 $f(x)=2\sqrt{x+3}$의 그래프가 x축과 만나는 점을 A, 함수 $y=f^{-1}(x)$의 그래프가 y축과 만나는 점을 B, 두 함수 $y=f(x)$, $y=f^{-1}(x)$의 그래프가 만나는 점을 C라 할 때, 삼각형 ABC의 넓이는?

① $\dfrac{25}{2}$
② 15
③ $\dfrac{35}{2}$
④ 20
⑤ $\dfrac{45}{2}$

98 상중하
▶ 23641-0406

함수 $f(x)=2\sqrt{a(x+a)}$의 그래프가 x축, y축과 만나는 점을 각각 A, B라 하고, 함수 $y=f(x)$의 그래프와 직선 $y=2x+b$가 접하는 점을 C라 하자. 삼각형 ABC의 넓이가 $\dfrac{1}{4}$일 때, $a+b$의 값은? (단, a, b는 상수이고, $a>0$이다.)

① $\dfrac{5}{2}$
② $\dfrac{11}{4}$
③ 3
④ $\dfrac{13}{4}$
⑤ $\dfrac{7}{2}$

서술형 완성하기

01 ▶ 23641-0407

$\sqrt{x^2-x-2}+\dfrac{1}{\sqrt{10+3x-x^2}}$ 의 값이 실수가 되도록 하는 x의 값의 범위를 구하시오.

02 ▶ 23641-0408

함수 $y=\dfrac{6x+1}{9x-3}$ 의 그래프는 함수 $y=\dfrac{1}{3x}$ 의 그래프를 x축의 방향으로 a만큼, y축으로 방향으로 b만큼 평행이동한 것이다. 상수 a, b의 값을 구하시오.

03 ▶ 23641-0409

점 $(1, -1)$을 지나는 함수 $f(x)=\dfrac{3x+a}{2x+b}$ 의 그래프와 그 역함수 $y=f^{-1}(x)$의 그래프의 교점이 무수히 많게 하는 상수 a, b의 값을 구하시오.

04 ▶ 23641-0410

$-3\le x\le 2$에서 함수 $f(x)=a\sqrt{6-x}+b$의 최댓값이 2, 최솟값이 -2가 되도록 하는 두 실수 a, b의 순서쌍 (a, b)를 모두 구하시오. (단, $a\ne 0$)

05 ▶ 23641-0411

두 함수 $f(x)=\sqrt{x+3}-2$, $g(x)=\dfrac{3}{2}(x-1)^2$에 대하여 $(g\circ f)(a)=6$을 만족시키는 실수 a의 값을 모두 구하시오.

06 ▶ 23641-0412

두 함수 $f(x)=\dfrac{6}{x}$ $(x>0)$, $g(x)=\dfrac{6}{x-2}$ $(x>2)$의 그래프가 직선 $y=t$ $(t>0)$과 만나는 점을 각각 A, B라 하자.
또 점 B를 지나고 y축에 평행한 직선이 함수 $y=f(x)$의 그래프와 만나는 점을 C, 점 C를 지나고 x축에 평행한 직선이 함수 $y=g(x)$의 그래프와 만나는 점을 D라 하자.
두 함수 $y=f(x)$, $y=g(x)$의 그래프와 두 직선 AB, CD로 둘러싸인 부분의 넓이가 8일 때, 함수 $h(x)=a\sqrt{5-x}+b$의 그래프는 두 점 A, D를 지난다. $t+a+b$의 값을 구하시오.
(단, t, a, b는 상수이다.)

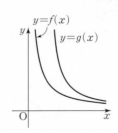

내신 + 수능 고난도 도전

01 $f(x) = \dfrac{4x-2}{(x^2-2x)(x^2-1)}$ 일 때, $f(3)+f(4)+f(5)+\cdots+f(10) = \dfrac{q}{p}$ 이다. $p+q$의 값을 구하시오.

▶ 23641-0413

(단, p와 q는 서로소인 자연수이다.)

02 $x = \sqrt{2} - \dfrac{1}{2}$ 일 때, $\dfrac{\dfrac{1}{x\sqrt{x}+1}}{\sqrt{x}+\dfrac{1}{\sqrt{x}+1}}$ 의 값은?

▶ 23641-0414

① $\dfrac{4}{11}$ ② $\dfrac{2}{5}$ ③ $\dfrac{4}{9}$ ④ $\dfrac{1}{2}$ ⑤ $\dfrac{4}{7}$

03 함수 $y = \dfrac{k}{x-a} + b$의 그래프가 다음 조건을 만족시킬 때, $a+b+k$의 값은?

▶ 23641-0415

(단, a, b, k는 상수이고, $k \neq 0$이다.)

(가) 제3사분면을 지나지 않는다.
(나) 원 $(x-2)^2+(y-1)^2=8$의 중심에 대하여 대칭이고, 이 원과 서로 다른 두 점에서 만난다.

① -3 ② -2 ③ -1 ④ 0 ⑤ 1

04 정의역이 $\{x \mid x \geq 0,\ x \neq 3\}$인 함수 $f(x) = \left| \dfrac{6}{x-3} - 2 \right|$에 대한 **보기**의 설명 중 옳은 것만을 있는 대로 고른 것은?

▶ 23641-0416

● 보기 ●
ㄱ. 함수 $y=f(x)$의 그래프와 직선 $y=t$의 서로 다른 교점이 3개인 실수 t가 존재한다.
ㄴ. 함수 $y=f(x)$의 그래프와 직선 $y=t$의 서로 다른 교점이 1개인 정수 t는 3개이다.
ㄷ. 함수 $y=f(x)$의 그래프와 직선 $y=1$의 교점의 x좌표의 합은 14이다.

① ㄱ ② ㄴ ③ ㄷ ④ ㄱ, ㄴ ⑤ ㄴ, ㄷ

▶ 23641-0417

05 그림과 같이 함수 $f(x)=\sqrt{2(x+2)}$의 그래프가 x축과 만나는 점을 A, 함수 $g(x)=\sqrt{2x}-2$의 그래프가 y축과 만나는 점을 B라 하자. 두 함수 $y=f(x)$, $y=g(x)$의 그래프와 직선 AB 및 직선 $x=2$로 둘러싸인 부분의 넓이를 S, 함수 $y=g(x)$의 그래프와 직선 $x=4$ 및 x축으로 둘러싸인 부분의 넓이를 T라 할 때, $S-T$의 값은?

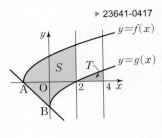

① 10   ② $\dfrac{21}{2}$ ③ 11   ④ $\dfrac{23}{2}$ ⑤ 12

▶ 23641-0418

06 함수 $f(x)=2\sqrt{x-1}$의 그래프와 직선 $x=2$ 및 x축으로 둘러싸인 부분의 넓이는 $\dfrac{4}{3}$이다. 두 함수 $y=f(x)$, $y=f^{-1}(x)$의 그래프와 x축 및 y축으로 둘러싸인 부분의 넓이가 $\dfrac{q}{p}$일 때, $p+q$의 값을 구하시오.

(단, p와 q는 서로소인 자연수이다.)

▶ 23641-0419

07 함수 $f(x)=2\sqrt{x-1}+1\ (x>1)$의 그래프와 함수 $y=f^{-1}(x)$의 그래프가 만나는 점을 A라 하고, 함수 $g(x)=\dfrac{a}{x-1}+1\ (x>1)$의 그래프가 두 함수 $y=f(x)$, $y=f^{-1}(x)$의 그래프와 만나는 점을 각각 B, C라 하자. 사각형 OCAB의 넓이가 5일 때, $(f\circ g)(5)$의 값은? (단, O는 원점이고, 상수 a에 대하여 $a>0$이다.)

① $\sqrt{2}+1$ ② $\sqrt{3}+1$ ③ $\sqrt{5}+1$ ④ $2\sqrt{2}+1$ ⑤ $2\sqrt{3}+1$

▶ 23641-0420

08 그림과 같이 함수 $f(x)=\dfrac{k}{x-a}+b$의 그래프와 원 $(x-a)^2+(y-b)^2=20$이 만나는 네 점을 x좌표가 작은 것부터 차례대로 A, B, C, D라 할 때, 네 점 A, B, C, D가 다음 조건을 만족시킨다.

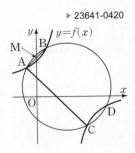

(가) 네 점 A, B, C, D의 x좌표의 합은 12, y좌표의 합은 4이다.
(나) 선분 AB의 중점 M은 y축 위에 있다.
(다) $\overline{AC}=3\overline{AB}$

상수 a, b, k에 대하여 $(a+b)\times k^2$의 값을 구하시오. (단, $a>0$, $b>0$, $k<0$이다.)

VI

경우의 수

14. 순열과 조합

개념 확인하기 14 순열과 조합

01 합의 법칙

두 사건 A, B가 동시에 일어나지 않을 때, 사건 A와 사건 B가 일어나는 경우의 수가 각각 m, n이면

(사건 A 또는 사건 B가 일어나는 경우의 수)$=m+n$

참고 두 사건 A, B가 일어나는 경우의 집합을 각각 A, B라 하면
 ① 사건 A 또는 사건 B가 일어나는 경우의 집합은 $A \cup B$이므로 이 사건이 일어나는 경우의 수는
  $n(A \cup B)$
 ② 두 사건 A, B가 공통으로 일어나는 경우의 집합은 $A \cap B$이므로 이 사건이 일어나는 경우의 수는
  $n(A \cap B)$
 ③ 사건 A 또는 사건 B가 일어나는 경우의 수는
  $n(A \cup B)=n(A)+n(B)-n(A \cap B)$
 ④ 두 사건 A, B가 동시에 일어나지 않을 때는 $A \cap B=\varnothing$, 즉 $n(A \cap B)=0$이므로
  $n(A \cup B)=n(A)+n(B)$
  이것은 두 사건 A, B에 대한 합의 법칙을 나타낸다.

> 합의 법칙은 어느 두 사건도 동시에 일어나지 않는 세 가지 이상의 사건에서도 성립한다.

02 곱의 법칙

두 사건 A, B에 대하여 사건 A가 일어나는 경우의 수가 m이고, 그 각각에 대하여 사건 B가 일어나는 경우의 수가 n이면

(두 사건 A, B가 동시에 일어나는 경우의 수)$=m \times n$

참고 두 사건 A, B가 일어나는 경우의 집합을 각각 A, B라 하면 집합 A의 원소 각각에 집합 B의 원소를 하나씩 대응시키는 순서쌍의 개수는 $n(A) \times n(B)$이다. 이것은 두 사건 A, B에 대한 곱의 법칙을 나타낸다.

> 곱의 법칙은 동시에 일어나는 세 가지 이상의 사건에서도 성립한다.

03 순열

(1) 순열

서로 다른 n개에서 r $(0<r \leq n)$개를 택하여 일렬로 나열하는 것을 n개에서 r개를 택하는 순열이라 하고, 이 순열의 수를 기호로 $_n\mathrm{P}_r$와 같이 나타낸다.

$_n\mathrm{P}_r = \underbrace{n(n-1)(n-2) \times \cdots \times (n-r+1)}_{r개}$ (단, $0<r \leq n$)

$_n\mathrm{P}_r$ — 서로 다른 것의 개수 / 순서를 생각하여 택하는 것의 개수

> $_n\mathrm{P}_r$의 P는 순열을 뜻하는 Permutation의 첫 글자이다.

(2) 계승

1부터 n까지의 자연수를 차례대로 곱한 것을 n의 계승이라 하고, 기호 $n!$로 나타낸다.

$n! = n(n-1)(n-2) \times \cdots \times 3 \times 2 \times 1$

> $n!$에서 !은 팩토리얼(factorial)이라고 읽는다.

(3) 순열의 수의 성질

 ① $_n\mathrm{P}_n = n(n-1)(n-2) \times \cdots \times 3 \times 2 \times 1 = n!$
 ② $_n\mathrm{P}_0 = 1$, $0! = 1$
 ③ $_n\mathrm{P}_r = \dfrac{n!}{(n-r)!}$ (단, $0 \leq r \leq n$)

01 합의 법칙

[01~03] 서로 다른 두 개의 주사위를 동시에 던질 때, 다음을 구하시오.

01 나오는 눈의 수의 합이 5인 경우의 수

02 나오는 눈의 수의 합이 10인 경우의 수

03 나오는 눈의 수의 합이 5 또는 10인 경우의 수

[04~09] 1부터 50까지의 자연수가 하나씩 적혀 있는 50장의 카드 중에서 한 장을 뽑을 때, 다음을 구하시오.

04 2의 배수가 적힌 카드를 뽑는 경우의 수

05 3의 배수가 적힌 카드를 뽑는 경우의 수

06 2의 배수 또는 3의 배수가 적힌 카드를 뽑는 경우의 수

07 7의 배수가 적힌 카드를 뽑는 경우의 수

08 8의 배수가 적힌 카드를 뽑는 경우의 수

09 7의 배수 또는 8의 배수가 적힌 카드를 뽑는 경우의 수

02 곱의 법칙

[10~13] 두 개의 주사위 A, B를 동시에 던질 때, 다음을 구하시오.

10 주사위 A에서는 짝수의 눈이, 주사위 B에서는 홀수의 눈이 나오는 경우의 수

11 주사위 A에서는 소수의 눈이, 주사위 B에서는 4의 약수의 눈이 나오는 경우의 수

12 주사위 A에서는 3의 배수의 눈이, 주사위 B에서는 6의 약수의 눈이 나오는 경우의 수

13 주사위 A에서 나오는 눈의 수를 a, 주사위 B에서 나오는 눈의 수를 b라 할 때, 만들 수 있는 모든 순서쌍 (a, b)의 개수

03 순열

[14~20] 다음 값을 구하시오.

14 $_6\mathrm{P}_2$

15 $_5\mathrm{P}_3$

16 $_4\mathrm{P}_4$

17 $_8\mathrm{P}_0$

18 $5!$

19 $\dfrac{7!}{4!}$

20 $3! \times 0!$

[21~24] 다음을 만족시키는 자연수 n 또는 r의 값을 구하시오.

21 $_n\mathrm{P}_3 = 120$

22 $_5\mathrm{P}_r = 20$

23 $_n\mathrm{P}_n = 6$

24 $_8\mathrm{P}_r = \dfrac{8!}{4!}$

[25~30] 6개의 숫자 1, 2, 3, 4, 5, 6이 하나씩 적혀 있는 6장의 카드 중에서 서로 다른 3장을 뽑아 일렬로 나열하여 세 자리 자연수를 만들려고 한다. 다음을 구하시오.

25 자연수의 개수

26 짝수의 개수

27 홀수의 개수

28 5의 배수의 개수

29 400 이상의 자연수의 개수

30 200 이하의 자연수의 개수

04 조합

(1) 조합의 뜻

서로 다른 n개에서 순서를 생각하지 않고 $r\,(0<r\leq n)$개를
택하는 것을 n개에서 r개를 택하는 조합이라 하고, 이 조합
의 수를 기호로

$$_n\mathrm{C}_r$$

와 같이 나타낸다.

$_n\mathrm{C}_r$

서로 다른 ── 순서를 생각하지 않고
것의 개수   택하는 것의 개수

$_n\mathrm{C}_r$의 C는 조합을 뜻하는
Combination의 첫 글자이다.

(2) 조합의 수

서로 다른 n개에서 r개를 택하는 조합의 수는

$$_n\mathrm{C}_r=\frac{_n\mathrm{P}_r}{r!}$$

$$=\frac{n(n-1)(n-2)\times\cdots\times(n-r+1)}{r!}$$

$$=\frac{n!}{r!(n-r)!}\;(\text{단},\ 0\leq r\leq n)$$

(설명) 서로 다른 n개에서 $r\,(0<r\leq n)$개를 택하는 조합의 수는 $_n\mathrm{C}_r$이고, 그 각각에 대하여 $r!$개씩의
순열을 만들 수 있으므로 $_n\mathrm{C}_r$개의 조합으로 만들 수 있는 순열의 수는

$$_n\mathrm{C}_r\times r!$$

이다. 그런데 이것은 서로 다른 n개에서 r개를 택하는 순열의 수인 $_n\mathrm{P}_r$와 같으므로

$$_n\mathrm{C}_r\times r!=_n\mathrm{P}_r$$

즉, $_n\mathrm{C}_r=\dfrac{_n\mathrm{P}_r}{r!}=\dfrac{n!}{r!(n-r)!}\;(0<r\leq n)$이다.

이때 $0!=1$, $_n\mathrm{P}_0=1$이므로 $_n\mathrm{C}_0=1$로 정하면 위의 식은 $r=0$일 때도 성립한다.

05 조합의 수의 성질

(1) $_n\mathrm{C}_0=1$, $_n\mathrm{C}_n=1$

(2) $_n\mathrm{C}_r=_n\mathrm{C}_{n-r}$ (단, $0\leq r\leq n$)

(3) $_n\mathrm{C}_r={_{n-1}\mathrm{C}_r}+{_{n-1}\mathrm{C}_{r-1}}$ (단, $1\leq r<n$)

(설명) (1) $_n\mathrm{C}_0=\dfrac{n!}{0!(n-0)!}=\dfrac{n!}{0!\times n!}=1$

$_n\mathrm{C}_n=\dfrac{n!}{n!(n-n)!}=\dfrac{n!}{n!\times 0!}=1$

(2) $_n\mathrm{C}_{n-r}=\dfrac{n!}{(n-r)!\{n-(n-r)\}!}$

$=\dfrac{n!}{(n-r)!r!}=_n\mathrm{C}_r$

(3) $_{n-1}\mathrm{C}_r+{_{n-1}\mathrm{C}_{r-1}}=\dfrac{(n-1)!}{r!(n-1-r)!}+\dfrac{(n-1)!}{(r-1)!\{(n-1)-(r-1)\}!}$

$=\dfrac{(n-1)!\times(n-r)}{r!(n-r)!}+\dfrac{(n-1)!\times r}{r!(n-r)!}$

$=\dfrac{(n-1)!\times n}{r!(n-r)!}$

$=\dfrac{n!}{r!(n-r)!}=_n\mathrm{C}_r$

서로 다른 n개에서 r개를 택하는 조합
의 수는 택하지 않는 $(n-r)$개를 택하
는 조합의 수와 같다.
즉, $_n\mathrm{C}_r=_n\mathrm{C}_{n-r}$이다.

04 조합

[31~34] 다음 값을 구하시오.

31 $_3C_1$

32 $_4C_2$

33 $_5C_2$

34 $_6C_3$

[35~39] 다음 경우의 수를 구하시오.

35 서로 다른 5개의 공 중에서 3개를 택하는 경우의 수

36 네 과목 A, B, C, D 중에서 두 과목을 고르는 경우의 수

37 7명 중에서 2명을 택하는 경우의 수

38 회원 수가 8인 어느 모임에서 모든 회원이 한 번씩 악수하는 횟수

39 집합 {1, 2, 3, 4, 5}의 부분집합 중에서 원소의 개수가 3인 부분집합의 개수

[40~41] 다음 등식을 만족시키는 자연수 n의 값을 구하시오.

40 $_nC_2=15$

41 $_{n+2}C_2=45$

05 조합의 수의 성질

[42~45] 다음 값을 구하시오.

42 $_7C_0$

43 $_7C_7$

44 $_9C_8$

45 $_{13}C_{12}$

[46~48] 다음 등식을 만족시키는 자연수 n의 값을 구하시오.

46 $_nC_2=_nC_9$

47 $_9C_n=_9C_{n+3}$

48 $_6C_2+_6C_3=_7C_n$

[49~55] 남학생 5명과 여학생 4명 중에서 3명의 대표를 뽑을 때, 다음 경우의 수를 구하시오.

49 대표 3명을 뽑는 경우의 수

50 남학생으로만 대표 3명을 뽑는 경우의 수

51 여학생으로만 대표 3명을 뽑는 경우의 수

52 남학생 2명, 여학생 1명으로 대표 3명을 뽑는 경우의 수

53 남학생 1명, 여학생 2명으로 대표 3명을 뽑는 경우의 수

54 적어도 남학생이 1명 포함되도록 대표 3명을 뽑는 경우의 수

55 적어도 여학생이 1명 포함되도록 대표 3명을 뽑는 경우의 수

[56~59] A, B를 포함한 6명 중에서 3명을 택할 때, 다음 경우의 수를 구하시오.

56 A를 포함하여 3명을 택하는 경우의 수

57 B를 포함하여 3명을 택하는 경우의 수

58 A, B를 모두 포함하여 3명을 택하는 경우의 수

59 A는 포함하고 B는 포함하지 않도록 3명을 택하는 경우의 수

[60~62] 서로 다른 사탕 9개가 있다. 다음과 같이 세 묶음으로 나누는 경우의 수를 구하시오.

60 4개, 3개, 2개의 세 묶음으로 나누는 경우의 수

61 4개, 4개, 1개의 세 묶음으로 나누는 경우의 수

62 3개, 3개, 3개의 세 묶음으로 나누는 경우의 수

01 합의 법칙

두 사건 A, B가 동시에 일어나지 않을 때, 사건 A와 사건 B가 일어나는 경우의 수가 각각 m, n이면

(사건 A 또는 사건 B가 일어나는 경우의 수)$=m+n$

》》 올림포스 수학(하) 67쪽

01 대표문제
▶ 23641-0421

서로 다른 두 개의 주사위를 동시에 던질 때, 나오는 눈의 수의 합이 8의 약수가 되는 경우의 수는?

① 5   ② 6   ③ 7
④ 8   ⑤ 9

02 상중하
▶ 23641-0422

4개의 숫자 1, 2, 3, 4가 하나씩 적혀 있는 4장의 카드 중에서 서로 다른 3장을 뽑아 일렬로 나열하여 만들 수 있는 세 자리 자연수 중에서 4의 배수의 개수를 구하시오.

03 상중하
▶ 23641-0423

집합 $X=\{1, 2, 3, 4, 5\}$에 대하여 원소의 개수가 2인 집합 X의 부분집합 중에서 두 원소의 곱이 홀수이거나 6의 배수인 집합의 개수를 구하시오.

02 방정식과 부등식의 해의 개수

(1) 방정식 $ax+by+cz=d$를 만족시키는 순서쌍 (x, y, z)의 개수 구하기 ⇨ 계수의 절댓값이 큰 항을 기준으로 수를 대입하여 구한다.

(2) 부등식 $ax+by<c$를 만족시키는 순서쌍 (x, y)의 개수 구하기 ⇨ 계수의 절댓값이 큰 항을 기준으로 수를 대입하여 구한다.

04 대표문제
▶ 23641-0424

방정식 $3x+2y+z=15$를 만족시키는 자연수 x, y, z의 순서쌍 (x, y, z)의 개수를 구하시오.

05 상중하
▶ 23641-0425

부등식 $xy\leq6$을 만족시키는 자연수 x, y의 순서쌍 (x, y)의 개수를 구하시오.

06 상중하
▶ 23641-0426

부등식 $7\leq3x+y\leq10$을 만족시키는 자연수 x, y의 순서쌍 (x, y)의 개수를 구하시오.

03 곱의 법칙

두 사건 A, B에 대하여 사건 A가 일어나는 경우의 수가 m이고, 그 각각에 대하여 사건 B가 일어나는 경우의 수가 n이면

(두 사건 A, B가 동시에 일어나는 경우의 수)$=m \times n$

> 올림포스 수학(하) 67쪽

07 대표문제
▶ 23641-0427

두 집합 $X=\{a, b, c, d\}$, $Y=\{1, 2, 3, 4, 5\}$에 대하여 집합 Z를 $Z=\{(x, y)\,|\,x \in X, y \in Y\}$로 정의할 때, 집합 Z의 원소의 개수를 구하시오.

08 상중하
▶ 23641-0428

다항식 $(x+y+z)(a+b+c+d)$를 전개할 때, 항의 개수를 구하시오.

09 상중하
▶ 23641-0429

6개의 숫자 1, 2, 3, 4, 5, 6이 하나씩 적혀 있는 6장의 카드 중에서 서로 다른 3장을 뽑아 일렬로 나열하여 만들 수 있는 세 자리 자연수 중에서 300 이상의 홀수의 개수를 구하시오.

04 약수의 개수

($p^a q^b r^c$의 양의 약수의 개수)$=(a+1)(b+1)(c+1)$

(단, p, q, r는 서로 다른 소수, a, b, c는 자연수)

> 올림포스 수학(하) 67쪽

10 대표문제
▶ 23641-0430

72의 양의 약수의 개수를 구하시오.

11 상중하
▶ 23641-0431

$2^3 \times 3^2 \times 5^2$의 양의 약수의 개수를 구하시오.

12 상중하
▶ 23641-0432

600과 4500의 양의 공약수의 개수를 구하시오.

13 상중하
▶ 23641-0433

72^n의 양의 약수의 개수가 176일 때, 자연수 n의 값을 구하시오.

05 여러 가지 경우의 수

조건에 맞는 경우의 수를 합의 법칙과 곱의 법칙을 적절히 이용하여 구한다. 합의 법칙과 곱의 법칙을 이용하기 어려운 경우는 직접 수형도를 그려서 경우의 수를 구한다.

14 [대표문제]
▶ 23641-0434

그림과 같은 3개의 영역 A, B, C를 서로 다른 5가지의 색으로 칠하려고 한다. 같은 색을 여러 번 사용할 수 있지만 이웃하는 영역에는 서로 다른 색으로 칠하는 경우의 수는?

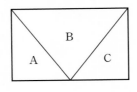

① 60 ② 70 ③ 80
④ 90 ⑤ 100

15 상중하
▶ 23641-0435

그림과 같이 네 지점 A, B, C, D를 연결하는 도로망이 있다. A 지점에서 출발하여 B, C, D 지점을 차례로 한 번씩만 거쳐서 A 지점으로 돌아오는 경우의 수를 구하시오.

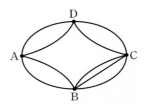

16 상중하
▶ 23641-0436

A, B, C, D의 4명의 학생이 자리를 바꿔 앉으려고 한다. 자신이 앉았던 자리에는 다시 앉지 않을 때, 자리를 바꾸는 경우의 수는? (단, 앉을 수 있는 자리는 4개뿐이다.)

① 8 ② 9 ③ 10
④ 11 ⑤ 12

06 순열의 수

서로 다른 n개에서 $r\,(0<r\leq n)$개를 택하여 일렬로 나열하는 것을 n개에서 r개를 택하는 순열이라 하고, 이 순열의 수를 기호로 $_n\mathrm{P}_r$와 같이 나타낸다.
$$_n\mathrm{P}_r=n(n-1)(n-2)\times\cdots\times(n-r+1)$$

≫ 올림포스 수학(하) 68쪽

17 [대표문제]
▶ 23641-0437

4개의 문자와 5개의 숫자 a, b, c, d, 1, 2, 3, 4, 5 중에서 서로 다른 3개를 택해 일렬로 나열할 때, 숫자가 가운데 자리에만 오도록 하는 경우의 수는?

① 60 ② 70 ③ 80
④ 90 ⑤ 100

18 상중하
▶ 23641-0438

일렬로 나열된 의자 7개에 3명의 학생을 앉히는 경우의 수를 구하시오.

19 상중하
▶ 23641-0439

4명의 남학생과 5명의 여학생 중에서 회장과 부회장을 각각 한 명씩 뽑을 때, 같은 성별의 학생으로 뽑는 경우의 수는?

① 26 ② 28 ③ 30
④ 32 ⑤ 34

20 상중하
▶ 23641-0440

5개의 숫자 0, 1, 2, 3, 4 중에서 서로 다른 4개를 택해 일렬로 나열하여 만들 수 있는 네 자리 자연수의 개수를 구하시오.

07 이웃하는 순열의 수

(i) 이웃하는 것을 한 묶음으로 생각하여 나열하는 경우의 수를 구한다.

(ii) 한 묶음 안에서 자리를 바꾸는 경우의 수를 구한다.

(iii) (i)과 (ii)에서 구한 수를 곱한다.

>> **올림포스** 수학(하) 68쪽

21 대표문제
▶ 23641-0441

5개의 문자 a, b, c, d, e를 일렬로 나열할 때, a와 e가 이웃하도록 나열하는 경우의 수는?

① 24 ② 30 ③ 36

④ 42 ⑤ 48

22 상중하
▶ 23641-0442

남학생 3명과 여학생 4명을 일렬로 세울 때, 남학생 3명을 모두 이웃하게 세우는 경우의 수를 구하시오.

23 상중하
▶ 23641-0443

옷장 안에 노란색 상의 2개, 흰색 상의 2개, 검은색 상의 2개를 일렬로 걸 때, 같은 색의 옷끼리 이웃하게 거는 경우의 수는? (단, 상의의 종류는 모두 다르다.)

① 24 ② 30 ③ 36

④ 42 ⑤ 48

24 상중하
▶ 23641-0444

6개의 문자 a, b, c, d, e, f를 일렬로 나열할 때, a, b, c가 모두 이웃하거나 d, e, f가 모두 이웃하도록 나열하는 경우의 수를 구하시오.

08 이웃하지 않는 순열의 수

(i) 이웃하지 않는 것을 제외한 나머지를 일렬로 나열하는 경우의 수를 구한다.

(ii) (i)에서 나열한 것의 양 끝과 사이사이에 이웃하지 않는 것을 나열하는 경우의 수를 구한다.

(iii) (i)과 (ii)에서 구한 수를 곱한다.

>> **올림포스** 수학(하) 68쪽

25 대표문제
▶ 23641-0445

4개의 문자와 2개의 숫자 a, b, c, d, 1, 2를 일렬로 나열할 때, 숫자끼리 이웃하지 않게 나열하는 경우의 수를 구하시오.

26 상중하
▶ 23641-0446

남학생 3명과 여학생 4명을 남녀가 서로 교대가 되도록 일렬로 세우는 경우의 수를 구하시오.

27 상중하
▶ 23641-0447

일렬로 나열된 같은 의자 8개에 3명의 학생을 앉도록 할 때, 학생들끼리 서로 이웃하지 않게 앉는 경우의 수는?

① 60 ② 120 ③ 180

④ 240 ⑤ 300

28 상중하
▶ 23641-0448

4개의 문자와 4개의 숫자 a, b, c, d, 1, 2, 3, 4를 일렬로 나열할 때, a와 b는 서로 이웃하고, 숫자끼리는 서로 이웃하지 않도록 나열하는 경우의 수를 구하시오.

09 조건이 있는 순열의 수

조건이 있는 경우

⇨ 조건을 만족시키는 상황에 해당하는 경우의 수를 구한 후 나머지 경우의 수를 구한다.

》 **올림포스** 수학(하) 68쪽

29 대표문제 ▶ 23641-0449

5개의 숫자 0, 1, 2, 3, 4 중에서 서로 다른 4개를 택해 일렬로 나열하여 만들 수 있는 네 자리 자연수 중에서 짝수의 개수는?

① 24   ② 36   ③ 48

④ 60   ⑤ 72

30 상중하 ▶ 23641-0450

어른 3명과 어린이 4명이 7개의 의자가 일렬로 놓인 놀이기구를 타려고 한다. 어른이 양 끝자리에 앉는 경우의 수를 구하시오.

31 상중하 ▶ 23641-0451

2개의 문자와 4개의 숫자 a, b, 1, 2, 3, 4를 일렬로 나열할 때, a와 b 사이에 숫자가 2개만 놓이도록 나열하는 경우의 수는?

① 48   ② 72   ③ 96

④ 120   ⑤ 144

32 상중하 ▶ 23641-0452

1개의 문자와 4개의 숫자 A, 1, 2, 3, 4를 왼쪽에서 오른쪽으로 일렬로 나열할 때, 홀수는 모두 문자 A의 오른쪽에 있도록 나열하는 경우의 수를 구하시오.

10 '적어도'의 조건이 있는 순열의 수

(사건 A가 일어나는 경우의 수)

=(모든 경우의 수)

          −(사건 A가 일어나지 않는 경우의 수)

33 대표문제 ▶ 23641-0453

남학생 3명과 여학생 2명을 일렬로 세울 때, 적어도 한 쪽 끝에는 남학생이 있도록 세우는 경우의 수는?

① 104   ② 106   ③ 108

④ 110   ⑤ 112

34 상중하 ▶ 23641-0454

5개의 숫자 1, 2, 3, 4, 5를 일렬로 나열할 때, 적어도 한 쪽 끝에는 짝수가 오도록 나열하는 경우의 수는?

① 84   ② 86   ③ 88

④ 90   ⑤ 92

35 상중하 ▶ 23641-0455

남학생 3명과 여학생 2명을 일렬로 세울 때, 남학생 중 적어도 2명은 이웃하게 세우는 경우의 수는?

① 104   ② 106   ③ 108

④ 110   ⑤ 112

36 상중하 ▶ 23641-0456

3개의 문자와 4개의 숫자 a, b, c, 1, 2, 3, 4를 일렬로 나열할 때, 적어도 2개의 문자는 이웃하도록 나열하는 경우의 수를 구하시오.

11 순열을 이용한 함수의 개수

두 집합 X, Y에 대하여 $n(X)=m$, $n(Y)=n$일 때,

(1) (X에서 Y로의 함수의 개수)$=n^m$

(2) (X에서 Y로의 일대일함수의 개수)$={}_nP_m$ $(n \geq m)$

(3) (X에서 Y로의 일대일대응의 개수)$={}_nP_n$ $(n=m)$

(4) (X에서 Y로의 상수함수의 개수)$={}_nP_1=n$

37 대표문제
▶ 23641-0457

두 집합 $X=\{1, 2, 3\}$, $Y=\{a, b, c, d, e\}$에 대하여 X에서 Y로의 일대일함수의 개수를 a, 상수함수의 개수를 b라 하자. $a+b$의 값은?

① 60　　　　② 65　　　　③ 70

④ 75　　　　⑤ 80

38 상중하
▶ 23641-0458

집합 X에서 X로의 일대일대응의 개수가 120일 때, X에서 X로의 상수함수의 개수는?

① 3　　　　② 4　　　　③ 5

④ 6　　　　⑤ 7

39 상중하
▶ 23641-0459

두 집합 $X=\{1, 2, 3, 4\}$, $Y=\{1, 2, 3, 4, 5, 6, 7\}$에 대하여 다음 조건을 만족시키는 X에서 Y로의 함수 f의 개수를 구하시오.

(가) 집합 X의 임의의 두 원소 x_1, x_2에 대하여
　　$x_1 \neq x_2$이면 $f(x_1) \neq f(x_2)$이다.
(나) 집합 X의 원소 x에 대하여 x가 홀수이면 $f(x)$도 홀수
　　이고, x가 짝수이면 $f(x)$도 짝수이다.

12 순열의 수의 성질

(1) ${}_nP_n=n(n-1)(n-2) \times \cdots \times 3 \times 2 \times 1=n!$

(2) ${}_nP_0=1$, $0!=1$

(3) ${}_nP_r=\dfrac{n!}{(n-r)!}$ (단, $0 \leq r \leq n$)

40 대표문제
▶ 23641-0460

${}_9P_r=n \times {}_8P_{r-1}$일 때, 자연수 n의 값을 구하시오.
(단, r는 9 이하의 자연수이다.)

41 상중하
▶ 23641-0461

${}_nP_5=6 \times {}_nP_3$일 때, 자연수 n의 값을 구하시오. (단, $n \geq 5$)

42 상중하
▶ 23641-0462

${}_nP_3+3 \times {}_nP_2={}_{11}P_3$일 때, 자연수 n의 값을 구하시오.
(단, $n \geq 3$)

43 상중하
▶ 23641-0463

${}_{10}P_5={}_9P_r+r \times {}_9P_{r-1}$일 때, 자연수 r의 값을 구하시오.
(단, $r \leq 9$)

13 $_nC_r$의 계산

(1) $_nC_r = \dfrac{_nP_r}{r!} = \dfrac{n!}{r!(n-r)!}$ (단, $0 \le r \le n$)

(2) $_nC_0 = 1$, $_nC_n = 1$

(3) $_nC_r = {_nC_{n-r}}$ (단, $0 \le r \le n$)

14 조합의 수

서로 다른 n개에서 순서를 생각하지 않고 $r\,(0 < r \le n)$ 개를 택하는 경우의 수는

$$_nC_r$$

이다.

>> **올림포스** 수학(하) 69쪽

44 대표문제
▶ 23641-0464

$_5P_3 + {_5C_3}$의 값을 구하시오.

47 대표문제
▶ 23641-0467

서로 다른 6개의 사탕 중에서 2개를 택하는 경우의 수는?

① 3　　　　　　② 6　　　　　　③ 9

④ 12　　　　　⑤ 15

45 상중하
▶ 23641-0465

등식 $_8C_{n-2} = {_8C_{2n+4}}$를 만족시키는 자연수 n의 값을 구하시오.

48 상중하
▶ 23641-0468

서로 다른 n개에서 2개를 택하는 경우의 수가 45일 때, 2 이상의 자연수 n의 값은?

① 8　　　　　　② 9　　　　　　③ 10

④ 11　　　　　⑤ 12

46 상중하
▶ 23641-0466

등식 $_nC_3 = 6(n-1) + {_nC_2}$를 만족시키는 3 이상의 자연수 n의 값을 구하시오.

49 상중하
▶ 23641-0469

1부터 12까지의 자연수가 하나씩 적혀 있는 12장의 카드 중에서 3장의 카드를 뽑을 때, 뽑은 3장의 카드에 적혀 있는 세 수의 합이 홀수가 되도록 뽑는 경우의 수는?

① 90　　　　　② 95　　　　　③ 100

④ 105　　　　⑤ 110

15 특정한 것을 포함하는 조합의 수

서로 다른 n개에서 r개를 택할 때, 특정한 k개를 포함하여 택하는 경우의 수는

$$_{n-k}C_{r-k} \ (1 \leq k < r \leq n)$$

이다.

>> 올림포스 수학(하) 69쪽

16 '적어도'를 포함하는 조합의 수

어떤 특정한 일이 적어도 한 번 일어나는 경우의 수는 모든 경우의 수에서 특정한 일이 일어나지 않는 경우의 수를 빼서 구하는 것이 편리하다.

>> 올림포스 수학(하) 69쪽

50 대표문제
▶ 23641-0470

A, B를 포함한 10명의 학생 중에서 4명의 위원을 선출할 때, A는 선출되고 B는 선출되지 않는 경우의 수는?

① 40　　　　② 44　　　　③ 48
④ 52　　　　⑤ 56

53 대표문제
▶ 23641-0473

남학생 6명, 여학생 4명 중에서 3명을 뽑을 때, 적어도 여학생 1명이 포함되도록 뽑는 경우의 수는?

① 84　　　　② 88　　　　③ 92
④ 96　　　　⑤ 100

51 상중하
▶ 23641-0471

1학년 학생 2명을 포함한 7명의 학생 중에서 1학년 학생 2명을 포함한 4명이 일렬로 서는 경우의 수는?

① 200　　　　② 220　　　　③ 240
④ 260　　　　⑤ 280

54 상중하
▶ 23641-0474

1부터 7까지의 자연수가 하나씩 적혀 있는 7개의 공 중에서 4개의 공을 택할 때, 숫자 1이 적혀 있는 공과 숫자 2가 적혀 있는 공 중 적어도 하나는 포함되도록 택하는 경우의 수는?

① 26　　　　② 27　　　　③ 28
④ 29　　　　⑤ 30

52 상중하
▶ 23641-0472

A, B를 포함한 남학생 5명과 C를 포함한 여학생 5명 중에서 다음 조건을 만족시키도록 5명을 택하는 경우의 수는?

(가) 남학생 2명과 여학생 3명을 택한다.
(나) A, C는 포함하고, B는 포함하지 않는다.

① 16　　　　② 17　　　　③ 18
④ 19　　　　⑤ 20

55 상중하
▶ 23641-0475

서로 다른 흰 공 4개와 서로 다른 검은 공 5개가 들어 있는 주머니에서 4개의 공을 꺼낼 때, 흰 공과 검은 공이 적어도 하나씩 포함되도록 꺼내는 경우의 수는?

① 100　　　　② 105　　　　③ 110
④ 115　　　　⑤ 120

17 일부를 택하여 나열하는 경우의 수

중요

서로 다른 n개에서 k개를 택하는 경우의 수는 $_n\mathrm{C}_k$이고, k개를 일렬로 나열하는 경우의 수는 $k!$이므로 서로 다른 n개에서 k개를 택하여 k개를 일렬로 나열하는 경우의 수는

$$_n\mathrm{C}_k \times k!$$

이다.

56 대표문제 ▶ 23641-0476

숫자 1, 2, 3, 4가 하나씩 적혀 있는 흰 공 4개와 숫자 1, 2, 3, 4가 하나씩 적혀 있는 검은 공 4개가 있다. 이 8개의 공 중에서 흰 공 1개와 검은 공 2개를 택해 일렬로 나열하는 경우의 수를 구하시오.

57 상중하 ▶ 23641-0477

8개의 숫자 1, 2, 3, 4, 5, 6, 7, 8 중에서 서로 다른 4개를 택해 일렬로 나열하여 만들 수 있는 네 자리 자연수 중에서 일의 자릿수와 십의 자릿수가 모두 짝수인 수의 개수는?

① 280 　　　　 ② 300 　　　　 ③ 320
④ 340 　　　　 ⑤ 360

58 상중하 ▶ 23641-0478

숫자 0을 포함하지 않고 각 자릿수가 서로 다른 네 자리 자연수 중에서 각 자릿수가 짝수 2개와 홀수 2개로 이루어진 네 자리 자연수의 개수는?

① 1320 　　　　 ② 1360 　　　　 ③ 1400
④ 1440 　　　　 ⑤ 1480

59 상중하 ▶ 23641-0479

A, B를 포함한 7명 중에서 A, B를 포함한 4명이 일렬로 설 때, A, B가 서로 이웃하지 않도록 서는 경우의 수는?

① 80 　　　　 ② 90 　　　　 ③ 100
④ 110 　　　　 ⑤ 120

60 상중하 ▶ 23641-0480

1부터 n까지의 자연수가 하나씩 적혀 있는 n장의 카드 중에서 1이 적혀 있는 카드와 2가 적혀 있는 카드를 포함한 4장의 카드를 일렬로 나열하는 경우의 수가 360일 때, 자연수 n의 값을 구하시오.

61 상중하 ▶ 23641-0481

A, B를 포함한 10명 중에서 A, B를 포함한 5명이 일렬로 설 때, A, B가 서로 이웃하도록 서는 경우의 수는 $p \times 8!$이다. 상수 p의 값은?

① $\dfrac{1}{30}$ 　　　　 ② $\dfrac{1}{15}$ 　　　　 ③ $\dfrac{1}{10}$
④ $\dfrac{2}{15}$ 　　　　 ⑤ $\dfrac{1}{6}$

18 직선의 개수

어느 세 점도 일직선 위에 있지 않은 서로 다른 n개의 점 중에서 두 점을 연결하여 만들 수 있는 직선의 개수는
$$_nC_2$$
이다.

(참고) n각형의 대각선의 개수는 $_nC_2-n$이다.

62 대표문제
▶ 23641-0482

그림과 같이 두 평행선 위에 서로 다른 9개의 점이 있다. 이 중에서 두 점을 연결하여 만들 수 있는 서로 다른 모든 직선의 개수는?

① 18   ② 19   ③ 20
④ 21   ⑤ 22

63 상중하
▶ 23641-0483

팔각형의 서로 다른 대각선의 교점의 개수의 최댓값은?
(단, 팔각형의 꼭짓점은 제외한다.)

① 60   ② 70   ③ 80
④ 90   ⑤ 100

64 상중하
▶ 23641-0484

평면 위의 서로 다른 10개의 점 A_k $(k=1, 2, 3, \cdots, 10)$이 다음 조건을 만족시킨다.

(가) 점 A_k 중 세 점 이상을 지나는 직선의 개수는 1이다.
(나) 점 A_k 중 임의의 두 점을 지나는 서로 다른 직선의 개수는 36이다.

점 A_k 중 세 점 이상을 지나는 직선을 l이라 할 때, 점 A_k 중 직선 l 위에 있는 점의 개수를 구하시오.

19 삼각형의 개수

어느 세 점도 일직선 위에 있지 않은 서로 다른 n개의 점 중에서 세 점을 꼭짓점으로 하여 만들 수 있는 삼각형의 개수는
$$_nC_3$$
이다.

(참고) 일직선 위에 있는 세 점으로는 삼각형을 만들 수 없다.

65 대표문제
▶ 23641-0485

그림과 같이 원 위에 서로 다른 6개의 점 A, B, C, D, E, F가 있다. 이 중에서 세 점을 꼭짓점으로 하여 만들 수 있는 삼각형의 개수는?

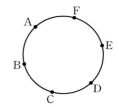

① 16   ② 18
③ 20   ④ 22
⑤ 24

66 상중하
▶ 23641-0486

그림과 같이 직사각형 둘레에 서로 다른 10개의 점이 있다. 이 중에서 세 점을 꼭짓점으로 하여 만들 수 있는 삼각형의 개수는?

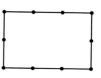

① 80   ② 90
③ 100   ④ 110
⑤ 120

67 상중하
▶ 23641-0487

그림과 같이 정사각형 8개로 이루어진 도형에 서로 다른 15개의 점이 있다. 이 중에서 세 점을 꼭짓점으로 하여 만들 수 있는 삼각형의 개수를 구하시오.

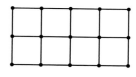

20 사각형의 개수

가로 방향의 평행선 m개와 세로 방향의 평행선 n개가 만날 때, 이 평행선으로 만들어지는 평행사변형의 개수는
$$_mC_2 \times {}_nC_2 \ (m \geq 2, \ n \geq 2)$$

68 대표문제
▶ 23641-0488

그림과 같이 한 변의 길이가 1인 정사각형 8개로 이루어진 도형이 있다. 이 도형의 선으로 만들어지는 사각형 중에서 정사각형이 아닌 직사각형의 개수는?

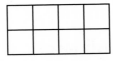

① 16
② 17
③ 18
④ 19
⑤ 20

69 상중하
▶ 23641-0489

그림과 같이 합동인 정사각형 11개로 만든 도형이 있다. 이 도형의 선으로 만들어지는 직사각형의 개수를 구하시오.

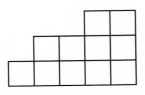

70 상중하
▶ 23641-0490

그림과 같이 한 변의 길이가 5인 정사각형을 한 변의 길이가 1인 정사각형 25개로 나눈 도형이 있고, 이 도형의 중앙에 있는 한 변의 길이가 1인 정사각형에 색이 칠해져 있다. 이 도형의 선으로 만들어지는 사각형 중에서 색칠한 부분을 포함하지 않는 사각형의 개수를 구하시오.

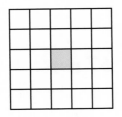

21 함수의 개수

원소의 개수가 각각 m, n $(m \leq n)$인 두 집합 X, Y와 X에서 Y로의 함수 f에 대하여
(1) f가 일대일함수일 때, 함수 f의 개수는
$$_nP_m$$
(2) 집합 X의 임의의 두 원소 x_1, x_2에 대하여 $x_1 < x_2$이면 $f(x_1) < f(x_2)$를 만족시키는 함수 f의 개수는
$$_nC_m$$

71 대표문제
▶ 23641-0491

두 집합
$$X = \{1, 2, 3\}, \ Y = \{2, 4, 6, 8, 10\}$$
에 대하여 X에서 Y로의 함수 f 중 다음 조건을 만족시키는 함수 f의 개수를 구하시오.

집합 X의 임의의 두 원소 x_1, x_2에 대하여
$x_1 < x_2$이면 $f(x_1) < f(x_2)$이다.

72 상중하
▶ 23641-0492

집합 $X = \{1, 2, 3, 4, 5\}$에 대하여 다음 조건을 만족시키는 X에서 X로의 함수 f의 개수는?

(가) $f(2)$, $f(4)$는 모두 홀수이다.
(나) $f(1) < f(3) < f(5)$

① 60
② 90
③ 120
④ 150
⑤ 180

73 상중하
▶ 23641-0493

두 집합
$$X = \{1, 2, 3, 4, 5\}, \ Y = \{y \mid y \text{는 8 이하의 자연수}\}$$
에 대하여 다음 조건을 만족시키는 X에서 Y로의 함수 f의 개수를 구하시오.

(가) $f(3) = 4$
(나) 집합 X의 임의의 두 원소 x_1, x_2에 대하여
$x_1 < x_2$이면 $f(x_1) < f(x_2)$이다.

22 조합을 이용하여 조를 나누는 경우의 수

서로 다른 n개를 p개, q개, r개 $(p+q+r=n)$의 세 묶음으로 나누는 경우의 수는 다음과 같다.

(1) p, q, r가 모두 서로 다른 수인 경우

$$_nC_p \times _{n-p}C_q \times _rC_r$$

(2) p, q, r 중 같은 두 수가 있는 경우

$$_nC_p \times _{n-p}C_q \times _rC_r \times \frac{1}{2!}$$

(3) p, q, r가 모두 같은 수인 경우

$$_nC_p \times _{n-p}C_q \times _rC_r \times \frac{1}{3!}$$

74 대표문제
▶ 23641-0494

6명의 학생을 2명씩 A, B, C 세 팀으로 나누는 경우의 수는?

① 80　　　② 90　　　③ 100
④ 110　　　⑤ 120

75 상중하
▶ 23641-0495

6명의 학생을 2명씩 3개의 조로 나누는 경우의 수는?

① 15　　　② 18　　　③ 21
④ 24　　　⑤ 27

76 상중하
▶ 23641-0496

A와 B를 포함한 9명을 3명씩 3개의 조로 나눌 때, A와 B가 같은 조에 포함되도록 나누는 경우의 수는?

① 70　　　② 105　　　③ 140
④ 175　　　⑤ 210

77 상중하
▶ 23641-0497

6개 팀이 참가한 어느 대회는 그림과 같은 대진표로 진행된다고 한다. 6개 팀이 대진표를 작성하는 경우의 수는?

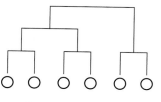

① 30　　　② 45　　　③ 60
④ 75　　　⑤ 90

78 상중하
▶ 23641-0498

6개 팀이 참가한 어느 대회는 그림과 같은 대진표로 진행된다고 한다. 6개 팀이 대진표를 작성하는 경우의 수는?

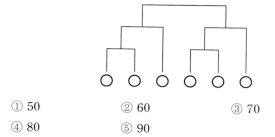

① 50　　　② 60　　　③ 70
④ 80　　　⑤ 90

79 상중하
▶ 23641-0499

1부터 8까지의 자연수가 하나씩 적혀 있는 8개의 공이 있다. 이 8개의 공을 같은 3개의 상자에 나누어 담을 때, 각 상자에 적어도 2개의 공이 담기도록 나누어 담는 경우의 수를 구하시오.

서술형 완성하기

01 ▶ 23641-0500

$2^2 \times 3^3 \times 5^4$의 양의 약수 중 짝수의 개수를 a, 3의 배수의 개수를 b라 할 때, $a+b$의 값을 구하시오.

02 ▶ 23641-0501

서로 다른 두 개의 주사위를 던져서 나온 눈의 수를 각각 a, b라 할 때, ab가 짝수이거나 $a+b$가 3의 배수인 경우의 수를 구하시오.

03 ▶ 23641-0502

두 집합 $X=\{1, 2, 3, 4\}$, $Y=\{1, 2, 3, 4, 5, 6\}$에 대하여 다음 조건을 만족시키는 X에서 Y로의 함수 f의 개수를 구하시오.

(가) 집합 X의 임의의 두 원소 x_1, x_2에 대하여
　　$x_1 \neq x_2$이면 $f(x_1) \neq f(x_2)$이다.
(나) $f(1)+f(4)=9$

04 내신기출 ▶ 23641-0503

다음 조건을 만족시키는 자연수 a, b, c의 모든 순서쌍 (a, b, c)의 개수를 구하시오.

(가) $a+b+c$는 짝수이다.
(나) $a<b<c \leq 10$

05 ▶ 23641-0504

두 집합
　　$A=\{1, 2, 3, 4, 5, 6, 7\}$, $B=\{1, 2, 3, 4\}$
에 대하여 다음 조건을 만족시키는 모든 집합 X의 개수를 구하시오.

(가) $X \subset A$
(나) $n(X \cap B)=2$

06 ▶ 23641-0505

숫자 1, 2, 3, 4, 5에서 중복을 허락하여 5개의 숫자를 택해 다섯 자리 자연수를 만들 때, 다음 조건을 만족시키는 모든 다섯 자리 자연수의 개수를 구하시오.

사용된 서로 다른 숫자의 개수는 3 이상이고, 이웃한 세 숫자는 모두 다른 숫자이다.

내신 + 수능 고난도 도전

≫ 정답과 풀이 86쪽

▶ 23641-0506

01 6개의 숫자 1, 2, 4, 5, 6, 8을 일렬로 나열할 때, 다음 조건을 만족시키도록 나열하는 경우의 수를 구하시오.

> (가) 홀수끼리는 서로 이웃하지 않는다.
> (나) 양 끝자리 중 적어도 하나는 홀수이다.

▶ 23641-0507

02 A, B, C, D, E의 5명이 그림과 같이 1, 2, 3, 4, 5의 번호가 붙은 좌석에 각각 앉으려고 한다. A와 B는 서로 이웃하게 앉고, C와 D는 서로 이웃하지 않게 앉는 경우의 수는? (단, 앞줄과 뒷줄에 앉는 것은 이웃하지 않게 앉은 것으로 본다.)

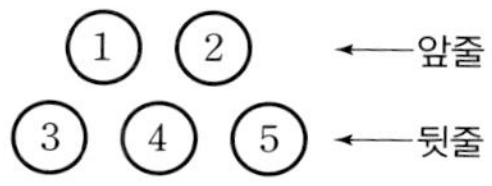

① 16　② 18　③ 20　④ 22　⑤ 24

▶ 23641-0508

03 서로 다른 4개의 선물 상자에 서로 다른 3개의 꽃다발과 서로 다른 3권의 책을 다음 조건을 만족시키도록 넣는 경우의 수를 구하시오.

> (가) 3개의 꽃다발은 각각 다른 선물 상자에 넣는다.
> (나) 3권의 책은 각각 다른 선물 상자에 넣는다.
> (다) 빈 선물 상자는 없다.

▶ 23641-0509

04 집합 $X=\{1, 2, 3, 4, 5\}$에 대하여 다음 조건을 만족시키는 X에서 X로의 함수 f의 개수는?

> (가) 집합 X의 임의의 두 원소 x_1, x_2에 대하여 $x_1 \neq x_2$이면 $f(x_1) \neq f(x_2)$이다.
> (나) $f(f(1))=1$

① 24　② 32　③ 40　④ 48　⑤ 56

▶ 23641-0510

05 집합 $X = \{1, 2, 3, 4, 5, 6, 7, 8\}$의 세 원소 a, b, c에 대하여 두 부등식
$$a < b, \ a \leq c$$
를 모두 만족시키는 a, b, c의 모든 순서쌍 (a, b, c)의 개수는?

① 168　　　　② 170　　　　③ 172　　　　④ 174　　　　⑤ 176

▶ 23641-0511

06 서로 다른 4개의 주머니에 서로 다른 6개의 공을 남김없이 나누어 넣을 때, 다음 조건을 만족시키도록 공을 넣는 경우의 수를 구하시오.

> (가) 빈 주머니의 개수는 2이다.
> (나) 공이 들어 있는 주머니에는 적어도 2개 이상의 공을 넣는다.

▶ 23641-0512

07 그림과 같이 숫자 1, 2, 3, 4, 5가 하나씩 적혀 있는 공이 각각 들어 있는 빨간색 상자, 파란색 상자, 초록색 상자, 흰색 상자가 있다. 각 상자에서 공을 1개씩 꺼낼 때, 꺼낸 공에 적힌 네 수의 합이 3의 배수가 되는 경우의 수는?

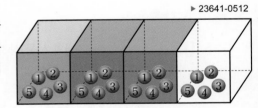

① 193　　　　② 197　　　　③ 201
④ 205　　　　⑤ 209

실생활

▶ 23641-0513

08 그림과 같이 직사각형을 같은 크기의 직사각형 8개로 나눈 종이가 벽에 붙어 있다. 이 종이의 모든 칸에 문자 A, B, C 중 한 문자를 써넣을 때, 다음 조건을 만족시키도록 문자 8개를 써넣는 경우의 수는?

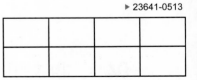

> (가) 좌우 또는 상하의 칸에는 같은 문자를 쓰지 않는다.
> (나) A, B, C 중 적어도 한 문자는 반드시 4번 이상 쓴다.
> (다) 두 문자만 사용해도 된다.

① 90　　　　② 92　　　　③ 94　　　　④ 96　　　　⑤ 98

10 집합

개념 확인하기 본문 7~9쪽

01 ∈　　02 ∈　　03 ∉　　04 ∉　　05 ∉
06 $A=\{1, 2, 3, 6\}$　07 $B=\{1, 2, 3, 4, 5\}$
08 $C=\{3, 6, 9\}$　　09 $A=\{1, 3, 5, 7\}$
10 $A=\{x\,|\,x$는 1 이상 8 이하의 홀수$\}$
　 (또는 $A=\{2n-1\,|\,n=1, 2, 3, 4\}$)
11 5　　12 5　　13 0　　14 $B\subset A$　　　15 $B\subset A$
16 $A\subset B$　　17 $\{a\}, \{b\}, \{c\}$
18 $\{a, b\}, \{a, c\}, \{b, c\}$　　19 $\{a, b, c\}$
20 $\varnothing, \{1\}, \{2\}, \{3\}, \{1, 2\}, \{1, 3\}, \{2, 3\}, \{1, 2, 3\}$
21 $\varnothing, \{1\}, \{2\}, \{3\}, \{1, 2\}, \{1, 3\}, \{2, 3\}$
22 $\{1\}, \{1, 2\}, \{1, 3\}, \{1, 2, 3\}$　　23 $\{2\}, \{3\}, \{2, 3\}$
24 4　　25 16　　26 8　　27 $\{1, 2, 3, 4, 5, 6, 7\}$
28 $\{3, 4, 5\}$　　29 $\{1, 2\}$　30 $\{6, 7\}$　31 $\{a\}$
32 $\{d, e\}$　33 $\{d, e\}$　34 $\{a\}$　35 $\{1, 3\}$　36 $\{1, 2, 3, 4\}$
37 $\varnothing$　　38 $\{2, 4\}$　39 참　　40 거짓　41 참
42 참　　43 거짓　44 참　　45 $\{1, 2, 3, 4, 5\}$
46 $\{3\}$　　47 $\{1, 2\}$　48 $\{4, 5\}$　49 $\{4, 5, 6\}$
50 $\{1, 2, 6\}$　　51 $\{6\}$　　52 $\{1, 2, 4, 5, 6\}$　　53 8
54 7　　55 3

유형 완성하기 본문 10~25쪽

01 ①　02 ⑤　03 ③　04 ④　05 ③　06 ⑤　07 ④　08 ⑤
09 ①　10 ④　11 ③　12 ①　13 ⑤　14 ④　15 4　16 14
17 ②　18 ①　19 15　20 31　21 5　22 255　23 ①　24 4
25 ④　26 ③　27 ④　28 10　29 43　30 ⑤　31 ③　32 ③
33 ④　34 ③　35 ⑤　36 ④　37 ②　38 ⑤　39 ③　40 ①
41 ②　42 ②　43 ④　44 53　45 ①　46 ②　47 ④　48 ②
49 ③　50 ③　51 ④　52 ④　53 ④　54 8　55 6　56 ①
57 ⑤　58 ⑤　59 ①　60 ②　61 ④　62 18　63 ④　64 25
65 ③　66 ⑤　67 ⑤　68 ②　69 16　70 ⑤　71 ⑤　72 8
73 5　74 ④　75 ④　76 ③　77 ②　78 8　79 ④　80 ③
81 ②　82 ①　83 ⑤　84 ③　85 ⑤　86 12　87 ②　88 30
89 ③　90 ⑤

서술형 완성하기 본문 26~27쪽

01 9　　02 37　　03 15　　04 4　　05 6　　06 4
07 16　　08 14　　09 3　　10 13

내신 + 수능 고난도 도전 본문 28~29쪽

01 ③　02 ④　03 7　04 ②　05 ②　06 ①　07 18　08 23

11 명제

개념 확인하기 본문 31~33쪽

01 명제가 아니다.　02 명제이다.　　03 명제이다.
04 명제가 아니다.　05 $\{2, 4, 6, 8, 10\}$　06 $\{1, 3, 5, 7, 9\}$
07 $\{2, 3, 5, 7\}$　08 $\{1, 2, 5, 10\}$　09 $\{2, 3\}$
10 $\{2, 3, 4, 5\}$　　11 무리수는 실수가 아니다.
12 $\sqrt{2}$는 유리수가 아니다.　　13 5는 8의 약수가 아니다.
14 $\{1, 2, 3, 4\}$　　　　　15 x는 5 이상의 자연수이다.
16 $\{5, 6\}$　　17 x는 5 미만의 자연수이다.
18 $\{1, 2, 3, 4\}$　　19 참
20 어떤 실수 x에 대하여 $x^2+1\leq 0$이다.　　21 참
22 모든 실수 x에 대하여 $x<x^2$이다.
23 가정: x가 정수이다.　결론: x는 자연수이다.
24 가정: x^2이 짝수이다.　결론: x는 홀수이다.
25 가정: $x<0$이다.　결론: $|x|>0$이다.
26 거짓　27 참　　28 거짓
29 $P=\{1, 2, 3, 6\}, Q=\{1, 2, 3, 4, 6, 12\}, R=\{1, 3, 5, 15\}$
30 참　31 거짓　32 $ab=0$이면 $a=b=0$이다.　　33 거짓
34 $ab\neq 0$이면 $a\neq 0$ 또는 $b\neq 0$이다.　　35 참
36 $a>0$ 또는 $b>0$이면 $a+b>0$이다.　　37 거짓
38 $a\leq 0$이고 $b\leq 0$이면 $a+b\leq 0$이다.　　39 참
40 (가) $a\neq 0$ (또는 $b\neq 0$)　(나) $b\neq 0$ (또는 $a\neq 0$)　(다) $a^2+b^2=0$
41 충분　42 충분　43 필요　44 필요충분
45 (가) $\sqrt{a}$　(나) $\sqrt{a}-\sqrt{b}$ (또는 $\sqrt{b}-\sqrt{a}$)　(다) $a=b$
46 2　　47 4

유형 완성하기 본문 34~48쪽

01 ③　02 ②　03 ④　04 ③　05 ④　06 ⑤　07 ④　08 ⑤
09 ③　10 ③　11 ④　12 ①　13 ⑤　14 ②　15 ⑤　16 ②
17 5　18 ①　19 90　20 ⑤　21 ④　22 ①　23 ⑤　24 ③
25 ④　26 4　27 ③　28 ④　29 ②　30 ①　31 ①　32 5
33 ②　34 ③　35 ④　36 ①　37 ④　38 ②　39 ⑤　40 ⑤
41 ④　42 ④　43 ⑤　44 ④　45 ⑤　46 ①　47 ②　48 ①
49 ⑤　50 ③　51 ④　52 ③　53 ③　54 ②　55 ⑤　56 ⑤
57 ③　58 ④　59 ②　60 ④　61 ⑤　62 ②　63 ④　64 ④
65 ⑤　66 ③　67 ⑤　68 ⑤　69 ②　70 ③　71 144　72 ③

서술형 완성하기 본문 49~50쪽

01 2　　02 35　　03 갑, 정　04 9　　05 9　　06 960
07 6　　08 10　　09 17　　10 8

내신 + 수능 고난도 도전 본문 51~52쪽

01 ⑤　02 ④　03 64　04 ⑤　05 ④　06 8　07 ③　08 ③

12 함수

개념 확인하기 본문 55~59쪽

01 ○   02 ×   03 ×   04 ○   05 ×   06 ○
07 ○   08 ×
09 정의역: $\{1, 2, 3\}$, 공역: $\{a, b, c, d\}$, 치역: $\{b, d\}$
10 정의역: $\{1, 2, 3\}$, 공역: $\{1, 2, 3\}$, 치역: $\{1, 2, 3\}$
11 정의역: 실수 전체의 집합, 공역: 실수 전체의 집합, 치역: $\{y|y\geq 1\}$
12 정의역: $\{x|x\geq 1\}$, 공역: 실수 전체의 집합, 치역: $\{y|y\geq 2\}$
13 정의역: 실수 전체의 집합, 공역: 실수 전체의 집합, 치역: $\{y|y\geq 0\}$
14 정의역: $\{x|x\neq 0, x$는 실수$\}$, 공역: 실수 전체의 집합,
   치역: $\{y|y\neq 0, y$는 실수$\}$
15 ○   16 ×   17 ○   18 ○   19 풀이 참조
20 풀이 참조   21 ○   22 ×   23 ○   24 ×
25 ㄱ, ㄴ, ㄷ   26 ㄴ, ㄷ   27 ㄷ   28 ㄹ   29 ㄱ, ㄴ
30 ㄱ, ㄴ   31 ㄱ   32 ㄹ   33 ㄷ, ㄹ   34 ㄷ, ㄹ   35 ㄷ
36 ㄱ   37 풀이 참조   38 풀이 참조   39 6
40 16   41 3   42 1   43 $(f\circ g)(x)=x^2+2$
44 $(g\circ f)(x)=(x+2)^2$ 45 $(f\circ f)(x)=x+4$
46 $(g\circ g)(x)=x^4$ 47 ㄱ, ㄷ   48 2   49 8
50 $y=-\dfrac{1}{2}x+2$ 51 $y=3x-3$ 52 3   53 4
54 5   55 8   56 풀이 참조   57 풀이 참조
58 풀이 참조   59 풀이 참조   60 풀이 참조
61 풀이 참조

유형 완성하기 본문 60~75쪽

01 ③   02 ④   03 ⑤   04 9   05 ①   06 ②   07 8   08 ②
09 ③   10 ②   11 ④   12 ⑤   13 ③   14 ②   15 ③   16 ⑤
17 7   18 ②   19 ①   20 ②   21 ②   22 6   23 ②   24 ①
25 ④   26 ①   27 ②   28 ④   29 ②   30 ⑤   31 ②   32 ⑤
33 36   34 30   35 81   36 ③   37 ⑤   38 ①   39 ④   40 14
41 ④   42 ③   43 ③   44 ①   45 ⑤   46 ②   47 ④   48 ③
49 ⑤   50 ③   51 15   52 ⑤   53 ⑤   54 ⑤   55 4   56 ⑤
57 1024   58 ①   59 29   60 ②   61 ②   62 ③   63 ④   64 ②
65 ④   66 ②   67 ①   68 ④   69 ④   70 ②   71 ②   72 ⑤
73 ②   74 ①   75 ⑤   76 ②   77 7   78 ⑤   79 ①   80 ②
81 ③   82 ③   83 ④   84 ②   85 ④   86 ⑤   87 ④   88 ⑤
89 ④   90 6   91 ⑤   92 $15\leq a<16$ 93 ①   94 ⑤   95 4
96 3   97 ④   98 ③   99 4   100 ①

서술형 완성하기 본문 76쪽

01 10   02 7   03 $a\geq 1$ 04 $a=3, b=2$ 05 3
06 $a=-6, b=10$

내신 + 수능 고난도 도전 본문 77쪽

01 ④   02 31   03 8   04 2

13 유리함수와 무리함수

개념 확인하기 본문 79~81쪽

01 ㄱ, ㄴ, ㅂ   02 ㄷ, ㄹ, ㅁ   03 $\dfrac{1}{x+1}$
04 $\dfrac{2x-1}{x^2+2x+4}$ 05 $\dfrac{2x}{x^2-1}$ 06 $\dfrac{x+2}{x^3-1}$
07 $\dfrac{1}{x^2-3x}$ 08 $\dfrac{x+1}{x^2+2x}$ 09 $\dfrac{1}{2}\left(\dfrac{1}{x}-\dfrac{1}{x+2}\right)$
10 $\dfrac{1}{3}\left(\dfrac{1}{x+1}-\dfrac{1}{x+4}\right)$ 11 $\dfrac{3}{7}$ 12 $\dfrac{12}{5}$
13 ㄱ, ㄷ, ㄹ   14 ㄴ, ㅁ, ㅂ   15 $\{x|x\neq 3$인 실수$\}$
16 $\{x|x\neq -2, x\neq 2$인 실수$\}$ 17 풀이 참조
18 풀이 참조
19 그래프는 풀이 참조, 점근선의 방정식: $x=1, y=2$
20 그래프는 풀이 참조, 점근선의 방정식: $x=2, y=-2$
21 $x\geq 2$ 22 $1\leq x\leq 3$ 23 $-2<x\leq 4$
24 $\sqrt{x+1}-\sqrt{x}$ 25 $\dfrac{\sqrt{x+2}+\sqrt{x-2}}{4}$ 26 $\dfrac{x-4\sqrt{x-4}}{x-8}$
27 ㄱ, ㄷ, ㄹ   28 $\{x|x\geq 2\}$ 29 $\{x|x\leq 3\}$
30 $\{x|-3\leq x\leq 3\}$ 31 $\{x|-2<x<2\}$
32 그래프는 풀이 참조, 정의역: $\{x|x\geq 0\}$, 치역: $\{y|y\geq 0\}$
33 그래프는 풀이 참조, 정의역: $\{x|x\leq 0\}$, 치역: $\{y|y\geq 0\}$
34 그래프는 풀이 참조, 정의역: $\{x|x\geq 0\}$, 치역: $\{y|y\leq 0\}$
35 그래프는 풀이 참조, 정의역: $\{x|x\leq 0\}$, 치역: $\{y|y\leq 0\}$
36 $y=-\sqrt{3x}$ 37 $y=\sqrt{-3x}$
38 $y=-\sqrt{-3x}$ 39 $y=\sqrt{5(x-2)}-3$
40 그래프는 풀이 참조, 정의역: $\{x|x\geq 2\}$, 치역: $\{y|y\geq -1\}$,
41 그래프는 풀이 참조, 정의역: $\{x|x\leq 3\}$, 치역: $\{y|y\geq 1\}$
42 그래프는 풀이 참조, 정의역: $\{x|x\geq 1\}$, 치역: $\{y|y\leq 2\}$
43 그래프는 풀이 참조, 정의역: $\{x|x\leq 2\}$, 치역: $\{y|y\leq 2\}$

유형 완성하기 본문 82~97쪽

01 $\dfrac{x^2-x-4}{(x+2)(x-2)}$ 02 $\dfrac{2x}{(x+2)(x+1)}$ 03 $\dfrac{9}{7}$
04 ⑤   05 ③   06 ④   07 ①   08 ②   09 ②   10 ③   11 ④
12 ⑤   13 151   14 ③   15 76   16 43   17 ⑤   18 ③   19 ②
20 ⑤   21 ③   22 ⑤   23 ②   24 ③   25 ②   26 ①   27 ②
28 ④   29 ③   30 ⑤   31 ⑤   32 ②   33 ②   34 ⑤
35 $k>2$ 36 ④   37 ③   38 ③   39 ④   40 ②   41 ①
42 $-13<k<-1$ 43 $0\leq m<2$ 44 15   45 ③   46 10
47 ⑤   48 ⑤   49 20   50 ⑤   51 ⑤   52 ⑤
53 $x\leq -4$ 또는 $x\geq \dfrac{3}{2}$ 54 ④   55 ②   56 ③   57 ②   58 ③
59 408   60 ③   61 14   62 ②
63 정의역: $\{x|x\leq 4\}$, 치역: $\{y|y\leq 3\}$ 64 ④   65 ①   66 30
67 ②   68 ④   69 ⑤   70 ①   71 ⑤   72 ①   73 ⑤   74 ②
75 ②   76 ⑤   77 ③   78 ④   79 ③   80 ⑤   81 10
82 $-1\leq k<-\dfrac{1}{2}$ 83 ④   84 4   85 ③   86 704

87 $a \geq 3$ **88** ①   **89** ④   **90** ③   **91** ④   **92** ②
93 ①   **94** ①   **95** 17   **96** 19   **97** ⑤   **98** ⑤

서술형 완성하기   본문 98쪽

01 $-2 < x \leq -1$ 또는 $2 \leq x < 5$ **02** $a = \dfrac{1}{3}$, $b = \dfrac{2}{3}$
03 $a = -2$, $b = -3$ **04** $(4, -10)$, $(-4, 10)$
05 -2, 22   **06** 10

내신 + 수능 고난도 도전   본문 99~100쪽

01 163   **02** ①   **03** ③   **04** ⑤   **05** ①   **06** 7   **07** ①   **08** 256

14 순열과 조합

개념 확인하기   본문 103~105쪽

01 4	**02** 3	**03** 7	**04** 25	**05** 16	**06** 33
07 7	**08** 6	**09** 13	**10** 9	**11** 9	**12** 8
13 36	**14** 30	**15** 60	**16** 24	**17** 1	**18** 120
19 210	**20** 6	**21** 6	**22** 2	**23** 3	**24** 4
25 120	**26** 60	**27** 60	**28** 20	**29** 60	**30** 20
31 3	**32** 6	**33** 10	**34** 20	**35** 10	**36** 6
37 21	**38** 28	**39** 10	**40** 6	**41** 8	**42** 1
43 1	**44** 9	**45** 13	**46** 11	**47** 3	**48** 3, 4
49 84	**50** 10	**51** 4	**52** 40	**53** 30	**54** 80
55 74	**56** 10	**57** 10	**58** 4	**59** 6	**60** 1260
61 315	**62** 280				

유형 완성하기   본문 106~117쪽

01 ⑤	**02** 6	**03** 5	**04** 12	**05** 14	**06** 9	**07** 20	**08** 12
09 40	**10** 12	**11** 36	**12** 18	**13** 5	**14** ③	**15** 24	**16** ②
17 ①	**18** 210	**19** ④	**20** 96	**21** ⑤	**22** 720	**23** ⑤	**24** 216
25 480	**26** 144	**27** ②	**28** 288	**29** ④	**30** 720	**31** ⑤	**32** 40
33 ③	**34** ①	**35** ③	**36** 3600	**37** ②	**38** ③	**39** 72	**40** 9
41 6	**42** 10	**43** 5	**44** 70	**45** 2	**46** 9	**47** ⑤	**48** ③
49 ⑤	**50** ⑤	**51** ③	**52** ③	**53** ⑤	**54** ⑤	**55** ⑤	**56** 144
57 ⑤	**58** ④	**59** ⑤	**60** 8	**61** ②	**62** ⑤	**63** ②	**64** 5
65 ③	**66** ④	**67** 412	**68** ④	**69** 44	**70** 144	**71** 10	**72** ②
73 18	**74** ②	**75** ①	**76** ①	**77** ②	**78** ⑤	**79** 490	

서술형 완성하기   본문 118쪽

01 85   **02** 30   **03** 48   **04** 60   **05** 48   **06** 540

내신 + 수능 고난도 도전   본문 119~120쪽

01 336   **02** ③   **03** 432   **04** ④   **05** ①   **06** 300   **07** ⑤   **08** ①

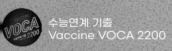

수능연계 기출
Vaccine VOCA 2200

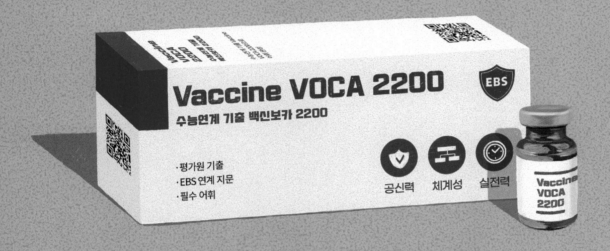

○ **수능 영단어장의 끝판왕!**
  10개년 수능 빈출 어휘 + 7개년 연계교재 핵심 어휘

○ **수능 적중 어휘 자동암기 3종 세트 제공**
  휴대용 포켓 단어장 / 표제어 & 예문 MP3 파일 / 수능형 어휘 문항 실전 테스트

휴대용 **포켓 단어장** 제공

고교 국어 입문 1위
베스트셀러
윤혜정의 개념의 나비효과 입문편 & 입문편 워크북

윤혜정 선생님

입문편

시, 소설, 독서. 더도 말고 덜도 말고 딱 15강씩.
영역별로 알차게 정리하는 필수 국어 개념 입문서
3단계 Step으로 시작하는 국어 개념 공부의 첫걸음

입문편 | 워크북

'윤혜정의 개념의 나비효과 입문편'과 찰떡 짝꿍 워크북
바로 옆에서 1:1 수업을 해 주는 것처럼 음성 지원되는
혜정샘의 친절한 설명과 함께하는 문제 적용 연습

올림포스
유형편

학교 시험을 완벽하게 대비하는 유형 기본서

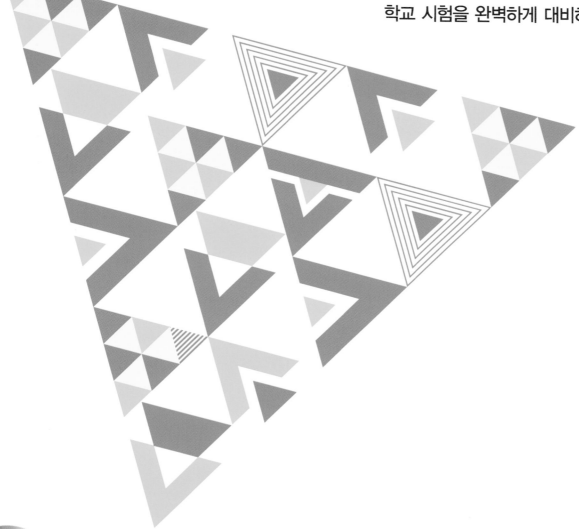

수학(하)
정답과 풀이

문제를 **사진** 찍으면
해설 강의 무료
Google Play | App Store

[SCAN ME]
교재 상세 정보 보기

올림포스 유형편

수학(하)
정답과 풀이

IV. 집합과 명제

10 집합

개념 확인하기

01 ∈   **02** ∈   **03** ∉   **04** ∉   **05** ∉
06 $A=\{1, 2, 3, 6\}$ **07** $B=\{1, 2, 3, 4, 5\}$
08 $C=\{3, 6, 9\}$ **09** $A=\{1, 3, 5, 7\}$
10 $A=\{x\,|\,x$는 1 이상 8 이하의 홀수$\}$
　　(또는 $A=\{2n-1\,|\,n=1, 2, 3, 4\}$)
11 5   **12** 5   **13** 0   **14** $B\subset A$ **15** $B\subset A$
16 $A\subset B$ **17** $\{a\}$, $\{b\}$, $\{c\}$
18 $\{a, b\}$, $\{a, c\}$, $\{b, c\}$ **19** $\{a, b, c\}$
20 $\varnothing$, $\{1\}$, $\{2\}$, $\{3\}$, $\{1, 2\}$, $\{1, 3\}$, $\{2, 3\}$, $\{1, 2, 3\}$
21 $\varnothing$, $\{1\}$, $\{2\}$, $\{3\}$, $\{1, 2\}$, $\{1, 3\}$, $\{2, 3\}$
22 $\{1\}$, $\{1, 2\}$, $\{1, 3\}$, $\{1, 2, 3\}$ **23** $\{2\}$, $\{3\}$, $\{2, 3\}$
24 4   **25** 16   **26** 8   **27** $\{1, 2, 3, 4, 5, 6, 7\}$
28 $\{3, 4, 5\}$ **29** $\{1, 2\}$ **30** $\{6, 7\}$ **31** $\{a\}$ **32** $\{d, e\}$
33 $\{d, e\}$ **34** $\{a\}$ **35** $\{1, 3\}$ **36** $\{1, 2, 3, 4\}$
37 $\varnothing$ **38** $\{2, 4\}$ **39** 참   **40** 거짓   **41** 참
42 참   **43** 거짓   **44** 참   **45** $\{1, 2, 3, 4, 5\}$
46 $\{3\}$ **47** $\{1, 2\}$ **48** $\{4, 5\}$ **49** $\{4, 5, 6\}$
50 $\{1, 2, 6\}$ **51** $\{6\}$ **52** $\{1, 2, 4, 5, 6\}$
53 8   **54** 7   **55** 3

[01~05]
12의 양의 약수는 1, 2, 3, 4, 6, 12이므로 $A=\{1, 2, 3, 4, 6, 12\}$

01 $1\boxed{\in}A$

답 ∈

02 $3\boxed{\in}A$

답 ∈

03 $5\boxed{\not\in}A$

답 ∉

04 $7\boxed{\not\in}A$

답 ∉

05 $9\boxed{\not\in}A$

답 ∉

06 답 $A=\{1, 2, 3, 6\}$

07 답 $B=\{1, 2, 3, 4, 5\}$

08 답 $C=\{3, 6, 9\}$

09 답 $A=\{1, 3, 5, 7\}$

10 답 $A=\{x\,|\,x$는 1 이상 8 이하의 홀수$\}$
　　(또는 $A=\{2n-1\,|\,n=1, 2, 3, 4\}$)

11 $n(A)=5$

답 5

12 $B=\{1, 2, 3, 4, 5\}$이므로 $n(B)=5$

답 5

13 $C=\varnothing$이므로 $n(C)=0$

답 0

14 답 $B\subset A$

15 $x^2-3x+2=0$에서
$(x-1)(x-2)=0$
$x=1$ 또는 $x=2$
따라서 $A=\{1, 2\}$이고 $B=\{1\}$이므로
$B\subset A$

답 $B\subset A$

16 $A=\{1, 2, 4\}$, $B=\{1, 2, 4, 8\}$이므로
$A\subset B$

답 $A\subset B$

17 답 $\{a\}$, $\{b\}$, $\{c\}$

18 답 $\{a, b\}$, $\{a, c\}$, $\{b, c\}$

19 답 $\{a, b, c\}$

20 답 $\varnothing$, $\{1\}$, $\{2\}$, $\{3\}$, $\{1, 2\}$, $\{1, 3\}$, $\{2, 3\}$, $\{1, 2, 3\}$

21 답 $\varnothing$, $\{1\}$, $\{2\}$, $\{3\}$, $\{1, 2\}$, $\{1, 3\}$, $\{2, 3\}$

22 답 $\{1\}$, $\{1, 2\}$, $\{1, 3\}$, $\{1, 2, 3\}$

23 집합 A의 공집합이 아닌 부분집합 중 원소 1을 포함하지 않는 부분집합은 집합 $A=\{1, 2, 3\}$에서 원소 1을 제외한 집합 $\{2, 3\}$의 공집합이 아닌 부분집합이므로 집합 $\{2\}$, $\{3\}$, $\{2, 3\}$이다.

답 $\{2\}$, $\{3\}$, $\{2, 3\}$

24 $2^2=4$

답 4

25 $2^{5-1}=2^4=16$

답 16

26 $2^{5-2}=2^3=8$

답 8

27 $A\cup B=\{1,\,2,\,3,\,4,\,5,\,6,\,7\}$

답 $\{1,\,2,\,3,\,4,\,5,\,6,\,7\}$

28 $A\cap B=\{3,\,4,\,5\}$

답 $\{3,\,4,\,5\}$

29 $A-B=\{1,\,2\}$

답 $\{1,\,2\}$

30 $B-A=\{6,\,7\}$

답 $\{6,\,7\}$

31 $A-B=\{a\}$

답 $\{a\}$

32 $B-A=\{d,\,e\}$

답 $\{d,\,e\}$

33 $A^C=\{d,\,e\}$

답 $\{d,\,e\}$

34 $B^C=\{a\}$

답 $\{a\}$

35 $A^C=\{1,\,3\}$

답 $\{1,\,3\}$

36 $A\cup A^C=U=\{1,\,2,\,3,\,4\}$

답 $\{1,\,2,\,3,\,4\}$

37 $A\cap A^C=\varnothing$

답 $\varnothing$

38 $(A^C)^C=A=\{2,\,4\}$

답 $\{2,\,4\}$

[39~44]
$A\subset B\Longleftrightarrow A\cap B=A\Longleftrightarrow A\cup B=B$
$\qquad\Longleftrightarrow A-B=\varnothing\Longleftrightarrow A\cap B^C=\varnothing$
$\qquad\Longleftrightarrow B^C\subset A^C\Longleftrightarrow B^C-A^C=\varnothing$

39 답 참

40 답 거짓

41 답 참

42 답 참

43 답 거짓

44 답 참

45 $A\cup B=\{1,\,2,\,3,\,4,\,5\}$

답 $\{1,\,2,\,3,\,4,\,5\}$

46 $A\cap B=\{3\}$

답 $\{3\}$

47 $A-B=\{1,\,2\}$

답 $\{1,\,2\}$

48 $B-A=\{4,\,5\}$

답 $\{4,\,5\}$

49 $A^C=\{4,\,5,\,6\}$

답 $\{4,\,5,\,6\}$

50 $B^C=\{1,\,2,\,6\}$

답 $\{1,\,2,\,6\}$

51 $(A\cup B)^C=\{6\}$

답 $\{6\}$

52 $(A\cap B)^C=\{1,\,2,\,4,\,5,\,6\}$

답 $\{1,\,2,\,4,\,5,\,6\}$

53 $n(A\cap B)=0$이므로
$n(A\cup B)=n(A)+n(B)=5+3=8$

답 8

54 $n(A \cup B) = n(A) + n(B) - n(A \cap B)$
$\qquad = 5 + 3 - 1 = 7$

답 7

55 $n(A \cup B) = 7$이므로
$n((A \cup B)^C) = n(U) - n(A \cup B)$
$\qquad\qquad = 10 - 7 = 3$

답 3

유형 완성하기

본문 10~25쪽

01 ①	**02** ⑤	**03** ③	**04** ④	**05** ③
06 ⑤	**07** ④	**08** ⑤	**09** ①	**10** ④
11 ③	**12** ①	**13** ⑤	**14** ④	**15** 4
16 14	**17** ②	**18** ①	**19** 15	**20** 31
21 5	**22** 255	**23** ①	**24** 4	**25** ④
26 ③	**27** ④	**28** 10	**29** 43	**30** ⑤
31 ③	**32** ③	**33** ④	**34** ⑤	**35** ⑤
36 ④	**37** ②	**38** ⑤	**39** ⑤	**40** ①
41 ②	**42** ②	**43** ④	**44** 53	**45** ①
46 ②	**47** ④	**48** ②	**49** ③	**50** ③
51 ④	**52** ④	**53** ④	**54** 8	**55** 6
56 ①	**57** ⑤	**58** ⑤	**59** ①	**60** ②
61 ⑤	**62** 18	**63** ④	**64** 25	**65** ③
66 ⑤	**67** ⑤	**68** ②	**69** 16	**70** ⑤
71 ⑤	**72** 8	**73** 5	**74** ④	**75** ④
76 ③	**77** ②	**78** 8	**79** ④	**80** ③
81 ②	**82** ①	**83** ⑤	**84** ④	**85** ⑤
86 12	**87** ②	**88** 30	**89** ③	**90** ⑤

01 k는 집합 A의 원소 중에서 집합 B의 원소가 아닌 것이므로 k의 값은 1, 2이고, 그 합은
$1 + 2 = 3$

답 ①

02 양의 약수의 개수가 홀수인 자연수는 완전제곱수이므로
$4 = 2^2 \in A$, $16 = 4^2 \in A$
하지만 8, 12, 24는 완전제곱수가 아니므로 집합 A의 원소가 아니다.
$8 \notin A$, $12 \notin A$, $24 \notin A$
따라서 옳지 않은 것은 ⑤이다.

답 ⑤

03 $(2, 3) \in A$이므로
$2a + 3b = 4$ ······ ㉠
또 $(4, 8) \in A$에서
$4a + 8b = 4$이므로

$a + 2b = 1$ ······ ㉡
㉠, ㉡을 연립하여 풀면
$a = 5$, $b = -2$
따라서
$a + b = 5 + (-2) = 3$

답 ③

04 $x \in A$이므로 x가 될 수 있는 값은 0, 1이고, $y \in B$이므로 y가 될 수 있는 값은 0, 1, 2이다.
이때 $x + y$의 값은
$x = 0$, $y = 0$일 때, $x + y = 0 + 0 = 0$
$x = 0$, $y = 1$일 때, $x + y = 0 + 1 = 1$
$x = 0$, $y = 2$일 때, $x + y = 0 + 2 = 2$
$x = 1$, $y = 0$일 때, $x + y = 1 + 0 = 1$
$x = 1$, $y = 1$일 때, $x + y = 1 + 1 = 2$
$x = 1$, $y = 2$일 때, $x + y = 1 + 2 = 3$
따라서 $C = \{0, 1, 2, 3\}$이므로 집합 C의 원소의 개수는 4이다.

답 ④

05 2 이하의 자연수는 1, 2이므로
$m = 1$, $n = 1$일 때, $x = 2^1 \times 3^1 = 6$
$m = 1$, $n = 2$일 때, $x = 2^1 \times 3^2 = 18$
$m = 2$, $n = 1$일 때, $x = 2^2 \times 3^1 = 12$
$m = 2$, $n = 2$일 때, $x = 2^2 \times 3^2 = 36$
따라서 $A = \{6, 12, 18, 36\}$이므로 집합 A의 모든 원소의 합은
$6 + 12 + 18 + 36 = 72$

답 ③

06 $A = \{1, 2, 4\}$, $B = \{1, 5\}$
$x \in A$, $y \in B$이므로 x가 될 수 있는 값은 1, 2, 4이고, y가 될 수 있는 값은 1, 5이다.
이때 xy의 값은
$x = 1$, $y = 1$일 때, $xy = 1 \times 1 = 1$
$x = 1$, $y = 5$일 때, $xy = 1 \times 5 = 5$
$x = 2$, $y = 1$일 때, $xy = 2 \times 1 = 2$
$x = 2$, $y = 5$일 때, $xy = 2 \times 5 = 10$
$x = 4$, $y = 1$일 때, $xy = 4 \times 1 = 4$
$x = 4$, $y = 5$일 때, $xy = 4 \times 5 = 20$
따라서 $C = \{1, 2, 4, 5, 10, 20\}$이므로 집합 C의 모든 원소의 합은
$1 + 2 + 4 + 5 + 10 + 20 = 42$

답 ⑤

07 $2x - 3 \leq 11$에서 $x \leq 7$이므로
$A = \{x \mid x$는 $x \leq 7$인 자연수$\}$
$\quad = \{1, 2, 3, 4, 5, 6, 7\}$
또 6의 양의 약수는 1, 2, 3, 6이므로
$C = \{1, 2, 3, 6\}$

따라서
$$B \subset C \subset A$$

답 ④

08 $A=\{2, 3, 5, 7\}$, $B=\{1, 2, 5, 10\}$

① 5는 집합 A의 원소이므로
$$5 \in A$$

② 5는 집합 B의 원소이므로
$$5 \in B$$

③ 2와 5는 모두 집합 A의 원소이므로
$$\{2, 5\} \subset A$$

④ 2와 5는 모두 집합 B의 원소이므로
$$\{2, 5\} \subset B$$

⑤ 3, 7은 집합 A의 원소이지만 집합 B의 원소가 아니므로
$$A \not\subset B$$

답 ⑤

09 $3x-1=5$에서 $x=2$이므로
$$A=\{2\}$$
$3x+1<10$에서 $x<3$이므로
$$B=\{1, 2\}$$
$|2x|<8$에서 $|x|<4$이므로
$$C=\{1, 2, 3\}$$
따라서
$$A \subset B \subset C$$

답 ①

10 $A \subset B$를 만족시키도록 수직선 위에 두 집합 A, B를 나타내면 다음 그림과 같다.

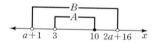

즉, $a+1 \leq 3$, $10 < 2a+16$이어야 하므로
$$a \leq 2, \ a > -3$$
따라서 $-3 < a \leq 2$이므로 정수 a의 값은
$$-2, -1, 0, 1, 2$$
이고, 최댓값과 최솟값의 차는
$$2-(-2)=4$$

답 ④

11 집합 A의 모든 원소가 집합 B의 원소이어야 하므로
$$a \in B, \ a+2 \in B$$
가 성립해야 한다.

(i) $a=-1$이면 $a+2=1 \in B$이므로 $A \subset B$가 성립한다.

(ii) $a=0$이면 $a+2=2 \not\in B$이므로 $A \not\subset B$이다.

(iii) $a=1$이면 $a+2=3 \in B$이므로 $A \subset B$가 성립한다.

(iv) $a=3$이면 $a+2=5 \not\in B$이므로 $A \not\subset B$이다.

(i)~(iv)에서 $A \subset B$가 성립하도록 하는 모든 실수 a의 값은 -1, 1이고, 그 합은
$$-1+1=0$$

답 ③

12 ㄱ. $A \subset B$이고, $3 \not\in A$이므로 집합 A는 집합 B의 진부분집합이다.

ㄴ. $A \not\subset B$이므로 집합 A는 집합 B의 진부분집합이 아니다.

ㄷ. $A=\{2, 3, 5, 7\}$, $B=\{1, 3, 5, 7\}$
즉, $A \not\subset B$이므로 집합 A는 집합 B의 진부분집합이 아니다.

이상에서 집합 A가 집합 B의 진부분집합인 것은 ㄱ이다.

답 ①

13 $A=\{1, 2, 3, 4, 6, 12\}$이므로 집합 A의 원소의 개수는 6이다.
$X \subset A$이므로 집합 X의 원소는 집합 A의 원소이어야 하고, $X \neq A$이므로 집합 X의 원소의 개수의 최댓값은 5이다.

답 ⑤

14 ① $\varnothing$는 집합 A의 원소이므로
$$\varnothing \in A$$

② 공집합은 모든 집합의 부분집합이므로
$$\varnothing \subset A$$

③ a는 집합 A의 원소이므로
$$\{a\} \subset A$$

④ b는 집합 A의 원소가 아니므로 $\{a, b\}$는 집합 A의 부분집합이 아니다.
$$\{a, b\} \not\subset A$$

⑤ $\{a, b\}$는 집합 A의 원소이므로
$$\{a, b\} \in A$$

답 ④

15 $A=B$이므로
$$a=1, \ b=3$$
따라서
$$a+b=1+3=4$$

답 4

16 $A \subset B$, $B \subset A$이므로 $A=B$이다.
즉, $a-2=4$, $b-1=7$
따라서 $a=6$, $b=8$이므로
$$a+b=6+8=14$$

답 14

17 (i) $a+1=3$일 때, 즉 $a=2$이면 $A=\{1, 3, 5\}$, $B=\{1, 3, 5\}$이므로 $A=B$가 성립한다.

(ii) $3-a=3$일 때, 즉 $a=0$이면 $A=\{-1, 1, 3\}$, $B=\{1, 3\}$이므로 $A \neq B$이다.

(iii) $2a+1=3$일 때, 즉 $a=1$이면 $A=\{0, 2, 3\}$, $B=\{2, 3\}$이므로 $A \neq B$이다.

(i)~(iii)에서 $A=B$가 성립하도록 하는 상수 a의 값은 2이다.

답 ②

18 집합 A의 원소의 개수를 k라 하면 집합 A의 진부분집합의 개수는

2^k-1

따라서 $2^k-1=63$에서

$2^k=64=2^6$

즉, $k=6$이므로 집합 A의 원소의 개수는 6이다.

달 ①

19 $A=\{1, 3, 5, 15\}$이므로 집합 A의 원소의 개수는 4이다.

따라서 집합 A의 진부분집합의 개수는

$2^4-1=15$

달 15

20 $A=\{7, 14, 21, 28\}$이므로 집합 A의 원소의 개수는 4이다.

따라서 집합 A의 부분집합의 개수는

$2^4=16$

집합 A의 진부분집합의 개수는

$2^4-1=15$

즉, $p+q=16+15=31$

달 31

21 집합 A의 원소의 개수가 n이므로 집합 A의 부분집합의 개수는

2^n

또 집합 B의 원소의 개수가 $n+2$이므로 집합 B의 진부분집합의 개수는

$2^{n+2}-1$

따라서

$2^n+2^{n+2}-1=159$에서

$(1+2^2)\times2^n=160$

$2^n=32=2^5$

즉, $n=5$

달 5

22 20 이하의 소수는 2, 3, 5, 7, 11, 13, 17, 19이므로 집합 A의 부분집합 중에서 모든 원소가 소수인 집합은 집합 $\{2, 3, 5, 7, 11, 13, 17, 19\}$의 부분집합에서 공집합을 제외한 집합이다.

따라서 구하는 집합의 개수는

$2^8-1=255$

달 255

23 $n(A)=k$로 놓으면

$n(B)=k+1$

이때 집합 A의 부분집합의 개수는 2^k, 집합 B의 부분집합의 개수는 2^{k+1}이고, 그 차가 64이므로

$2^{k+1}-2^k=64$

$(2-1)\times2^k=64$

$2^k=2^6$

따라서 $k=6$, 즉, $n(A)=6$

달 ①

24 집합 A의 부분집합 중에서 1, 2는 원소로 갖고, 5는 원소로 갖지 않는 집합의 개수는 집합 $\{3, 4\}$의 부분집합의 개수와 같다.

따라서 구하는 집합의 개수는

$2^2=4$

달 4

25 $A=\{1, 2, 3, 4, 6, 12\}$이므로 12를 반드시 원소로 갖는 집합 A의 진부분집합의 개수는 집합 $\{1, 2, 3, 4, 6\}$의 진부분집합의 개수와 같다.

따라서 구하는 집합의 개수는

$2^5-1=31$

달 ④

26 집합 X는 집합 B의 부분집합이고, 원소 1, 5를 반드시 포함한다.

따라서 집합 X는 원소 3, 7의 포함 여부에 따라 정해지므로

구하는 집합 X의 개수는

$2^2=4$

달 ③

27 집합 X는 집합 A의 부분집합이고, 1, 9를 반드시 원소로 가지므로 구하는 집합 X의 개수는

$2^{5-2}=2^3=8$

달 ④

28 조건 (가)에서 집합 X는 집합 A의 부분집합이다.

조건 (나)에서 1은 집합 X의 원소이고, 2, 3은 집합 X의 원소가 아니다.

집합 A의 원소의 개수가 k이므로 조건 (가), (나)를 만족시키는 집합 X의 개수는

2^{k-3}

따라서 $2^{k-3}=128$에서

$2^{k-3}=2^7$

즉, $k-3=7$에서 $k=10$

달 10

29 집합 X는 집합 A의 부분집합이고, 원소 1, 2를 반드시 포함한다.

따라서 집합 X는 원소 $a_1, a_2, a_3, \cdots, a_k$의 포함 여부에 따라 정해지므로 집합 X의 개수는

2^k

따라서 $2^k=32$에서 $k=5$

이때 집합 A의 모든 원소의 합이 최대이려면 1, 2를 제외한 집합 A의 나머지 5개의 원소가 6, 7, 8, 9, 10이어야 한다.

즉, 집합 A의 모든 원소의 합의 최댓값은

$1+2+6+7+8+9+10=43$

달 43

30 $A \cap B = \{2, 5\}$에서 $5 \in A$이므로
$a^2 + 1 = 5$, $a^2 = 4$
즉, $a = -2$ 또는 $a = 2$
(i) $a = -2$인 경우
    $A = \{1, 2, 5\}$, $B = \{-3, -2, 2, 7\}$이므로 $A \cap B = \{2\}$가 되어
    $A \cap B = \{2, 5\}$를 만족시키지 않는다.
(ii) $a = 2$인 경우
    $A = \{1, 2, 5\}$, $B = \{-2, 2, 5, 7\}$이므로 $A \cap B = \{2, 5\}$가 되어
    조건을 만족시킨다.
(i), (ii)에서 $a = 2$

답 ⑤

31 $A \cap B = \{1, 3\}$이므로 집합 B는 1, 3을 반드시 원소로 갖고, 5, 7, 9는 원소로 갖지 않는다.
따라서 집합 B의 모든 원소의 합이 최대인 경우는 집합 B가 2, 4, 6, 8, 10을 모두 원소로 가질 때이므로 $B = \{1, 2, 3, 4, 6, 8, 10\}$일 때이다.
즉, 집합 B의 모든 원소의 합의 최댓값은
$1 + 2 + 3 + 4 + 6 + 8 + 10 = 34$

답 ③

32 ㄱ. $A_n = \left\{0, \dfrac{1}{n}, \dfrac{2}{n}, \dfrac{3}{n}, \cdots, 1\right\}$이므로 집합 A_n의 원소의 개수는 $n+1$이다. (참)

ㄴ. $A_2 = \left\{0, \dfrac{1}{2}, 1\right\}$, $A_4 = \left\{0, \dfrac{1}{4}, \dfrac{1}{2}, \dfrac{3}{4}, 1\right\}$이므로
    $A_2 \subset A_4$ (거짓)

ㄷ. $A_2 = \left\{0, \dfrac{1}{2}, 1\right\}$, $A_3 = \left\{0, \dfrac{1}{3}, \dfrac{2}{3}, 1\right\}$이므로
    $A_2 \cup A_3 = \left\{0, \dfrac{1}{3}, \dfrac{1}{2}, \dfrac{2}{3}, 1\right\}$이고,
    $A_6 = \left\{0, \dfrac{1}{6}, \dfrac{1}{3}, \dfrac{1}{2}, \dfrac{2}{3}, \dfrac{5}{6}, 1\right\}$이므로
    $(A_2 \cup A_3) \subset A_6$ (참)
이상에서 옳은 것은 ㄱ, ㄷ이다.

답 ③

33 ① $\{1, 2, 3\} \cap A = \{1, 2, 3\}$
② $\{1, 3, 5\} \cap A = \{1, 3\}$
③ $\{1\} \cap A = \{1\}$
④ $\{4, 5\} \cap A = \varnothing$
⑤ $\{3, 4, 5\} \cap A = \{3\}$
따라서 집합 A와 서로소인 집합은 ④ $\{4, 5\}$이다.

답 ④

34 조건을 만족시키는 집합은 집합 $\{3, 4, 5, 6\}$의 부분집합이므로 구하는 집합의 개수는
$2^4 = 16$

답 ③

35 두 집합 A, B가 전체집합 U의 부분집합이므로 k는 7 이하의 자연수이다.
이때 두 집합 A, B가 서로소이므로
$k + 1 < 7$, $k < 6$
따라서 조건을 만족시키는 자연수 k의 값은 1, 2, 3, 4, 5이고, 그 합은
$1 + 2 + 3 + 4 + 5 = 15$

답 ⑤

36 $A - B = \{3, 6\}$이므로 집합 $A - B$의 모든 원소의 합은
$3 + 6 = 9$

답 ④

37 $A = \{1, 3, 9\}$이므로
$A^C = \{2, 4, 5, 6, 7, 8, 10\}$
따라서 집합 A^C의 원소의 개수는 7이다.

답 ②

38 $B = (A \cup B) - (A - B)$이므로
$B = \{3, 4, 5\}$
따라서 집합 B의 모든 원소의 합은
$3 + 4 + 5 = 12$

답 ⑤

39 $A = \{2, 4, 6, 8, 10\}$, $B = \{1, 2, 5, 10\}$이므로
$A - B = \{4, 6, 8\}$
따라서 집합 $A - B$의 원소의 개수는 3이다.

답 ③

40 $B = \{1, 3, 5, 7, 9\}$, $C = \{1, 3, 9\}$이므로
$B - C = \{5, 7\}$
이때 $A^C = \{6, 7, 8, 9, 10\}$이므로
$(B - C) \cap A^C = \{7\}$
따라서 집합 $(B - C) \cap A^C$의 원소의 개수는 1이다.

답 ①

41 주어진 벤다이어그램의 색칠한 부분은 집합 A에서 집합 $B \cup C$를 제외한 부분이므로
$A - (B \cup C) = A \cap (B \cup C)^C$
따라서 항상 옳은 것은 ②이다.

답 ②

42 주어진 벤다이어그램의 색칠한 부분은 집합 A에서 집합 $B \cap C$를 제외한 부분이므로
$A - (B \cap C) = A \cap (B \cap C)^C$
따라서 항상 옳은 것은 ②이다.

답 ②

43 주어진 벤다이어그램의 색칠한 부분은 집합 A에서 집합 $B \cup C$를 제외한 부분이므로 항상 옳은 것은 ④ $A-(B \cup C)$이다.

답 ④

44 집합 B는 2와 3을 원소로 가져야 하므로
$b=3$
또 $B=\{2, 3, 5\}$이고, $A-B=\{1\}$이므로 집합 A는 5를 원소로 가져야 한다.
즉, $a=5$
따라서 $10a+b=10 \times 5+3=53$

답 53

45 $A \cap B=\{1, 3\}$에서 집합 A가 3을 원소로 가지므로
$a^2+2=3$에서 $a^2=1$
$a=-1$ 또는 $a=1$
(i) $a=-1$인 경우
  $A=\{1, 2, 3\}$, $B=\{-3, 1, 4\}$이므로
  $A \cap B=\{1\}$이 되어 조건을 만족시키지 않는다.
(ii) $a=1$인 경우
  $A=\{1, 2, 3\}$, $B=\{-2, 1, 3\}$이므로
  $A \cap B=\{1, 3\}$이 되어 조건을 만족시킨다.
(i), (ii)에서 $a=1$
따라서 $A \cup B=\{-2, 1, 2, 3\}$이므로 집합 $A \cup B$의 모든 원소의 합은
$-2+1+2+3=4$

답 ①

46 $A \cap B=A$에서 $A \subset B$이므로 이를 만족시키도록 수직선 위에 두 집합 A, B를 나타내면 다음 그림과 같다.

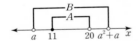

즉, $a<11$, $20 \leq a^2+a$이어야 한다.
$20 \leq a^2+a$에서
$a^2+a-20 \geq 0$
$(a+5)(a-4) \geq 0$
$a \leq -5$ 또는 $a \geq 4$
따라서 $4 \leq a < 11$이므로 자연수 a의 값은
4, 5, 6, 7, 8, 9, 10
이고, 그 개수는 7이다.

답 ②

47

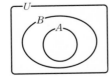

$A \subset B$이므로
① $A \cup B=B$
② $A \cap B=A$
③ $A-B=\varnothing$

④ $A \subset (A \cup B)$에서 $(A \cup B)^C \subset A^C$
⑤ $(A \cap B) \subset B$에서 $B^C \subset (A \cap B)^C$
따라서 항상 옳은 것은 ④이다.

답 ④

48 $A=\{1, 2, 5, 10\}$, $B=\{2, 3, 5, 7\}$이므로
$A \cap B^C=A-B$
      $=\{1, 10\}$
따라서 집합 $A \cap B^C$의 원소의 개수는 2이다.

답 ②

49 $A \cap (A-B^C)^C=A \cap \{A \cap (B^C)^C\}^C$
          $=A \cap (A \cap B)^C$
          $=A-(A \cap B)$
          $=A-B$
          $=A \cap B^C$

답 ③

50 $A-C=\{1, 2, 3\}$
$B \cap C^C=B-C$
      $=\{3\}$
따라서
$(A-C) \cup (B \cap C^C)=\{1, 2, 3\}$
이므로 구하는 원소의 개수는 3이다.

답 ③

51 $A-B=\varnothing$이므로 $A \subset B$
$C-B=\varnothing$이므로 $C \subset B$
ㄱ. $A \cap B \cap C=(A \cap B) \cap C$
          $=A \cap C$ (거짓)
ㄴ. $A \cup B \cup C=(A \cup B) \cup C$
          $=B \cup C$
          $=B$ (참)
ㄷ. $(A \cap C) \subset B$이므로
  $(A \cap C)-B=\varnothing$ (참)
이상에서 항상 옳은 것은 ㄴ, ㄷ이다.

답 ④

52 $A-X=A$이므로
$A \cap X=\varnothing$
즉, 집합 X는 1, 3, 5, 7을 모두 원소로 갖지 않는다.
따라서 전체집합 U의 원소의 개수가 8이므로 구하는 집합 X의 개수는
$2^{8-4}=2^4=16$

답 ④

53 $A \cup B=\{1, 2, 3, 4, 5, 6, 7\}$
$A-B=\{1, 2\}$

또 $(A \cup B) \cap X = X$에서 $X \subset (A \cup B)$이고,
$(A - B) \cup X = X$에서 $(A - B) \subset X$이므로
$(A - B) \subset X \subset (A \cup B)$
따라서 집합 X는 1, 2를 반드시 원소로 갖는 집합 $A \cup B$의 부분집합
이므로 구하는 집합 X의 개수는
$2^{7-2} = 2^5 = 32$

답 ④

54 $A \cup X = X$에서 $A \subset X$
또 $B - A = \{4, 5\}$이므로 $(B - A) \cap X = \{5\}$에서
집합 X는 5를 원소로 갖고, 4를 원소로 갖지 않는다.
따라서 집합 X는 1, 2, 3, 5를 원소로 갖고 4를 원소로 갖지 않으므로
집합 X의 개수는 원소 6, 7, 8의 포함 여부에 따라 정해진다.
즉, 전체집합 U의 부분집합 X의 개수는
$2^3 = 8$

답 8

55 $A^C \cap B^C = (A \cup B)^C = \{2, 4\}$
따라서 집합 $A^C \cap B^C$의 모든 원소의 합은
$2 + 4 = 6$

답 6

56 $A \cap (B \cup A^C) = (A \cap B) \cup (A \cap A^C)$
$= (A \cap B) \cup \varnothing$
$= A \cap B$

답 ①

57 $(A \cap B^C)^C = A^C \cup B$
$= \{2, 4, 6, 8, 9, 10\} \cup \{2, 3, 6, 9\}$
$= \{2, 3, 4, 6, 8, 9, 10\}$
따라서 집합 $(A \cap B^C)^C$의 원소의 개수는 7이다.

답 ⑤

58 $A \cup B = B^C$에서
$(A \cup B)^C = (B^C)^C = B$
이때 드모르간의 법칙에 의하여
$A^C \cap B^C = B$
즉, $B \subset A^C$이고 $B \subset B^C$
ㄱ. $B \subset B^C$에서 $B = \varnothing$ (참)
ㄴ. $B = \varnothing$이므로
$A \cup B = B^C = \varnothing^C = U$ (참)
ㄷ. $B = \varnothing$이므로
$A - B = A - \varnothing = A$이고 $B - A = \varnothing - A = \varnothing = B$이다. (참)
이상에서 옳은 것은 ㄱ, ㄴ, ㄷ이다.

답 ⑤

59 $\{(A - B) \cup (A \cap B)\} \cap B$
$= \{(A \cap B^C) \cup (A \cap B)\} \cap B$
$= \{A \cap (B^C \cup B)\} \cap B$
$= (A \cap U) \cap B$
$= A \cap B$
따라서 $A \cap B = A$이므로
$A \subset B$

답 ①

60 $(A \cap B) \cup (A \cap B^C) = A \cap (B \cup B^C)$
$= A \cap U$
$= A$
따라서
$(A \cap B) \cup (A \cap B^C) \cup (A^C \cap B)$
$= A \cup (A^C \cap B)$
$= (A \cup A^C) \cap (A \cup B)$
$= U \cap (A \cup B)$
$= A \cup B$

답 ②

61 드모르간의 법칙에 의하여
$(A^C \cap B^C)^C = (A^C)^C \cup (B^C)^C$
$= A \cup B$
$\{A^C \cup (A^C \cap B^C)^C\}^C = \{A^C \cup (A \cup B)\}^C$
$= \{(A^C \cup A) \cup B\}^C$
$= (U \cup B)^C$
$= U^C$
$= \varnothing$

답 ⑤

62 $A^C \cap B^C = (A \cup B)^C = \{4, 5\}$이므로
$A \cup B = \{1, 2, 3, 6, 7, 8, 9\}$
이때 $B - A = \{3, 6, 9\}$이므로
$A = (A \cup B) - (B - A) = \{1, 2, 7, 8\}$
따라서 집합 A의 모든 원소의 합은
$1 + 2 + 7 + 8 = 18$

답 18

63 $A = \{2, 4, 6, 8, 10\}$이므로
$(A \cup B) - (A \cap B) = \{1, 2, 3, 9, 10\}$을 만족시키도록 집합 U, A,
B를 벤다이어그램으로 나타내면 다음 그림과 같다.

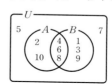

따라서 $B = \{1, 3, 4, 6, 8, 9\}$이므로 집합 B의 원소의 개수는 6이다.

답 ④

64 조건 (나)에서

$A \cap (A-X) = A \cap (A \cap X^C)$
$\qquad\qquad = (A \cap A) \cap X^C$
$\qquad\qquad = A \cap X^C$
$\qquad\qquad = A-X$

이므로 $A-X=A$

즉, $A \cap X = \varnothing$

또 조건 (가)에서 $A \cup X = U$이므로

$X = \{1, 3, 5, 7, 9\}$

따라서 집합 X의 모든 원소의 합은

$1+3+5+7+9=25$

답 25

65 조건 (가)에서

$A = \{1, 3, 5, 7, 9\}$

조건 (나)에서

$A-B = \{5, 9\}$, $B-A = \{2\}$

이때 $A \cap B = \{1, 3, 7\}$이므로

$B = (B-A) \cup (A \cap B)$
$\quad = \{1, 2, 3, 7\}$

따라서 집합 B의 모든 원소의 합은

$1+2+3+7=13$

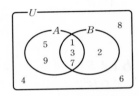

답 ③

66 $A-(B-C) = A-(B \cap C^C)$
$\qquad\qquad = A \cap (B \cap C^C)^C$
$\qquad\qquad = A \cap \{B^C \cup (C^C)^C\}$
$\qquad\qquad = A \cap (B^C \cup C)$
$\qquad\qquad = (A \cap B^C) \cup (A \cap C)$
$\qquad\qquad = (A-B) \cup (A \cap C)$
$\qquad\qquad = \{3, 4, 5\} \cup \{4, 5, 6\}$
$\qquad\qquad = \{3, 4, 5, 6\}$

따라서 집합 $A-(B-C)$의 모든 원소의 합은

$3+4+5+6=18$

답 ⑤

67 $A_2 \cap (A_4 \cup A_5) = (A_2 \cap A_4) \cup (A_2 \cap A_5)$

이때 집합 $A_2 \cap A_4$는 4의 배수를 원소로 갖는 집합이므로

$A_2 \cap A_4 = A_4$

또 집합 $A_2 \cap A_5$는 10의 배수를 원소로 갖는 집합이므로

$A_2 \cap A_5 = A_{10}$

따라서 $p=4$, $q=10$ 또는 $p=10$, $q=4$이므로

$p+q=14$

답 ⑤

68 12, 18, 24의 최대공약수가 6이므로 집합 $A_{12} \cap A_{18} \cap A_{24}$는 6의 양의 약수를 원소로 갖는 집합이다.

따라서 $A_{12} \cap A_{18} \cap A_{24} = \{1, 2, 3, 6\}$이므로 구하는 모든 원소의 합은

$1+2+3+6=12$

답 ②

69 $A_2 \cap (A_3 \cup A_4) = (A_2 \cap A_3) \cup (A_2 \cap A_4)$
$\qquad\qquad\qquad = A_6 \cup A_4$

$A_6 = \{6, 12, 18, \cdots, 48\}$이므로 집합 A_6의 원소의 개수는 8이고,

$A_4 = \{4, 8, 12, \cdots, 48\}$이므로 집합 A_4의 원소의 개수는 12이다.

이때 원소 12, 24, 36, 48이 두 집합 A_6, A_4에 모두 포함되므로

집합 $A_6 \cup A_4$의 원소의 개수는

$8+12-4=16$

답 16

70 $x^2-9x+20=0$에서

$(x-4)(x-5)=0$

$x=4$ 또는 $x=5$

즉, $A = \{4, 5\}$이므로 집합 B는 5를 원소로 가져야 한다.

그런데 $A-B = \{4\}$이므로 집합 B는 5를 원소로 가져야 한다.

즉, 이차방정식 $x^2-4x+a=0$이 $x=5$를 근으로 가지므로

$5^2-4 \times 5 + a = 0$에서

$a=-5$

$x^2-4x+a = x^2-4x-5=0$에서

$(x+1)(x-5)=0$

$x=-1$ 또는 $x=5$

즉, $B = \{-1, 5\}$이므로

$B-A = \{-1\}$

따라서 $k=-1$이므로

$a+k = -5+(-1) = -6$

답 ⑤

71 $x^2-5x+4 \leq 0$에서

$(x-1)(x-4) \leq 0$

$1 \leq x \leq 4$

즉, $A = \{x \mid 1 \leq x \leq 4\}$

이때 $A \cap B = \varnothing$, $A \cup B = \{x \mid -6 < x \leq 4\}$를 만족시키도록 수직선 위에 두 집합 A, B를 나타내면 다음 그림과 같다.

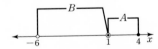

즉, $B = \{x \mid -6 < x < 1\}$이어야 하므로 이차방정식 $x^2+ax+b=0$은 두 실근 $x=-6$, $x=1$을 갖는다.

따라서 이차방정식의 근과 계수의 관계에 의하여

$-a = -6+1$, $b = (-6) \times 1$

그러므로 $a=5$, $b=-6$이므로

$a+b = 5+(-6) = -1$

답 ⑤

72 $x^2-8x+15 \leq 0$에서

$(x-3)(x-5) \leq 0$

$3 \leq x \leq 5$

즉, $A = \{x \mid 3 \leq x \leq 5\}$

$A \cap B = A$에서 $A \subset B$이므로 이를 만족시키도록 수직선 위에 두 집합 A, B를 나타내면 다음 그림과 같다.

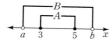

즉, $a < 3$, $b > 5$이어야 한다.

따라서 정수 a의 최댓값은 2, 정수 b의 최솟값은 6이므로 정수 a의 최댓값과 정수 b의 최솟값의 합은

$2 + 6 = 8$

답 8

73 $n(A \cup B) = n(A) + n(B) - n(A \cap B)$이므로

$20 = 15 + 10 - n(A \cap B)$에서

$n(A \cap B) = 5$

답 5

74 $n(A^C \cap B^C) = n((A \cup B)^C) = 12$이므로

$n(A \cup B) = n(U) - n((A \cup B)^C)$

$\qquad\qquad = 30 - 12$

$\qquad\qquad = 18$

따라서 $n(A \cup B) = n(A) + n(B) - n(A \cap B)$이므로

$18 = n(A) + n(B) - 8$에서

$n(A) + n(B) = 26$

답 ④

75 $n(A \cap B) = n(A) - n(A - B)$

$\qquad\qquad = 35 - 7$

$\qquad\qquad = 28$

따라서

$n((A \cap B)^C) = n(U) - n(A \cap B)$

$\qquad\qquad = 50 - 28$

$\qquad\qquad = 22$

답 ④

76 $n(A) = 16$, $n(A - B) = 9$이므로

$n(A \cap B) = n(A) - n(A - B)$

$\qquad\qquad = 16 - 9$

$\qquad\qquad = 7$

따라서

$n(B - A) = n(B) - n(A \cap B)$

$\qquad\qquad = 20 - 7$

$\qquad\qquad = 13$

답 ③

77 $A^C \cap B^C = (A \cup B)^C$이므로

$n(A \cup B) = n(U) - n((A \cup B)^C)$

$\qquad\qquad = 100 - 25$

$\qquad\qquad = 75$

따라서

$n(A^C \cap B) = n(B - A)$

$\qquad\qquad = n(A \cup B) - n(A)$

$\qquad\qquad = 75 - 60$

$\qquad\qquad = 15$

답 ②

78 $n(A \cup C) = n(A) + n(C) - n(A \cap C)$이므로

$7 = 3 + 5 - n(A \cap C)$에서

$n(A \cap C) = 1$

$n(B \cup C) = n(B) + n(C) - n(B \cap C)$이므로

$6 = 4 + 5 - n(B \cap C)$에서

$n(B \cap C) = 3$

또한 $n(A \cap B) = 0$에서 두 집합 A, B가 서로소이므로

$n(A \cup B \cup C) = n(A) + n(B) + n(C) - n(A \cap C) - n(B \cap C)$

$\qquad\qquad = 3 + 4 + 5 - 1 - 3$

$\qquad\qquad = 8$

답 8

79 $n(A \cup B) = n(A) + n(B) - n(A \cap B)$

$\qquad\qquad = 14 + 12 - 5$

$\qquad\qquad = 21$

따라서

$n(C - (A \cup B)) = n(A \cup B \cup C) - n(A \cup B)$

$\qquad\qquad = 35 - 21$

$\qquad\qquad = 14$

답 ④

80 여행동아리 회원 전체의 집합을 U라 하고, 이탈리아를 여행한 경험이 있다고 응답한 회원의 집합을 A, 스페인을 여행한 경험이 있다고 응답한 회원의 집합을 B라 하면

$n(U) = 40$, $n(A) = 30$, $n(B) = 35$

이고, 이탈리아와 스페인을 모두 여행한 경험이 있다고 응답한 회원 수가 28이므로

$n(A \cap B) = 28$

이다.

$n(A \cup B) = n(A) + n(B) - n(A \cap B)$

$\qquad\qquad = 30 + 35 - 28$

$\qquad\qquad = 37$

따라서 이탈리아를 여행한 경험도 없고 스페인을 여행한 경험도 없는 회원 수는

$n((A \cup B)^C) = n(U) - n(A \cup B)$

$\qquad\qquad = 40 - 37 = 3$

답 ③

81 조사 대상인 학생 전체의 집합을 U라 하고, 축구를 좋아한다고 응답한 학생의 집합을 A, 야구를 좋아한다고 응답한 학생의 집합을 B라 하면

$n(U)=35$, $n(A)=21$, $n(B)=16$
이때 모든 학생이 적어도 한 종목은 좋아한다고 응답하였으므로
$n(A\cup B)=n(U)=35$
$n(A\cup B)=n(A)+n(B)-n(A\cap B)$이므로
$35=21+16-n(A\cap B)$에서
$n(A\cap B)=2$
따라서 축구와 야구를 모두 좋아한다고 응답한 학생 수는 2이다.

답 ②

82 조사 대상인 학생 전체의 집합을 U라 하고, A 소설을 읽은 학생의 집합을 A, B 소설을 읽은 학생의 집합을 B라 하면
$n(U)=40$, $n(A)=25$, $n(B)=16$
A 소설과 B 소설을 모두 읽지 않은 학생의 집합이 $(A\cup B)^C$이므로
$n((A\cup B)^C)=5$
이다.
$n(A\cup B)=n(U)-n((A\cup B)^C)$
$\qquad\qquad =40-5=35$
$n(A\cup B)=n(A)+n(B)-n(A\cap B)$이므로
$35=25+16-n(A\cap B)$에서
$n(A\cap B)=6$
따라서 A 소설과 B 소설을 모두 읽은 학생 수는 6이다.

답 ①

83 조사 대상인 학생 전체의 집합을 U라 하고, A 프로그램을 시청한 학생의 집합을 A, B 프로그램을 시청한 학생의 집합을 B라 하면
$n(U)=30$, $n(A\cap B)=8$
A 프로그램과 B 프로그램을 모두 시청하지 않은 학생의 집합이 $(A\cup B)^C$이므로
$n((A\cup B)^C)=7$
이다.
$n(A\cup B)=n(U)-n((A\cup B)^C)$
$\qquad\qquad =30-7=23$
따라서 A 프로그램과 B 프로그램 중 어느 한 프로그램만을 시청한 학생 수는
$n(A\cup B)-n(A\cap B)=23-8$
$\qquad\qquad\qquad\qquad\quad =15$

답 ⑤

84 조사 대상인 학생 전체의 집합을 U라 하고, A 공원을 방문한 적이 있는 학생의 집합을 A, B 공원을 방문한 적이 있는 학생의 집합을 B라 하면
$n(U)=35$, $n(A)=16$, $n(B)=24$
A 공원과 B 공원을 모두 방문한 적이 없는 학생의 집합이 $(A\cup B)^C$이므로
$n((A\cup B)^C)=3$
이다.
$n(A\cup B)=n(U)-n((A\cup B)^C)$
$\qquad\qquad =35-3=32$

$n(A\cup B)=n(A)+n(B)-n(A\cap B)$이므로
$32=16+24-n(A\cap B)$에서
$n(A\cap B)=8$
따라서 A 공원만 방문한 적이 있는 학생 수는
$n(A-B)=n(A)-n(A\cap B)$
$\qquad\qquad =16-8=8$

답 ③

다른 풀이
$n(A-B)=n(A\cup B)-n(B)=32-24=8$

85 $A\cup B=\{1, 2, 3, 5, 6, 7\}$, $A\cap B=\{2, 7\}$이므로
$A\star B=\{1, 2, 3, 5, 6, 7\}-\{2, 7\}$
$\qquad\quad =\{1, 3, 5, 6\}$
이때
$(A\star B)\cup C=\{1, 3, 4, 5, 6, 7\}$, $(A\star B)\cap C=\{5, 6\}$이므로
$(A\star B)\star C=\{1, 3, 4, 5, 6, 7\}-\{5, 6\}$
$\qquad\qquad\qquad =\{1, 3, 4, 7\}$
따라서 집합 $(A\star B)\star C$의 모든 원소의 합은
$1+3+4+7=15$

답 ⑤

86 $A=\{1, 2, 3, 4\}$이고,
$A\dot\star B=(A-B)\cup(B-A)=\{1, 2, 5\}$이므로
집합 $A\dot\star B$의 원소 중 1, 2는 집합 $A-B$의 원소이고,
5는 집합 $B-A$의 원소이다.
즉, $A-B=\{1, 2\}$, $B-A=\{5\}$이므로 $A\cap B=\{3, 4\}$이다.
따라서
$B=(B-A)\cup(A\cap B)$
$\quad =\{5\}\cup\{3, 4\}$
$\quad =\{3, 4, 5\}$
이므로 집합 B의 모든 원소의 합은
$3+4+5=12$

답 12

87 $A\triangle B=(A-B^C)\cup(B^C-A)$
$\qquad\quad =\{A\cap(B^C)^C\}\cup(B^C\cap A^C)$
$\qquad\quad =(A\cap B)\cup(B^C\cap A^C)$
$\qquad\quad =(A\cap B)\cup(A\cup B)^C$
이므로 집합 $A\triangle B$를 벤다이어그램으로 나타내면 다음 그림과 같다.

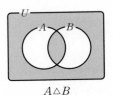

$A\triangle B$

$(A\triangle B)\triangle A=\{(A\triangle B)\cap A\}\cup\{(A\triangle B)\cup A\}^C$이므로
집합 $(A\triangle B)\triangle A$를 벤다이어그램으로 나타내면 다음 그림과 같다.

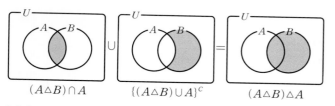

$$(A \triangle B) \cap A \qquad \{(A \triangle B) \cup A\}^C \qquad (A \triangle B) \triangle A$$

따라서 집합 $(A \triangle B) \triangle A$와 같은 집합으로 항상 옳은 것은 집합 B
이다.

답 ②

88 $n(A \cup B) = n(A) + n(B) - n(A \cap B)$
$$= 20 + 25 - n(A \cap B)$$
$$= 45 - n(A \cap B)$$
한편, $A^C \cap B^C = (A \cup B)^C$이므로
$$n(A^C \cap B^C) = n((A \cup B)^C)$$
$$= n(U) - n(A \cup B)$$
$$= 50 - \{45 - n(A \cap B)\}$$
$$= n(A \cap B) + 5$$
$(A \cap B) \subset A$, $(A \cap B) \subset B$이므로
$n(A \cap B) \leq n(A)$, $n(A \cap B) \leq n(B)$에서
$0 \leq n(A \cap B) \leq 20$
$5 \leq n(A \cap B) + 5 \leq 25$
즉, $5 \leq n(A^C \cap B^C) \leq 25$
따라서 $n(A^C \cap B^C)$의 최댓값과 최솟값의 합은
$25 + 5 = 30$

답 30

89 $n(A \cup B) = n(A) + n(B) - n(A \cap B)$
$$= 12 + 16 - n(A \cap B)$$
$$= 28 - n(A \cap B)$$
$(A \cap B) \subset A$, $(A \cap B) \subset B$이므로
$n(A \cap B) \leq n(A)$, $n(A \cap B) \leq n(B)$에서 $n(A \cap B) \leq 12$이고,
$n(A \cap B) \geq 6$이므로
$6 \leq n(A \cap B) \leq 12$
$16 \leq 28 - n(A \cap B) \leq 22$
즉, $16 \leq n(A \cup B) \leq 22$
따라서 $n(A \cup B)$의 최댓값과 최솟값의 합은
$22 + 16 = 38$

답 ③

90 진로 체험활동에 참여한 학생 전체의 집합을 U라 하고, A 활동에 참여한 학생의 집합을 A, B 활동에 참여한 학생의 집합을 B라 하면
$n(U) = 40$, $n(A) = 28$, $n(B) = 22$
이고, A 활동과 B 활동에 모두 참여한 학생의 집합은 $A \cap B$이다.
$n(A \cup B) = n(A) + n(B) - n(A \cap B)$
$$= 28 + 22 - n(A \cap B)$$
$$= 50 - n(A \cap B)$$
이므로

$n(A \cup B) \leq n(U)$에서
$50 - n(A \cap B) \leq 40$
즉, $n(A \cap B) \geq 10$ ...... ㉠
또 $(A \cap B) \subset A$, $(A \cap B) \subset B$이므로
$n(A \cap B) \leq n(A)$, $n(A \cap B) \leq n(B)$에서
$n(A \cap B) \leq 22$ ...... ㉡
따라서 ㉠, ㉡에서
$10 \leq n(A \cap B) \leq 22$이므로
$M = 22$, $m = 10$
즉, $M - m = 22 - 10 = 12$

답 ⑤

서술형 완성하기
본문 26~27쪽

01 9	**02** 37	**03** 15	**04** 4	**05** 6
06 4	**07** 16	**08** 14	**09** 3	**10** 13

01 $2a \leq 2x - 1 \leq 3a + 1$에서
$\dfrac{2a+1}{2} \leq x \leq \dfrac{3a+2}{2}$이므로
$A = \left\{ x \mid \dfrac{2a+1}{2} \leq x \leq \dfrac{3a+2}{2} \right\}$ ...... ❶
또 $b \leq 3x + 1 \leq 4b$에서
$\dfrac{b-1}{3} \leq x \leq \dfrac{4b-1}{3}$이므로
$B = \left\{ x \mid \dfrac{b-1}{3} \leq x \leq \dfrac{4b-1}{3} \right\}$ ...... ❷
이때 $A = B$이므로
$\dfrac{2a+1}{2} = \dfrac{b-1}{3}$, $\dfrac{3a+2}{2} = \dfrac{4b-1}{3}$
두 식을 연립하여 풀면 $a = -\dfrac{4}{5}$, $b = \dfrac{1}{10}$ ...... ❸
따라서
$10(b - a) = 10 \times \left\{ \dfrac{1}{10} - \left(-\dfrac{4}{5} \right) \right\} = 9$ ...... ❹

답 9

단계	채점 기준	비율
❶	집합 A의 원소의 범위를 구한 경우	30 %
❷	집합 B의 원소의 범위를 구한 경우	30 %
❸	$A = B$임을 이용하여 a, b의 값을 구한 경우	30 %
❹	$10(b - a)$의 값을 구한 경우	10 %

02 $0 < a < b$이므로 집합 A의 각 원소 사이의 대소 관계는
$-3 < a - 1 < b - 1$
집합 B의 각 원소 사이의 대소 관계는
$b - 9a < b - 6a < b - a$ ...... ❶
$A = B$이므로
$b - 9a = -3$, $b - 6a = a - 1$, $b - a = b - 1$
연립하여 풀면 $a = 1$, $b = 6$ ...... ❷

따라서
$a^2+b^2=1^2+6^2=37$ ..... ❸

目 37

단계	채점 기준	비율
❶	두 집합 A, B의 각 원소 사이의 대소 관계를 파악한 경우	40 %
❷	$A=B$임을 이용하여 a, b의 값을 구한 경우	50 %
❸	a^2+b^2의 값을 구한 경우	10 %

03 $A^C=\{3\}$이므로
$A=\{1, 2, 4, 5, 6\}$ ..... ❶
이때 $B\subset A$이고 $A-B=\{1, 2\}$이므로
$B=A-(A-B)=\{4, 5, 6\}$ ..... ❷
따라서 집합 B의 모든 원소의 합은
$4+5+6=15$ ..... ❸

目 15

단계	채점 기준	비율
❶	집합 A를 구한 경우	40 %
❷	집합 B를 구한 경우	40 %
❸	집합 B의 모든 원소의 합을 구한 경우	20 %

04 조건 (가)에서
$(A\cap B)\cap C=\varnothing$
조건 (나)에서
$(A\cap B)\cup C=\{x|1<x\leq 8\}$ ..... ❶
이때 $A\cap B=\{x|3\leq x\leq 8\}$이므로 ..... ❷
$C=\{x|1<x<3\}$

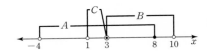

따라서 $a=1$, $b=3$이므로
$a+b=1+3=4$ ..... ❸

目 4

단계	채점 기준	비율
❶	조건 (가)와 조건 (나)의 연산을 정리한 경우	45 %
❷	집합 $A\cap B$를 구한 경우	35 %
❸	$a+b$의 값을 구한 경우	20 %

05 $A\cap(B\cap C)^C=A\cap(B^C\cup C^C)$ ..... ❶
$\qquad\qquad\quad =(A\cap B^C)\cup(A\cap C^C)$ ..... ❷
$\qquad\qquad\quad =(A-B)\cup(A-C)$
$\qquad\qquad\quad =\{1, 2, 3, 4, 5, 6\}$ ..... ❸
따라서 집합 $A\cap(B\cap C)^C$의 원소의 개수는 6이다. ..... ❹

目 6

단계	채점 기준	비율
❶	드모르간의 법칙을 정확하게 사용한 경우	30 %
❷	분배법칙을 정확하게 사용한 경우	30 %
❸	집합 $A\cap(B\cap C)^C$을 구한 경우	30 %
❹	집합 $A\cap(B\cap C)^C$의 원소의 개수를 구한 경우	10 %

06 $A_{10}=\{10, 20, 30, \cdots, 100\}$ ..... ❶
이때 $A_k\cup A_{10}=A_k$에서
$A_{10}\subset A_k$ ..... ❷
따라서 k는 10의 양의 약수이어야 하므로 k의 값은
1, 2, 5, 10
이고, 그 개수는 4이다. ..... ❸

目 4

단계	채점 기준	비율
❶	집합 A_{10}을 구한 경우	30 %
❷	$A_{10}\subset A_k$임을 구한 경우	40 %
❸	자연수 k의 값과 그 개수를 구한 경우	30 %

07 조건 (가)에서 두 집합 A, X는 서로소이다.
또 조건 (나)에서 집합 $A\cup X$의 원소의 개수는 $10-2=8$이다.
이때 집합 A의 원소의 개수가 4이므로 집합 X의 원소의 개수는 4이다. ..... ❶
즉, 집합 X는 집합 $A^C=\{1, 3, 5, 7, 9, 10\}$의 부분집합 중 원소의 개수가 4인 집합이다.
따라서 집합 X의 모든 원소의 합이 최소일 때는
$X=\{1, 3, 5, 7\}$ ..... ❷
일 때이므로 집합 X의 모든 원소의 합의 최솟값은
$1+3+5+7=16$ ..... ❸

目 16

단계	채점 기준	비율
❶	집합 X의 원소의 개수를 구한 경우	30 %
❷	집합 X를 구한 경우	50 %
❸	집합 X의 모든 원소의 합의 최솟값을 구한 경우	20 %

08 $A^C\cap B^C=(A\cup B)^C$이므로 ..... ❶
$n(A\cup B)=n(U)-n((A\cup B)^C)$
$\qquad\qquad =30-6$
$\qquad\qquad =24$ ..... ❷
따라서
$n(B)=n(A\cup B)-n(A-B)$
$\qquad =24-10$
$\qquad =14$ ..... ❸

目 14

단계	채점 기준	비율
❶	드모르간의 법칙을 정확하게 사용한 경우	30 %
❷	집합 $A\cup B$의 원소의 개수를 구한 경우	30 %
❸	집합 B의 원소의 개수를 구한 경우	40 %

09 $(B^C - A^C) - C = \{B^C \cap (A^C)^C\} \cap C^C$

$\qquad = (B^C \cap A) \cap C^C$ ······ **❶**

$\qquad = A \cap (B^C \cap C^C)$

$\qquad = A \cap (B \cup C)^C$ ······ **❷**

$\qquad = A - (B \cup C)$

$\qquad = \{1, 2, 3\}$

따라서 집합 $(B^C - A^C) - C$의 원소의 개수는 3이다. ······ **❸**

답 3

단계	채점 기준	비율
❶	차집합의 연산 법칙을 활용한 경우	40 %
❷	드모르간의 법칙을 정확하게 사용한 경우	40 %
❸	집합 $(B^C - A^C) - C$의 원소의 개수를 구한 경우	20 %

10 $A \triangledown B = A^C - B$

$\qquad = A^C \cap B^C$

$\qquad = (A \cup B)^C$ ······ **❶**

$A \triangledown B = \{3, 4, 5, 8, 9\}$이므로

$(A \cup B)^C = \{3, 4, 5, 8, 9\}$에서

$A \cup B = \{1, 2, 6, 7, 10\}$

또 $A^C \triangledown A^C = (A^C \cup A^C)^C = (A^C)^C = A$이므로

$A = \{1, 2, 10\}$ ······ **❷**

따라서

$A \triangledown B^C = (A \cup B^C)^C$

$\qquad = A^C \cap (B^C)^C$

$\qquad = A^C \cap B$

$\qquad = B \cap A^C$

$\qquad = B - A$

$\qquad = (A \cup B) - A$

$\qquad = \{6, 7\}$

이므로 집합 $A \triangledown B^C$의 모든 원소의 합은

$6 + 7 = 13$ ······ **❸**

답 13

단계	채점 기준	비율
❶	연산 $A \triangledown B$를 간단히 정리한 경우	40 %
❷	집합 A와 집합 $A \cup B$를 구한 경우	40 %
❸	집합 $A \triangledown B^C$의 모든 원소의 합을 구한 경우	20 %

내신 + 수능 고난도 도전　　　　본문 28~29쪽

| **01** ③ | **02** ④ | **03** 7 | **04** ② | **05** ② |
| **06** ① | **07** 18 | **08** 23 |

01 1이 집합 A의 원소이고, $A = B$가 성립해야 하므로 1이 집합 B의 원소이어야 한다.

(i) $a - 1 = 1$, 즉 $a = 2$일 때

$A = \{1, 3, 8\}$, $B = \{1, 2, 5\}$이므로 $A \neq B$이다.

(ii) $a = 1$일 때

$A = \{1, 3\}$, $B = \{0, 1, 3\}$이므로 $A \neq B$이다.

(iii) $2a + 1 = 1$, 즉 $a = 0$일 때

$A = \{-1, 0, 1\}$, $B = \{-1, 0, 1\}$이므로 $A = B$가 성립한다.

(i)~(iii)에서 $A = B$가 성립하도록 하는 상수 a의 값은 0이다.

답 ③

02 $A \cap B = \{3, 4, 5\}$이고,

$A^C \cap B = B \cap A^C = B - A = \{6, 7, 8\}$이므로

$B = \{3, 4, 5, 6, 7, 8\}$

또 $A^C \cap B^C = (A \cup B)^C = \{9, 10\}$이므로 집합 A는 1, 2를 원소로 갖는다.

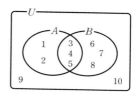

즉, $A = \{1, 2, 3, 4, 5\}$

따라서

$n(A) + n(B) = 5 + 6 = 11$

답 ④

03 A, B, C 세 과목을 신청한 학생의 집합을 각각 A, B, C라 하면 수강신청한 학생 30명을 대상으로 조사하였으므로

$n(A \cup B \cup C) = 30$

또 $n(B) = 17$, $n(C) = 15$, $n(B \cap C) = 9$이므로

$n(B \cup C) = n(B) + n(C) - n(B \cap C)$

$\qquad\qquad = 17 + 15 - 9$

$\qquad\qquad = 23$

따라서 A 과목만을 신청한 학생 수는

$n(A \cup B \cup C) - n(B \cup C) = 30 - 23$

$\qquad\qquad\qquad\qquad\qquad = 7$

답 7

04 조건 (가)에서

$a + b + c = 21$

집합 B의 모든 원소의 합이 $21 + 3k$이므로 조건 (나)와 조건 (다)에서

$45 = 21 + (21 + 3k) - 9$

$3k = 12$, $k = 4$

따라서 집합 B의 모든 원소의 합은

$21 + 3k = 21 + 3 \times 4$

$\qquad\quad = 33$

답 ②

05 $A_4 = \{4, 8, 12, 16, 20, 24, 28\}$

이때 $A_k \cap A_4 = A_k$에서 $A_k \subset A_4$이므로 k는 4의 배수이어야 한다.

따라서 30 이하의 자연수 k의 값은

4, 8, 12, 16, 20, 24, 28

이고, 그 개수는 7이다.

답 ②

06 조건 (가)에서 집합 X는 집합 A의 진부분집합이다.

조건 (나)에서

$1 \in X$이면 $6-1=5 \in X$

$2 \in X$이면 $6-2=4 \in X$

$3 \in X$이면 $6-3=3 \in X$

$4 \in X$이면 $6-4=2 \in X$

$5 \in X$이면 $6-5=1 \in X$

이어야 한다.

따라서 집합 X가 될 수 있는 집합은 $\{1, 5\}$, $\{2, 4\}$, $\{3\}$과 이들의 합집합 중 집합 A가 아닌 집합이므로

$\{1, 5\}$, $\{2, 4\}$, $\{3\}$, $\{1, 3, 5\}$, $\{2, 3, 4\}$, $\{1, 2, 4, 5\}$

이고, 그 개수는 6이다.

답 ①

07 $A \cup \varnothing = A$, $A \cap \varnothing = \varnothing$이므로

$A \circledbullet \varnothing = A - \varnothing$

$\quad\quad\quad = A$

에서 $A = \{1, 3, 5, 7\}$

또 $\varnothing \cup B = B$, $\varnothing \cap B = \varnothing$이므로

$\varnothing \circledbullet B = B - \varnothing$

$\quad\quad\quad = B$

에서 $B = \{5, 6, 7, 8\}$

따라서 $A \cup B = \{1, 3, 5, 6, 7, 8\}$, $A \cap B = \{5, 7\}$이므로

$A \circledbullet B = \{1, 3, 5, 6, 7, 8\} - \{5, 7\} = \{1, 3, 6, 8\}$

그러므로 집합 $A \circledbullet B$의 모든 원소의 합은

$1+3+6+8=18$

답 18

08 하루 휴대폰 사용 시간이 3시간 이상인 학생의 집합을 A, 하루 독서 시간이 3시간 이상인 학생의 집합을 B라 하면

$n(A)=10$, $n(B)=13$

또 하루 휴대폰 사용 시간이 3시간 이상이고 하루 독서 시간이 3시간 미만인 학생 수가 10이므로

$n(A \cap B^C)=10$

그런데 $n(A)=10$, $n(A \cap B^C)=n(A-B)=10$이므로 두 집합 A, B는 서로소이다.

따라서 하루 휴대폰 사용 시간과 하루 독서 시간 중 적어도 하나가 3시간 이상인 학생 수는

$n(A \cup B) = n(A) + n(B)$

$\quad\quad\quad\quad = 10+13$

$\quad\quad\quad\quad = 23$

답 23

---

11 명제

본문 31~33쪽

개념 확인하기

01 명제가 아니다.　　　　　**02** 명제이다.

03 명제이다.　　　　　　　**04** 명제가 아니다.

05 $\{2, 4, 6, 8, 10\}$　　　　**06** $\{1, 3, 5, 7, 9\}$

07 $\{2, 3, 5, 7\}$　　　　　**08** $\{1, 2, 5, 10\}$

09 $\{2, 3\}$　　　　　　　　**10** $\{2, 3, 4, 5\}$

11 무리수는 실수가 아니다.　**12** $\sqrt{2}$는 유리수가 아니다.

13 5는 8의 약수가 아니다.　**14** $\{1, 2, 3, 4\}$

15 x는 5 이상의 자연수이다.　**16** $\{5, 6\}$

17 x는 5 미만의 자연수이다.　**18** $\{1, 2, 3, 4\}$

19 참　　　　　**20** 어떤 실수 x에 대하여 $x^2+1 \le 0$이다.

21 참　　　　　**22** 모든 실수 x에 대하여 $x < x^2$이다.

23 가정: x가 정수이다.　결론: x는 자연수이다.

24 가정: x^2이 짝수이다.　결론: x는 홀수이다.

25 가정: $x < 0$이다.　결론: $|x| > 0$이다.

26 거짓　　**27** 참　　**28** 거짓

29 $P=\{1, 2, 3, 6\}$, $Q=\{1, 2, 3, 4, 6, 12\}$, $R=\{1, 3, 5, 15\}$

30 참　　**31** 거짓　　**32** $ab=0$이면 $a=b=0$이다.

33 거짓　　**34** $ab \ne 0$이면 $a \ne 0$ 또는 $b \ne 0$이다.　　**35** 참

36 $a>0$ 또는 $b>0$이면 $a+b>0$이다.　　**37** 거짓

38 $a \le 0$이고 $b \le 0$이면 $a+b \le 0$이다.　　**39** 참

40 (가) $a \ne 0$ (또는 $b \ne 0$) (나) $b \ne 0$ (또는 $a \ne 0$) (다) $a^2+b^2=0$

41 충분　**42** 충분　**43** 필요　**44** 필요충분

45 (가) $\sqrt{a}$ (나) $\sqrt{a}-\sqrt{b}$ (또는 $\sqrt{b}-\sqrt{a}$) (다) $a=b$

46 2　　　　**47** 4

01 답 명제가 아니다.

02 삼각형의 내각의 크기의 합은 $180°$이므로 거짓인 명제이다.

답 명제이다.

03 $2+5=7$이므로 거짓인 명제이다.

답 명제이다.

04 답 명제가 아니다.

05 10 이하의 자연수 중 짝수는 2, 4, 6, 8, 10이므로 조건 p의 진리집합은 $\{2, 4, 6, 8, 10\}$이다.

답 $\{2, 4, 6, 8, 10\}$

06 10 이하의 자연수 중 홀수는 1, 3, 5, 7, 9이므로 조건 p의 진리집합은 $\{1, 3, 5, 7, 9\}$이다.

답 $\{1, 3, 5, 7, 9\}$

07 10 이하의 자연수 중 소수는 2, 3, 5, 7이므로 조건 p의 진리집합은 $\{2, 3, 5, 7\}$이다.

답 $\{2, 3, 5, 7\}$

08 **답** $\{1, 2, 5, 10\}$

09 $x^2-5x+6=0$에서
$(x-2)(x-3)=0$
$x=2$ 또는 $x=3$
따라서 조건 p의 진리집합은 $\{2, 3\}$이다.

답 $\{2, 3\}$

10 $x^2-7x+10\leq0$에서
$(x-2)(x-5)\leq0$
$2\leq x\leq5$
따라서 10 이하의 자연수 x의 값은 2, 3, 4, 5이므로 조건 p의 진리집합은 $\{2, 3, 4, 5\}$이다.

답 $\{2, 3, 4, 5\}$

11 **답** 무리수는 실수가 아니다.

12 **답** $\sqrt{2}$는 유리수가 아니다.

13 **답** 5는 8의 약수가 아니다.

14 **답** $\{1, 2, 3, 4\}$

15 p: x는 5 미만의 자연수이다.
이므로
$\sim p$: x는 5 이상의 자연수이다.

답 x는 5 이상의 자연수이다.

16 6 이하의 자연수 중 5 이상인 자연수는 5, 6이므로 조건 $\sim p$의 진리집합은 $\{5, 6\}$이다.

답 $\{5, 6\}$

17 $\sim p$: x는 5 이상의 자연수이다.
이므로
$\sim(\sim p)$: x는 5 미만의 자연수이다.

답 x는 5 미만의 자연수이다.

18 **답** $\{1, 2, 3, 4\}$

19 모든 실수 x에 대하여 $x^2\geq0$이므로 $x^2+1\geq1$이다.
따라서 명제 '모든 실수 x에 대하여 $x^2+1>0$이다.'는 참이다.

답 참

20 **답** 어떤 실수 x에 대하여 $x^2+1\leq0$이다.

21 $1\geq1^2$이므로 명제 '어떤 실수 x에 대하여 $x\geq x^2$이다.'는 참이다.

답 참

22 **답** 모든 실수 x에 대하여 $x<x^2$이다.

23 **답** 가정: x가 정수이다.
결론: x는 자연수이다.

24 **답** 가정: x^2이 짝수이다.
결론: x는 홀수이다.

25 **답** 가정: $x<0$이다.
결론: $|x|>0$이다.

26 실수 중 무리수는 유리수가 아니므로 주어진 명제는 거짓이다.

답 거짓

27 홀수와 홀수의 곱은 홀수, 홀수와 짝수의 곱은 짝수, 짝수와 짝수의 곱은 짝수이므로 주어진 명제는 참이다.

답 참

28 [반례] 직각이등변삼각형은 정삼각형이 아니다.

답 거짓

29 **답** $P=\{1, 2, 3, 6\}$,
$Q=\{1, 2, 3, 4, 6, 12\}$,
$R=\{1, 3, 5, 15\}$

30 $P\subset Q$이므로 명제 $p \longrightarrow q$는 참이다.

답 참

31 $P\not\subset R$이므로 명제 $p \longrightarrow r$는 거짓이다.

답 거짓

32 **답** $ab=0$이면 $a=b=0$이다.

33 [반례] $a=1$, $b=0$이면 $ab=0$이지만 $a\neq0$이다.

답 거짓

34 **답** $ab\neq0$이면 $a\neq0$ 또는 $b\neq0$이다.

35 $ab\neq0$이면 $a\neq0$이고 $b\neq0$이므로 $a\neq0$ 또는 $b\neq0$이 성립한다.

답 참

36 **답** $a>0$ 또는 $b>0$이면 $a+b>0$이다.

37 [반례] $a=1$, $b=-2$이면 $a>0$ 또는 $b>0$이지만
$a+b=-1<0$이다.

답 거짓

38 **답** $a\leq0$이고 $b\leq0$이면 $a+b\leq0$이다.

39 **답** 참

40 결론을 부정하여 $\boxed{a\neq0}$ 또는 $\boxed{b\neq0}$이라 하면
$a^2>0$ 또는 $b^2>0$
이므로 $a^2+b^2>0$이다.
이것은 $\boxed{a^2+b^2=0}$이라는 가정에 모순이다.
따라서 두 실수 a, b에 대하여 명제
'$a^2+b^2=0$이면 $a=b=0$이다.'
는 참이다.

답 (가) $a\neq0$ (또는 $b\neq0$)
　(나) $b\neq0$ (또는 $a\neq0$)
　(다) $a^2+b^2=0$

41 $p:a=b$
$q:a=b$ 또는 $c=0$
이므로 두 조건 p, q의 진리집합을 각각 P, Q라 하면 $P\subset Q$이다.
따라서 p는 q이기 위한 충분조건이다.

답 충분

42 $p:a=2$
$q:a=-2$ 또는 $a=2$
이므로 두 조건 p, q의 진리집합을 각각 P, Q라 하면 $P\subset Q$이다.
따라서 p는 q이기 위한 충분조건이다.

답 충분

43 두 조건 p, q의 진리집합을 각각 P, Q라 하면
$P=\{1,\ 2,\ 4,\ 8\}$, $Q=\{1,\ 2,\ 4\}$
이므로 $Q\subset P$이다.
따라서 p는 q이기 위한 필요조건이다.

답 필요

44 두 조건 p, q의 진리집합을 각각 P, Q라 하면
$P=\{-1,\ 1\}$, $Q=\{-1,\ 1\}$
이므로 $P=Q$이다.
따라서 p는 q이기 위한 필요충분조건이다.

답 필요충분

45 $\dfrac{a+b}{2}-\sqrt{ab}=\dfrac{a+b-2\sqrt{ab}}{2}$

$=\dfrac{(\boxed{\sqrt{a}})^2+(\sqrt{b})^2-2\sqrt{ab}}{2}$

$=\dfrac{(\boxed{\sqrt{a}-\sqrt{b}})^2}{2}\geq0$

따라서 $\dfrac{a+b}{2}\geq\sqrt{ab}$이고, 등호는 $\boxed{a=b}$일 때 성립한다.

답 (가) $\sqrt{a}$
　(나) $\sqrt{a}-\sqrt{b}$ (또는 $\sqrt{b}-\sqrt{a}$)
　(다) $a=b$

46 $x>0$이므로 $\dfrac{1}{x}>0$
따라서 산술평균과 기하평균의 관계에 의하여
$x+\dfrac{1}{x}\geq2\sqrt{x\times\dfrac{1}{x}}$ $\left(\text{단, 등호는 } x=\dfrac{1}{x}, \text{ 즉 } x=1\text{일 때 성립한다.}\right)$
　$=2$
이므로 $x+\dfrac{1}{x}$의 최솟값은 2이다.

답 2

47 $x>0$이므로 $8x>0$, $\dfrac{1}{2x}>0$
따라서 산술평균과 기하평균의 관계에 의하여
$8x+\dfrac{1}{2x}\geq2\sqrt{8x\times\dfrac{1}{2x}}$
$\left(\text{단, 등호는 } 8x=\dfrac{1}{2x}, \text{ 즉 } x=\dfrac{1}{4}\text{일 때 성립한다.}\right)$
　$=2\times2=4$
이므로 $8x+\dfrac{1}{2x}$의 최솟값은 4이다.

답 4

유형 완성하기
본문 34~48쪽

01 ③	**02** ②	**03** ④	**04** ③	**05** ④
06 ⑤	**07** ④	**08** ⑤	**09** ③	**10** ③
11 ④	**12** ①	**13** ⑤	**14** ②	**15** ⑤
16 ②	**17** 5	**18** ①	**19** 90	**20** ③
21 ⑤	**22** ①	**23** ⑤	**24** ③	**25** ④
26 4	**27** ③	**28** ④	**29** ②	**30** ①
31 ①	**32** 5	**33** ②	**34** ②	**35** ③
36 ①	**37** ④	**38** ②	**39** ⑤	**40** ⑤
41 ③	**42** ④	**43** ⑤	**44** ③	**45** ⑤
46 ①	**47** ④	**48** ①	**49** ⑤	**50** ③
51 ④	**52** ②	**53** ③	**54** ②	**55** ⑤
56 ⑤	**57** ③	**58** ④	**59** ②	**60** ④
61 ⑤	**62** ②	**63** ④	**64** ④	**65** ⑤
66 ③	**67** ⑤	**68** ⑤	**69** ②	**70** ③
71 144	**72** ③			

01 ①, ④는 거짓인 명제이고,
②, ⑤는 참인 명제이다.

답 ③

02 $7^2 < 50$이고, $8^2 > 50$이므로 조건 p가 참이 되도록 하는 자연수 x의 값은 1, 2, 3, 4, 5, 6, 7이고, 그 개수는 7이다.

답 ②

03 ①, ②는 참인 명제이고,

③, ⑤는 거짓인 명제이다.

④는 x의 값에 따라 참일 수도 있고 거짓일 수도 있으므로 명제가 아니다.

답 ④

04 15의 양의 약수는 1, 3, 5, 15이고,

전체집합이 $U = \{x \,|\, x$는 10 이하의 자연수$\}$이므로

주어진 조건의 진리집합은 $\{1, 3, 5\}$이다.

따라서 진리집합의 원소의 개수는 3이다.

답 ③

05 두 조건 p, q의 진리집합을 각각 P, Q라 하자.

$x^2 + x - 20 = 0$에서

$(x+5)(x-4) = 0$

$x = -5$ 또는 $x = 4$

즉, $P = \{-5, 4\}$

또 $Q = \{x \,|\, x > 0\}$

조건 'p 그리고 q'의 진리집합이 $P \cap Q$이므로 $P \cap Q = \{4\}$에서 구하는 진리집합의 원소는 4이다.

답 ④

06 두 조건 p, q의 진리집합을 각각 P, Q라 하면

$P = \{3, 6, 9, 12, 15, 18\}$

$Q = \{4, 8, 12, 16, 20\}$

이때 조건 '$\sim p$ 그리고 q'의 진리집합은

$P^C \cap Q = Q \cap P^C$

$\qquad\quad = Q - P$

$\qquad\quad = \{4, 8, 16, 20\}$

이므로 모든 원소의 합은

$4 + 8 + 16 + 20 = 48$

답 ⑤

07 '$x > 0$이고 $y \geq 0$이다.'의 부정은

'$x \leq 0$이거나 $y < 0$이다.'

답 ④

08 $\sim p$: $(x-1)(x-4) = 0$

따라서 조건 $\sim p$를 참이 되게 하는 x의 값이 1, 4이므로 조건 $\sim p$의 진리집합은

$\{1, 4\}$

즉, 조건 $\sim p$의 진리집합의 모든 원소의 합은

$1 + 4 = 5$

답 ⑤

09 조건 '$a^2 + b^2 + c^2 = 0$'의 부정은

'$a^2 + b^2 + c^2 \neq 0$'

세 실수 a, b, c가 $a^2 + b^2 + c^2 \neq 0$을 만족시키려면 a, b, c 중 적어도 하나는 0이 아니어야 한다.

따라서 구하는 부정으로 옳은 것은 ③이다.

답 ③

10 두 조건 p, q의 진리집합을 각각 P, Q라 하자.

ㄱ. $P = \{1, 2, 3, 6\}$,

$\quad Q = \{1, 2, 3, 4, 6, 12\}$

$\quad$이므로 $P \subset Q$

$\quad$즉, 명제 $p \longrightarrow q$는 참이다.

ㄴ. $P = \{2, 4, 6, \cdots\}$,

$\quad Q = \{4, 8, 12, \cdots\}$

$\quad$이므로 $P \not\subset Q$

$\quad$즉, 명제 $p \longrightarrow q$는 거짓이다.

ㄷ. $P = \{1, 2, 3, 4, 5, 6\}$,

$\quad Q = \{x \,|\, x \leq 6\}$

$\quad$이므로 $P \subset Q$

$\quad$즉, 명제 $p \longrightarrow q$는 참이다.

이상에서 명제 $p \longrightarrow q$가 참인 것은 ㄱ, ㄷ이다.

답 ③

11 조건 q의 $x^2 - 5x + 4 \leq 0$에서

$(x-1)(x-4) \leq 0$

$1 \leq x \leq 4$

그러므로 두 조건 p, q의 진리집합을 각각 P, Q라 하면

$P = \{k\}$, $Q = \{x \,|\, 1 \leq x \leq 4\}$

명제 $p \longrightarrow q$가 참이려면 $P \subset Q$이어야 하므로

$1 \leq k \leq 4$

따라서 정수 k의 값은 1, 2, 3, 4이고, 그 개수는 4이다.

답 ④

12 ㄱ. π는 무리수이다. (참)

ㄴ. $ac > bc$이면 $c(a-b) > 0$

$\quad$즉, $c > 0$, $a > b$ 또는 $c < 0$, $a < b$

$\quad$따라서 명제 '$ac > bc$이면 $a > b$이다.'는 거짓이다.

ㄷ. $a = 0$이면 $\sqrt{3a}$는 유리수이므로

$\quad$명제 'a가 유리수이면 $\sqrt{3a}$는 무리수이다.'는 거짓이다.

이상에서 참인 명제는 ㄱ이다.

답 ①

13 명제 $p \longrightarrow q$가 참이므로 $P \subset Q$이다.

① $Q \subset P$인지 알 수 없다.

② $P \cap Q = P$

③ $P \cup Q = Q$

④ $P^C \cap Q = Q - P$이고, $P \neq Q$이면 $Q - P \neq \varnothing$이다.

⑤ $P^C \cup P = U$이고 $P \subset Q \subset U$이므로 $P^C \cup Q = U$이다.

따라서 항상 옳은 것은 ⑤이다.

답 ⑤

14 두 조건 p, $\sim q$의 진리집합은 각각 P, Q^C이고, 명제 $p \longrightarrow \sim q$가 참이므로 $P \subset Q^C$이다.
두 집합 P, Q를 벤다이어그램으로 나타내면 다음 그림과 같다.

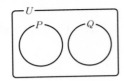

즉, 두 집합 P, Q는 서로소이다.
ㄱ. $P \cap Q = \varnothing$ (참)
ㄴ. $P \subset Q^C$에서 $P^C \supset (Q^C)^C$
  즉, $Q \subset P^C$ (참)
ㄷ. 집합 $P \cup Q^C$에는 집합 Q가 포함되지 않는다.
  즉, $P \cup Q^C \neq U$ (거짓)
이상에서 옳은 것은 ㄱ, ㄴ이다.

답 ②

15 명제 $q \longrightarrow \sim p$가 참이므로 $Q \subset P^C$이다.
두 집합 P, Q를 벤다이어그램으로 나타내면 다음 그림과 같다.

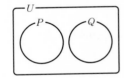

① $P \subset Q^C$이므로 $P \cup Q^C = Q^C$
② $P \subset Q^C$이므로 $P \cap Q^C = P$
③ $P - Q^C = P \cap (Q^C)^C = P \cap Q = \varnothing$
④ $P \cap (Q^C - P) = P \cap (Q^C \cap P^C) = (P \cap P^C) \cap Q^C = \varnothing \cap Q^C = \varnothing$
⑤ $P - Q = P$이므로
  $P \cup (P - Q) = P \cup P = P$
따라서 옳지 않은 것은 ⑤이다.

답 ⑤

16 두 조건 p, q의 진리집합을 각각 P, Q라 하면
$P = \{x \mid 0 \leq x \leq k\}$,
$Q = \{x \mid (x+2)(x-7) \leq 0\} = \{x \mid -2 \leq x \leq 7\}$
이때 명제 $p \longrightarrow q$가 참이 되려면 $P \subset Q$가 성립해야 한다.

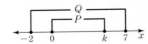

따라서 $0 \leq k \leq 7$이므로 실수 k의 최댓값은 7이다.

답 ②

17 두 조건 p, q의 진리집합을 각각 P, Q라 하면
$P = \{x \mid a-2 \leq x \leq a+1\}$,
$Q = \{x \mid -1 < x < 5\}$

명제 $p \longrightarrow q$가 참이 되려면 $P \subset Q$가 성립해야 한다.

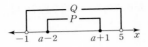

즉, $-1 < a-2$, $a+1 < 5$이므로
$1 < a < 4$
따라서 정수 a의 값은 2, 3이고, 그 합은
$2+3=5$

답 5

18 두 조건 p, q의 진리집합을 각각 P, Q라 하면
$P = \{x \mid n-4 \leq x \leq n\}$,
$Q = \{x \mid 1 \leq x \leq 20-n\}$
명제 $p \longrightarrow q$가 참이 되려면 $P \subset Q$가 성립해야 한다.

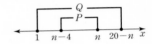

즉, $1 \leq n-4$, $n \leq 20-n$이므로
$1 \leq n-4$에서 $n \geq 5$
$n \leq 20-n$에서 $n \leq 10$
따라서 $5 \leq n \leq 10$이므로 자연수 n의 값은 5, 6, 7, 8, 9, 10이고, 그 개수는 6이다.

답 ①

19 주어진 명제가 거짓임을 보이는 자연수 n의 값은 3의 배수이면서 5의 배수인 50 이하의 자연수이므로 구하는 n의 값은 15, 30, 45이고, 그 합은
$15+30+45=90$

답 90

20 두 조건 p, q의 진리집합을 각각 P, Q라 하자.
명제 $\sim p \longrightarrow q$가 참이 되려면 $P^C \subset Q$가 성립해야 한다.
$P^C = \left\{x \mid \dfrac{a}{3} < x \leq 3a\right\}$, $Q = \{x \mid 3 \leq x < 36\}$이므로 두 집합 P^C, Q를 수직선 위에 나타내면 다음 그림과 같다.

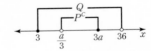

즉, $3 \leq \dfrac{a}{3}$, $3a < 36$이므로
$9 \leq a < 12$
따라서 양의 정수 a의 값은 9, 10, 11이고, 그 합은
$9+10+11=30$

답 ③

21 세 조건 p, q, r의 진리집합을 각각 P, Q, R라 하면
$P = \left\{x \mid x \leq \dfrac{a-8}{2}\right\}$, $Q = \{x \mid x \geq 4a\}$, $R = \{x \mid 2 < x < 10\}$
조건 $\sim(p$ 또는 $q)$의 진리집합이 $(P \cup Q)^C$이므로

$$(P \cup Q)^C = P^C \cap Q^C$$
$$= \left\{ x \,\middle|\, x > \frac{a-8}{2} \right\} \cap \{ x \mid x < 4a \}$$
$$= \left\{ x \,\middle|\, \frac{a-8}{2} < x < 4a \right\}$$

이때 명제 $r \longrightarrow \sim(p$ 또는 $q)$가 참이 되려면 $R \subset (P \cup Q)^C$이 성립해야 한다.

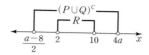

즉, $\dfrac{a-8}{2} \leq 2$, $10 \leq 4a$이므로

$$\frac{5}{2} \leq a \leq 12$$

따라서 자연수 a의 값은 3, 4, 5, $\cdots$, 12이고, 그 개수는 10이다.

답 ⑤

22 ㄱ. 모든 자연수 x에 대하여 $x+1$은 항상 자연수이므로 명제 '모든 자연수 x에 대하여 $x+1$은 자연수이다.'는 참이다.

ㄴ. 모든 자연수 x에 대하여 $1-x$는 항상 자연수가 아니므로 명제 '어떤 자연수 x에 대하여 $1-x$는 자연수이다.'는 거짓이다.

ㄷ. 무리수 $\sqrt{2}+1$에 대하여 $(\sqrt{2}+1)^2 = 3+2\sqrt{2}$도 무리수이므로 명제 '모든 무리수 x에 대하여 x^2은 유리수이다.'는 거짓이다.

이상에서 참인 명제는 ㄱ이다.

답 ①

23 명제 '모든 고등학교 남학생은 A 과목과 B 과목 중 적어도 어느 한 과목은 좋아한다.'의 부정은 '어떤 고등학교 남학생은 A 과목과 B 과목을 모두 좋아하지 않는다.'이다.

답 ⑤

24 $2x-7 \leq k$에서 $x \leq \dfrac{k+7}{2}$

이므로 주어진 명제가 참이 되려면 집합 A의 모든 원소 x에 대하여 $x \leq \dfrac{k+7}{2}$이어야 한다.

따라서

$$5 \leq \frac{k+7}{2}$$

이 성립해야 하므로

$$k \geq 3$$

그러므로 실수 k의 최솟값은 3이다.

답 ③

25 ① $a=5$일 때 $a+2 > 6$이므로 주어진 명제는 거짓이다.
② $a=6$일 때 $a^2 > 30$이므로 주어진 명제는 거짓이다.
③ $a=6$일 때 $a^2-6a=0$이므로 주어진 명제는 거짓이다.
④ $a=6$일 때 $a^2 \geq 30$이므로 주어진 명제는 참이다.
⑤ 모든 a에 대하여 $|a| \leq 6$이므로 주어진 명제는 거짓이다.
따라서 참인 명제는 ④이다.

답 ④

26 주어진 명제의 부정은
'모든 실수 x에 대하여 $2x^2-5x+a > 0$이다.'
모든 실수 x에 대하여 이차부등식 $2x^2-5x+a > 0$이 성립해야 하므로 이차방정식 $2x^2-5x+a=0$의 판별식을 D라 하면 $D < 0$이어야 한다.
$D = 25-8a < 0$에서 $a > \dfrac{25}{8}$
따라서 구하는 정수 a의 최솟값은 4이다.

답 4

27 명제 $p \longrightarrow q$의 대우는 $\sim q \longrightarrow \sim p$이다.
명제 $\sim q \longrightarrow \sim p$, 즉 '$x=1$이고 $y=2$이면 $xy=2$'는 참이므로 ㄱ, ㄷ은 모두 참인 명제이다.
명제 $q \longrightarrow p$의 대우는 $\sim p \longrightarrow \sim q$이다.
명제 $\sim p \longrightarrow \sim q$, 즉 '$xy=2$이면 $x=1$이고 $y=2$'에서
[반례] $x=\dfrac{1}{2}$, $y=4$일 때 $xy=2$이지만 $x \neq 1$, $y \neq 2$
이므로 명제 $\sim p \longrightarrow \sim q$는 거짓이다.
따라서 ㄴ은 거짓인 명제이다.
이상에서 항상 참인 명제는 ㄱ, ㄷ이다.

답 ③

28 주어진 벤다이어그램에서 $P \subset R$이므로 명제 $p \longrightarrow r$는 참이고, 그 대우 $\sim r \longrightarrow \sim p$도 참이다.
따라서 항상 참인 명제는 ④이다.

답 ④

29 ㄱ. 역 : $ab=0$이면 $a=0$이다.
[반례] $a=1$, $b=0$이면 $ab=0$이지만 $a \neq 0$이다.
따라서 역은 거짓인 명제이다.

ㄴ. 역 : $a \neq 0$ 또는 $b \neq 0$이면 $a^2+b^2 > 0$이다.
$a \neq 0$이면 $a^2 > 0$이고, $b \neq 0$이면 $b^2 > 0$이므로 $a \neq 0$ 또는 $b \neq 0$이면 $a^2+b^2 > 0$이다.
따라서 역은 참인 명제이다.

ㄷ. 역 : $a+b \leq 2$이면 $a \leq 1$이고 $b \leq 1$이다.
[반례] $a=-4$, $b=3$이면 $a+b \leq 2$이지만 $b > 1$이다.
따라서 역은 거짓인 명제이다.
이상에서 역이 참인 명제는 ㄴ이다.

답 ②

30 명제 $\sim p \longrightarrow \sim q$의 역은 $\sim q \longrightarrow \sim p$이다.
명제 $\sim q \longrightarrow \sim p$가 참이므로 그 대우 $p \longrightarrow q$도 참이다.
따라서 항상 참인 명제는 ①이다.

답 ①

31 명제가 참이면 그 대우도 참이므로 주어진 명제와 역의 참, 거짓을 판별하면 된다.
ㄱ. $a^2+b^2=0$이면 $a=b=0$이므로 주어진 명제는 참이다.
역 : $a=b=0$이면 $a^2+b^2=0$이다.
$a=b=0$이면 $a^2+b^2=0$이므로 역도 참이다.

ㄴ. $a=2$이면 $a^2=4$이므로 주어진 명제는 참이다.

   역: $a^2=4$이면 $a=2$이다.

   $a^2=4$이면 $a=-2$ 또는 $a=2$이므로 역은 거짓이다.

ㄷ. ab가 홀수이면 a와 b는 모두 홀수이고, $a+b$는 짝수이다.

   즉, 주어진 명제는 참이다.

   역: $a+b$가 짝수이면 ab는 홀수이다.

   $a+b$가 짝수이면 a와 b는 모두 짝수이거나 a와 b는 모두 홀수이므로 ab는 짝수 또는 홀수이다.

   즉, 역은 거짓이다.

이상에서 역과 대우가 모두 참인 명제는 ㄱ이다.

답 ①

32 두 조건 p, q의 진리집합을 각각 P, Q라 하자.

명제 $\sim p \longrightarrow \sim q$가 참이 되려면 그 대우 $q \longrightarrow p$도 참이 되어야 하고 $Q \subset P$가 성립해야 한다.

조건 q의 $x^2-4x-5<0$에서

$(x+1)(x-5)<0$

$-1<x<5$

따라서 $P=\{x|x<k\}$, $Q=\{x|-1<x<5\}$이므로 $Q \subset P$가 성립하도록 두 집합 P, Q를 수직선 위에 나타내면 다음 그림과 같다.

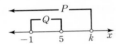

즉, $k \geq 5$이므로 실수 k의 최솟값은 5이다.

답 5

33 주어진 명제의 대우가 참이면 주어진 명제도 참이 된다.

주어진 명제의 대우 '$x=n$이면 $x^2-5x-14=0$이다.'가 참이 되어야 하므로

$n^2-5n-14=0$

$(n+2)(n-7)=0$

$n=-2$ 또는 $n=7$

따라서 주어진 명제가 참이 되도록 하는 자연수 n의 값은 7이다.

답 ②

34 주어진 명제의 대우가 참이면 주어진 명제도 참이 된다.

주어진 명제의 대우 '$x-2=0$이면 $x^2+ax-8=0$이다.'가 참이 되어야 하므로

$x=2$를 $x^2+ax-8=0$에 대입하면

$4+2a-8=0$에서

$a=2$

답 ②

35 두 조건 p, q의 진리집합을 각각 P, Q라 하자.

명제 $p \longrightarrow q$가 참이므로 그 대우 $\sim q \longrightarrow \sim p$도 참이고 $Q^C \subset P^C$이 성립해야 한다.

$P^C=\{x||x-k|<6\}$

   $=\{x|k-6<x<k+6\}$

$Q^C=\{x||x+1|\leq 4\}$

   $=\{x|-5 \leq x \leq 3\}$

이므로 $Q^C \subset P^C$이 성립하도록 두 집합 P^C, Q^C을 수직선 위에 나타내면 다음 그림과 같다.

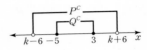

즉, $k-6<-5$, $3<k+6$이므로

$-3<k<1$

따라서 정수 k의 값은 -2, -1, 0이고, 그 개수는 3이다.

답 ③

36 주어진 명제의 대우가 참이면 주어진 명제도 참이 된다.

주어진 명제의 대우 '$a=-2$, $b=3$이면 $a^2+b^2+c^2-abc=29$이다.'가 참이 되어야 하므로

$a=-2$, $b=3$을 $a^2+b^2+c^2-abc=29$에 대입하면

$4+9+c^2+6c=29$

$c^2+6c-16=0$

$(c+8)(c-2)=0$

$c=-8$ 또는 $c=2$

따라서 구하는 모든 c의 값의 합은

$-8+2=-6$

답 ①

37 명제 $p \longrightarrow q$가 참이므로 그 대우 $\sim q \longrightarrow \sim p$도 참이다.

또 명제 $\sim r \longrightarrow \sim q$가 참이므로 그 대우 $q \longrightarrow r$도 참이다.

이때 두 명제 $p \longrightarrow q$, $q \longrightarrow r$가 참이므로 명제 $p \longrightarrow r$도 참이다.

또 두 명제 $\sim r \longrightarrow \sim q$, $\sim q \longrightarrow \sim p$가 참이므로 명제 $\sim r \longrightarrow \sim p$도 참이다.

따라서 항상 참인 명제가 아닌 것은 ④이다.

답 ④

38 ① 명제 $r \longrightarrow q$가 참이므로 그 대우 $\sim q \longrightarrow \sim r$도 참이다.

   따라서 두 명제 $p \longrightarrow \sim q$, $\sim q \longrightarrow \sim r$가 모두 참이므로 명제 $p \longrightarrow \sim r$가 참이다.

   그런데 명제 $p \longrightarrow r$의 참, 거짓은 알 수 없다.

② 명제 $r \longrightarrow q$가 참이므로 그 대우 $\sim q \longrightarrow \sim r$도 참이다.

   따라서 두 명제 $p \longrightarrow \sim q$, $\sim q \longrightarrow \sim r$가 모두 참이므로 명제 $p \longrightarrow \sim r$는 참이다.

③ 명제 $q \longrightarrow \sim p$가 참이므로 그 대우 $p \longrightarrow \sim q$도 참이다.

   따라서 두 명제 $p \longrightarrow \sim q$, $\sim q \longrightarrow r$가 모두 참이므로 명제 $p \longrightarrow r$가 참이다.

   그런데 명제 $\sim p \longrightarrow r$의 참, 거짓은 알 수 없다.

④ 명제 $\sim r \longrightarrow \sim q$가 참이므로 그 대우 $q \longrightarrow r$도 참이다.

   따라서 두 명제 $p \longrightarrow q$, $q \longrightarrow r$가 모두 참이므로 명제 $p \longrightarrow r$가 참이다.

   그런데 명제 $\sim p \longrightarrow r$의 참, 거짓은 알 수 없다.

⑤ 두 명제 $p \longrightarrow q$, $p \longrightarrow r$가 참이라는 사실로부터 두 조건 q, r 사이의 관계를 알 수 없다.

그러므로 항상 옳은 것은 ②이다.

답 ②

39 ① 명제 $p \longrightarrow q$와 명제 $q \longrightarrow \sim r$가 모두 참이므로 명제 $p \longrightarrow \sim r$는 참이다.

② 명제 $p \longrightarrow q$가 참이므로 그 대우 $\sim q \longrightarrow \sim p$도 참이다.

③ 명제 $q \longrightarrow \sim r$가 참이므로 그 대우 $r \longrightarrow \sim q$도 참이다.

④ 명제 $r \longrightarrow \sim q$와 명제 $\sim q \longrightarrow \sim p$가 모두 참이므로 명제 $r \longrightarrow \sim p$도 참이다.

⑤ 명제 $\sim p \longrightarrow r$의 참, 거짓은 알 수 없다.

따라서 항상 참인 명제가 아닌 것은 ⑤이다.

답 ⑤

40 조건 (가)에서 명제 $q \longrightarrow p$의 역 $p \longrightarrow q$가 참이다.

조건 (나)에서 명제 $\sim p \longrightarrow r$가 참이므로 그 대우 $\sim r \longrightarrow p$도 참이다.

이때 두 명제 $\sim r \longrightarrow p$, $p \longrightarrow q$가 모두 참이므로 명제 $\sim r \longrightarrow q$가 참이다.

따라서 명제 $\sim r \longrightarrow q$의 대우 $\sim q \longrightarrow r$도 참이다.

그러므로 항상 참인 명제는 ⑤이다.

답 ⑤

41 (가)의 '표정이 밝은 사람은 호감을 주는 사람이다.'가 참이므로 '호감을 주지 못하는 사람은 표정이 밝지 않은 사람이다.'가 참이다.

(나)의 '명랑한 사람은 표정이 밝은 사람이다.'가 참이므로 '표정이 밝지 않은 사람은 명랑하지 않은 사람이다.'가 참이다.

또 (가), (나)가 참이므로 '명랑한 사람은 호감을 주는 사람이다.'가 참이고, '호감을 주지 못하는 사람은 명랑하지 않은 사람이다.'도 참이다.

따라서 항상 참인 문장은 ③이다.

답 ③

42 명제 $p \longrightarrow \sim q$가 참이므로 그 대우 $q \longrightarrow \sim p$도 참이다.

또 명제 $\sim s \longrightarrow \sim r$가 참이므로 그 대우 $r \longrightarrow s$도 참이다.

이때 참인 두 명제 $r \longrightarrow s$, $q \longrightarrow \sim p$에 대하여 명제 $s \longrightarrow q$가 참이면 명제 $r \longrightarrow \sim p$도 참이다.

따라서 반드시 필요한 참인 명제는 ② $s \longrightarrow q$이다.

답 ②

43 조건 (가)에 의하여 1이 적힌 카드와 5가 적힌 카드 중 적어도 한 장을 선택해야 한다.

(i) 1이 적힌 카드를 선택하는 경우

조건 (라)를 만족시키려면 1인 적힌 카드를 선택하면 2가 적힌 카드를 선택해야 한다.

조건 (나)에 의하여 3이 적힌 카드도 선택해야 한다.

이는 2장의 카드만을 선택한다는 조건에 맞지 않으므로 1이 적힌 카드는 선택할 수 없다.

(ii) 5가 적힌 카드를 선택하는 경우

조건 (나)에 의하여 2가 적힌 카드를 선택하면 3이 적힌 카드도 선택해야 하고, 이는 2장의 카드만을 선택한다는 조건에 맞지 않으므로 2가 적힌 카드를 선택할 수 없다.

조건 (다)에 의하여 4가 적힌 카드를 선택하면 2가 적힌 카드도 선택해야 하고, 이는 2장의 카드만을 선택한다는 조건에 맞지 않으므로 4가 적힌 카드를 선택할 수 없다.

즉, 선택할 수 있는 카드는 3이 적힌 카드뿐이다.

(i), (ii)에 의하여 선택한 2장의 카드에 적힌 수의 합은

$5+3=8$

답 ⑤

44 ㄱ. 명제 '$a=b=0$이면 $a^2+b^2=0$'은 참이고, 명제 '$a^2+b^2=0$이면 $a=b=0$'도 참이다.

즉, $a^2+b^2=0$은 $a=b=0$이기 위한 필요충분조건이다.

ㄴ. 명제 '$a=b=0$이면 $ab=0$'은 참이다.

하지만 $a=1$, $b=0$일 때 $ab=0$이지만 $a \neq 0$이므로 명제 '$ab=0$이면 $a=b=0$'은 거짓이다.

즉, $ab=0$은 $a=b=0$이기 위한 필요조건이다.

ㄷ. 명제 '$a=b=0$이면 $|a|+|b|=0$'은 참이고, 명제 '$|a|+|b|=0$이면 $a=b=0$'도 참이다.

즉, $|a|+|b|=0$은 $a=b=0$이기 위한 필요충분조건이다.

이상에서 $a=b=0$이기 위한 필요충분조건인 것은 ㄱ, ㄷ이다.

답 ③

45 ⑤ $a=1$, $b=-1$일 때 $a+b=0$이지만 $a \neq 0$, $b \neq 0$이므로 명제 '$a+b=0$이면 $a=b=0$'은 거짓이다.

즉, $a+b=0$은 $a=b=0$이기 위한 충분조건이 아니다.

한편, 명제 '$a=b=0$이면 $a+b=0$'은 참이다.

따라서 $a+b=0$은 $a=b=0$이기 위한 필요조건이다.

답 ⑤

46 ㄱ. a, b가 실수이므로 $a^2+b^2=0$이면 $a=b=0$이고, $a=b=0$이면 $a^2+b^2=0$이다. 즉, $p \Longleftrightarrow q$

따라서 p는 q이기 위한 필요충분조건이다.

ㄴ. a, b가 짝수이면 $a+b$는 짝수이다. 즉, $p \Longrightarrow q$

그러나 $a=1$, $b=1$일 때 $a+b$는 짝수이지만 a, b는 홀수이다.

즉, 명제 $q \longrightarrow p$는 거짓이다.

따라서 p는 q이기 위한 충분조건이다.

ㄷ. a, b가 실수이므로 $ab>0$이면 $|a+b|=|a|+|b|$이다.

즉, $p \Longrightarrow q$

그러나 $a=b=0$일 때 $|a+b|=|a|+|b|$이지만 $ab=0$이다.

즉, 명제 $q \longrightarrow p$는 거짓이다.

따라서 p는 q이기 위한 충분조건이다.

이상에서 p가 q이기 위한 필요충분조건인 것은 ㄱ이다.

답 ①

47 ㄱ. $\sqrt{a^2}=|a|$이므로 $\sqrt{a^2}=-a$이면 $a \leq 0$이다. 즉, $p \Longrightarrow q$

또 $a \leq 0$이면 $\sqrt{a^2}=-a$이다. 즉, $q \Longrightarrow p$

따라서 $p \Longleftrightarrow q$이므로 p는 q이기 위한 필요충분조건이다.

ㄴ. $A=\varnothing$이면 $B-A=B$이다. 즉, $p \Longrightarrow q$

하지만 $B-A=B$이면 $A \cap B=\varnothing$이므로 항상 $A=\varnothing$인 것은 아니다. 즉, 명제 $q \longrightarrow p$는 거짓이다.

따라서 p는 q이기 위한 충분조건이다.

ㄷ. a, b가 유리수이면 $a+b$, ab는 모두 유리수이다. 즉, $q \Longrightarrow p$

하지만 $a=-\sqrt{3}$, $b=\sqrt{3}$일 때, $a+b$, ab는 모두 유리수이지만 a, b는 유리수가 아니다. 즉, 명제 $p \longrightarrow q$는 거짓이다.

따라서 p는 q이기 위한 필요조건이다.

이상에서 p가 q이기 위한 충분조건이고 필요조건이 아닌 것은 ㄴ이다.

답 ②

48 p가 q이기 위한 충분조건이므로 $p \Longrightarrow q$이고, $P \subset Q$가 성립한다.

ㄱ. $P \cap Q=P$ (참)

ㄴ. $Q \subset P$가 성립하지 않으면 $P \neq Q$ (거짓)

ㄷ. $P \subset Q$이므로 $P \neq Q$이면 $Q-P \neq \varnothing$ (거짓)

이상에서 항상 옳은 것은 ㄱ이다.

답 ①

49 $P-Q=\varnothing$이므로 $P \subset Q$

$P \subset Q$이므로 $P \cap Q=P$

그런데 $P \cap Q=R$이므로 $P=R$

즉, 세 집합 P, Q, R를 벤다이어그램으로 나타내면 다음 그림과 같다.

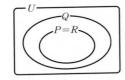

ㄱ. $P \subset Q$이므로 $p \Longrightarrow q$이고, p는 q이기 위한 충분조건이다. (참)

ㄴ. $P=R$이므로 $p \Longleftrightarrow r$이고, r는 p이기 위한 필요충분조건이다. (참)

ㄷ. $R \subset Q$이므로 $r \Longrightarrow q$이고, q는 r이기 위한 필요조건이다. (참)

이상에서 항상 옳은 것은 ㄱ, ㄴ, ㄷ이다.

답 ⑤

50 p가 $\sim q$이기 위한 충분조건이므로 $p \Longrightarrow \sim q$이고, $P \subset Q^C$이 성립한다.

ㄱ. $P \subset Q^C$에서 두 집합 P, Q는 서로소이므로

$P \cap Q=\varnothing$ (참)

ㄴ. 집합 $P \cup Q^C$은 집합 Q를 포함하지 않으므로

$P \cup Q^C \neq U$ (거짓)

ㄷ. $P \subset Q^C$이므로 $P^C \supset (Q^C)^C$

즉, $Q \subset P^C$ (참)

이상에서 옳은 것은 ㄱ, ㄷ이다.

답 ③

51 $P \subset (Q \cap R)$이므로 $P \subset Q$이고, $P \subset R$이다.

즉, $p \Longrightarrow q$, $p \Longrightarrow r$이다.

ㄱ. $p \Longrightarrow q$이므로 p는 q이기 위한 충분조건이다. (거짓)

ㄴ. $p \Longrightarrow q$이므로 $\sim q \Longrightarrow \sim p$

즉, $\sim p$는 $\sim q$이기 위한 필요조건이다. (참)

ㄷ. $p \Longrightarrow r$이므로 $\sim r \Longrightarrow \sim p$

즉, $\sim p$는 $\sim r$이기 위한 필요조건이다. (참)

이상에서 항상 옳은 것은 ㄴ, ㄷ이다.

답 ④

52 두 조건 p, q의 진리집합을 각각 P, Q라 하자.

p가 q이기 위한 필요조건이 되려면 $Q \subset P$가 성립해야 한다.

$P=\{x|x<a\}$, $Q=\{x|-4<x<3\}$이므로 $Q \subset P$가 성립하도록 두 집합 P, Q를 수직선 위에 나타내면 다음 그림과 같다.

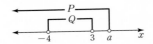

따라서 $3 \leq a$이므로 정수 a의 최솟값은 3이다.

답 ③

53 두 조건 p, q의 진리집합을 각각 P, Q라 하자.

p가 q이기 위한 충분조건이 되려면 $P \subset Q$이어야 하므로 $Q^C \subset P^C$이 성립해야 한다.

$P^C=\{x|x^2-6x+k=0\}$, $Q^C=\{x|x=2\}$

이므로 $Q^C \subset P^C$에서 $x=2$가 이차방정식 $x^2-6x+k=0$의 근이어야 한다.

즉, $4-12+k=0$

따라서 $k=8$

답 ③

54 두 조건 p, q의 진리집합을 각각 P, Q라 하자.

p가 q이기 위한 필요조건이 되려면 $Q \subset P$가 성립해야 한다.

$P=\{x||x-8| \leq 6\}=\{x|2 \leq x \leq 14\}$,

$Q=\{x|a<x<a^2+a+2\}$

이므로 $Q \subset P$가 성립하도록 두 집합 P, Q를 수직선 위에 나타내면 다음 그림과 같다.

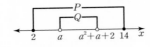

즉, $2 \leq a$, $a^2+a+2 \leq 14$이어야 한다.

이때 $a^2+a+2 \leq 14$에서

$a^2+a-12 \leq 0$

$(a+4)(a-3) \leq 0$

$-4 \leq a \leq 3$

따라서 $2 \leq a \leq 3$이므로 정수 a의 값은 2, 3이고, 그 개수는 2이다.

답 ②

55 q는 r이기 위한 충분조건이므로 $q \Longrightarrow r$이고, $\sim r \Longrightarrow \sim q$이다.
또 $\sim r$는 p이기 위한 필요조건이므로 $p \Longrightarrow \sim r$이고, $r \Longrightarrow \sim p$이다.
ㄱ. $q \longrightarrow r$는 참인 명제이다.
ㄴ. $r \longrightarrow \sim p$는 참인 명제이다.
ㄷ. $p \Longrightarrow \sim r$, $\sim r \Longrightarrow \sim q$이므로 $p \Longrightarrow \sim q$
　　즉, $p \longrightarrow \sim q$는 참인 명제이다.
이상에서 항상 참인 명제는 ㄱ, ㄴ, ㄷ이다.

답 ⑤

56 조건 (가)에서 $p \Longrightarrow \sim q$이고 $q \Longrightarrow \sim p$이다.
조건 (나)에서 $\sim r \Longrightarrow p$이고 $\sim p \Longrightarrow r$이다.
조건 (다)에서 $r \Longrightarrow \sim s$이고 $s \Longrightarrow \sim r$이다.
ㄱ. $s \Longrightarrow \sim r$, $\sim r \Longrightarrow p$이므로 $s \Longrightarrow p$
　　즉, $s \longrightarrow p$는 참인 명제이다.
ㄴ. $q \Longrightarrow \sim p$, $\sim p \Longrightarrow r$이므로 $q \Longrightarrow r$
　　즉, $q \longrightarrow r$는 참인 명제이다.
ㄷ. $s \Longrightarrow \sim r$, $\sim r \Longrightarrow p$, $p \Longrightarrow \sim q$이므로 $s \Longrightarrow \sim q$
　　즉, $s \longrightarrow \sim q$는 참인 명제이다.
이상에서 항상 참인 명제는 ㄱ, ㄴ, ㄷ이다.

답 ⑤

57 주어진 명제의 대우는
'$\boxed{a \geq 3 \text{이고 } b \geq 3}$이면 $ab \geq 9$이다.'
이다.
$\boxed{a \geq 3 \text{이고 } b \geq 3}$이면
$a-3 \geq 0$이고 $b-3 \geq 0$이므로
$(a-3) \times (b-3) \geq 0$에서
$ab - 3(a+b) + 9 \geq 0$
$ab \geq 3(a+b) - 9$
그런데 $(a-3) + (b-3) \geq 0$에서
$a + b \geq \boxed{6}$이므로
$ab \geq 3 \times 6 - 9 = 9$
즉, 대우가 참이므로 주어진 명제도 참이다.

답 ③

58 주어진 명제의 대우는
'n이 3의 배수가 아니면 n^2은 3의 배수가 아니다.'
이다.
(i) 음이 아닌 정수 k_1에 대하여
　　$n = 3k_1 + 1$이면
　　$n^2 = (3k_1 + 1)^2$
　　　　$= 9k_1^2 + 6k_1 + 1$
　　　　$= 3(\boxed{3k_1^2 + 2k_1}) + 1$
　　이므로 n^2은 3의 배수가 아니다.
(ii) 음이 아닌 정수 k_2에 대하여
　　$n = 3k_2 + 2$이면
　　$n^2 = (3k_2 + 2)^2$
　　　　$= 9k_2^2 + 12k_2 + 4$

　　　　$= 3(\boxed{3k_2^2 + 4k_2 + 1}) + 1$
　　이므로 n^2은 3의 배수가 아니다.
(i), (ii)에서 대우가 참이므로 주어진 명제도 참이다.
이상에서 $f(k_1) = 3k_1^2 + 2k_1$, $g(k_2) = 3k_2^2 + 4k_2 + 1$이므로
$f(2) + g(3) = (12 + 4) + (27 + 12 + 1)$
　　　　　　$= 16 + 40$
　　　　　　$= 56$

답 ④

59 결론을 부정하여 mn이 홀수라고 하면 m과 n이 모두 홀수이므로 음이 아닌 두 정수 a, b에 대하여
$m = 2a + 1$, $n = 2b + \boxed{1}$
로 놓을 수 있다. 이때
$m^2 + n^2 = (2a+1)^2 + (2b+1)^2$
　　　　　$= 4(a^2 + b^2) + 4(a+b) + \boxed{2}$
이므로 $m^2 + n^2$은 $\boxed{2}$의 배수이다.
따라서 $m^2 + n^2$은 짝수이고, 이는 가정에 모순이므로 mn은 짝수이다.
이상에서 $p = 1$, $q = 2$, $r = 2$이므로
$$\frac{p+q}{r} = \frac{1+2}{2} = \frac{3}{2}$$

답 ②

60 결론을 부정하여 a, b가 모두 3의 배수가 아니라고 하고, 3으로 나누었을 때의 나머지가 0, 1, 2인 자연수의 집합을 각각 S_0, S_1, S_2라 하자.
(i) $a \in S_1$, $b \in S_1$인 경우
　　음이 아닌 두 정수 m, n에 대하여
　　$a = 3m + 1$, $b = 3n + 1$로 놓으면
　　$a^2 + b^2 = (3m+1)^2 + (3n+1)^2$
　　　　　　$= 3(3m^2 + 3n^2 + 2m + 2n) + 2$
　　즉, $a^2 + b^2 \in S_2$
(ii) $a \in S_2$, $b \in S_2$인 경우
　　음이 아닌 두 정수 m, n에 대하여
　　$a = 3m + 2$, $b = 3n + 2$로 놓으면
　　$a^2 + b^2 = (3m+2)^2 + (3n+2)^2$
　　　　　　$= 3(3m^2 + 3n^2 + 4m + 4n + 2) + 2$
　　즉, $a^2 + b^2 \in S_2$
(iii) $a \in S_1$, $b \in S_2$ 또는 $a \in S_2$, $b \in S_1$인 경우
　　음이 아닌 두 정수 m, n에 대하여
　　(a) $a = 3m + 1$, $b = 3n + 2$로 놓으면
　　　　$a^2 + b^2 = (3m+1)^2 + (3n+2)^2$
　　　　　　　　$= 3(3m^2 + 3n^2 + 2m + 4n + 1) + 2$
　　(b) $a = 3m + 2$, $b = 3n + 1$로 놓으면
　　　　$a^2 + b^2 = (3m+2)^2 + (3n+1)^2$
　　　　　　　　$= 3(3m^2 + 3n^2 + 4m + 2n + 1) + 2$
　　(a), (b)에서 $a^2 + b^2 \in \boxed{S_2}$
(i)~(iii)에서 $a^2 + b^2 \in S_2$
그런데 c가 3의 배수이면 $c^2 \in \boxed{S_0}$이고, c가 3의 배수가 아니면 $c^2 \in \boxed{S_1}$이다.

즉, 이는 $a^2+b^2=c^2$이라는 가정에 모순이다.

따라서 a, b 중 적어도 하나는 3의 배수이다.

달 ④

61 $4a>0$, $b>0$이므로 산술평균과 기하평균의 관계에 의하여
$$4a+b\geq2\sqrt{4a\times b} \quad (\text{단, 등호는 } 4a=b\text{일 때 성립한다.})$$
$$=2\sqrt{4ab}$$
$$=2\sqrt{4\times9}$$
$$=2\times6$$
$$=12$$

따라서 $4a+b$의 최솟값은 12이다.

달 ⑤

62 $3a>0$, $2b>0$이므로 산술평균과 기하평균의 관계에 의하여
$$3a+2b\geq2\sqrt{3a\times2b} \quad (\text{단, 등호는 } 3a=2b\text{일 때 성립한다.})$$
$3a+2b=18$이므로
$$18\geq2\sqrt{6}\sqrt{ab}$$
$$\frac{3\sqrt{6}}{2}\geq\sqrt{ab}$$
즉, $\frac{27}{2}\geq ab$

따라서 ab의 최댓값은 $\frac{27}{2}$이다.

달 ②

63 $x>0$, $\frac{9}{x}>0$이므로 산술평균과 기하평균의 관계에 의하여
$$x+\frac{9}{x}\geq2\sqrt{x\times\frac{9}{x}} \quad \left(\text{단, 등호는 } x=\frac{9}{x}, \text{ 즉 } x=3\text{일 때 성립한다.}\right)$$
$$=2\times3$$
$$=6$$

따라서 $x+\frac{9}{x}$는 $x=3$일 때 최솟값 6을 갖는다.

즉, $a=3$, $b=6$이므로
$$a+b=3+6=9$$

달 ④

64 직선 $\frac{x}{a}+\frac{y}{b}=1$의 x절편과 y절편이 모두 양수이므로
$a>0$, $b>0$

또 점 $(2, 3)$이 직선 $\frac{x}{a}+\frac{y}{b}=1$ 위의 점이므로
$$\frac{2}{a}+\frac{3}{b}=1 \quad \cdots\cdots \text{㉠}$$

이때 $\frac{2}{a}>0$, $\frac{3}{b}>0$이므로 산술평균과 기하평균의 관계에 의하여
$$\frac{2}{a}+\frac{3}{b}\geq2\sqrt{\frac{2}{a}\times\frac{3}{b}} \quad \left(\text{단, 등호는 } \frac{2}{a}=\frac{3}{b}\text{일 때 성립한다.}\right)$$

이때 ㉠에 의하여
$$1\geq2\sqrt{\frac{6}{ab}}\text{이므로}$$
$$\sqrt{ab}\geq2\sqrt{6}$$

즉, $ab\geq24$

따라서 ab의 최솟값은 24이다.

달 ④

65 $\left(4a+\frac{1}{b}\right)\left(2b+\frac{1}{a}\right)=8ab+4+2+\frac{1}{ab}$
$$=8ab+\frac{1}{ab}+6$$

이때 $a>0$, $b>0$에서 $8ab>0$, $\frac{1}{ab}>0$이므로 산술평균과 기하평균의 관계에 의하여
$$8ab+\frac{1}{ab}\geq2\sqrt{8ab\times\frac{1}{ab}} \quad \left(\text{단, 등호는 } 8ab=\frac{1}{ab}\text{일 때 성립한다.}\right)$$
$$=2\times2\sqrt{2}$$
$$=4\sqrt{2}$$

그러므로
$$\left(4a+\frac{1}{b}\right)\left(2b+\frac{1}{a}\right)=8ab+\frac{1}{ab}+6\geq4\sqrt{2}+6$$

따라서 구하는 최솟값은 $6+4\sqrt{2}$이다.

달 ⑤

66 $(2a+b)\left(\frac{1}{a}+\frac{2}{b}\right)=2+\frac{4a}{b}+\frac{b}{a}+2$
$$=\frac{4a}{b}+\frac{b}{a}+4$$

이때 $a>0$, $b>0$에서 $\frac{4a}{b}>0$, $\frac{b}{a}>0$이므로 산술평균과 기하평균의 관계에 의하여
$$\frac{4a}{b}+\frac{b}{a}\geq2\sqrt{\frac{4a}{b}\times\frac{b}{a}} \quad \left(\text{단, 등호는 } \frac{4a}{b}=\frac{b}{a}\text{일 때 성립한다.}\right)$$
$$=2\times2$$
$$=4$$

그러므로
$$(2a+b)\left(\frac{1}{a}+\frac{2}{b}\right)=\frac{4a}{b}+\frac{b}{a}+4\geq4+4=8$$

따라서 구하는 최솟값은 8이다.

달 ③

67 $(3x+y)\left(\frac{3}{x}+\frac{4}{y}\right)=9+\frac{12x}{y}+\frac{3y}{x}+4$
$$=\frac{12x}{y}+\frac{3y}{x}+13$$

이때 $\frac{12x}{y}>0$, $\frac{3y}{x}>0$이므로 산술평균과 기하평균의 관계에 의하여
$$\frac{12x}{y}+\frac{3y}{x}\geq2\sqrt{\frac{12x}{y}\times\frac{3y}{x}} \quad \left(\text{단, 등호는 } \frac{12x}{y}=\frac{3y}{x}\text{일 때 성립한다.}\right)$$
$$=2\times6=12$$

그러므로
$$(3x+y)\left(\frac{3}{x}+\frac{4}{y}\right)=\frac{12x}{y}+\frac{3y}{x}+13$$
$$\geq12+13=25$$

따라서 구하는 최솟값은 25이다.

달 ⑤

68 $\left(a+\dfrac{2}{b}\right)\left(b+\dfrac{1}{a}\right)=ab+1+2+\dfrac{2}{ab}$

$\qquad\qquad\qquad\quad =ab+\dfrac{2}{ab}+3$

이때 $ab>0$, $\dfrac{2}{ab}>0$이므로 산술평균과 기하평균의 관계에 의하여

$ab+\dfrac{2}{ab}\geq 2\sqrt{ab\times\dfrac{2}{ab}}$ $\left(\text{단, 등호는 } ab=\dfrac{2}{ab}\text{일 때 성립한다.}\right)$

$\qquad\qquad =2\times\sqrt{2}$

$\qquad\qquad =2\sqrt{2}$

그러므로

$\left(a+\dfrac{2}{b}\right)\left(b+\dfrac{1}{a}\right)=ab+\dfrac{2}{ab}+3\geq 2\sqrt{2}+3$

따라서 $3+2\sqrt{2}\geq k$이어야 하므로 실수 k의 최댓값은 $3+2\sqrt{2}$이다.

답 ⑤

69

$f(x)=x^4-2x^3+2x^2-x+16$

$\qquad =x^4-x^3+x^2-x^3+x^2-x+16$

$\qquad =x^2(x^2-x+1)-x(x^2-x+1)+16$

$\qquad =(x^2-x+1)(x^2-x)+16$

$x^2-x+1>0$이므로

$\dfrac{f(x)}{x^2-x+1}=(x^2-x)+\dfrac{16}{x^2-x+1}$

$\qquad\qquad\quad =(x^2-x+1)+\dfrac{16}{x^2-x+1}-1$

이때 산술평균과 기하평균의 관계에 의하여

$\dfrac{f(x)}{x^2-x+1}$

$\geq 2\sqrt{(x^2-x+1)\times\dfrac{16}{x^2-x+1}}-1$

$\left(\text{단, 등호는 } x^2-x+1=4, \text{ 즉 } x=\dfrac{1\pm\sqrt{13}}{2}\text{일 때 성립한다.}\right)$

$=2\times 4-1=7$

따라서 $\dfrac{f(x)}{x^2-x+1}$의 최솟값은 7이다.

답 ②

70 직사각형의 가로와 세로의 길이를 각각 a, b라 하면
직사각형의 넓이는 ab이고, 대각선의 길이가 20이므로

$a^2+b^2=20^2=400$

$a^2>0$, $b^2>0$이므로 산술평균과 기하평균의 관계에 의하여

$a^2+b^2\geq 2\sqrt{a^2\times b^2}$ (단, 등호는 $a^2=b^2$일 때 성립한다.)

$\qquad\quad =2\sqrt{(ab)^2}$

$\qquad\quad =2ab$

즉, $400\geq 2ab$에서 $ab\leq 200$

따라서 직사각형의 넓이의 최댓값은 200이다.

답 ③

71 $S_1+S_2=(1+2+3+4+5)+(4+5)=24$

$A\neq\varnothing$, $B\neq\varnothing$이므로 $S_1>0$, $S_2>0$이고,
산술평균과 기하평균의 관계에 의하여

$S_1+S_2\geq 2\sqrt{S_1\times S_2}$ (단, 등호는 $S_1=S_2$일 때 성립한다.)

$24\geq 2\sqrt{S_1\times S_2}$에서

$\sqrt{S_1\times S_2}\leq 12$

즉, $S_1\times S_2\leq 144$

따라서 $S_1\times S_2$의 최댓값은 144이다.

답 144

72 삼각형 PAB는 $\angle APB=90°$인 직각삼각형이므로
삼각형 PAB의 넓이는

$\dfrac{1}{2}\times 8\times 6=24$

또 피타고라스 정리에 의하여

$\overline{AB}^2=8^2+6^2=100$

한편, 삼각형 AQB에서 $\overline{AQ}=x$, $\overline{BQ}=y$ $(x>0, y>0)$이라 하면
삼각형 AQB는 $\angle AQB=90°$인 직각삼각형이므로 피타고라스 정리에
의하여

$x^2+y^2=100$

이고, 삼각형 AQB의 넓이는 $\dfrac{1}{2}\times x\times y=\dfrac{1}{2}xy$이다.

$x>0$, $y>0$이므로 산술평균과 기하평균의 관계에 의하여

$x^2+y^2\geq 2\sqrt{x^2y^2}=2xy$ (단, 등호는 $x=y$일 때 성립한다.)

즉, $100\geq 2xy$에서 $xy\leq 50$

따라서 사각형 PAQB의 넓이는

$24+\dfrac{1}{2}xy\leq 24+\dfrac{1}{2}\times 50=49$

이므로 구하는 최댓값은 49이다.

답 ③

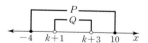
서술형 완성하기 본문 49~50쪽

01 2	**02** 35	**03** 갑, 정	**04** 9	**05** 9
06 960	**07** 6	**08** 10	**09** 17	**10** 8

01 두 조건 p, q의 진리집합을 각각 P, Q라 하면

$P=\{x|-4\leq x\leq 10\}$, $Q=\{x|k+1<x<k+3\}$ ······ ❶

p가 q이기 위한 필요조건이므로 $Q\subset P$가 성립해야 한다.

즉, $-4\leq k+1$, $k+3\leq 10$이므로

$-5\leq k\leq 7$ ······ ❷

따라서 정수 k의 최댓값은 7, 최솟값은 -5이므로 그 합은

$7+(-5)=2$ ······ ❸

답 2

단계	채점 기준	비율
❶	두 조건 p, q의 진리집합을 구한 경우	40 %
❷	정수 k의 값의 범위를 구한 경우	40 %
❸	정수 k의 최댓값, 최솟값과 그 합을 구한 경우	20 %

02 x에 대한 두 조건 p, q를

p: $x^2-5x-6\leq0$

q: $|x-a|\leq b$

라 하자.

명제 $p \longrightarrow q$의 역 $q \longrightarrow p$가 참이고,

명제 $p \longrightarrow q$의 대우가 참이므로 명제 $p \longrightarrow q$도 참이다.

즉, p는 q이기 위한 필요충분조건이다.

두 조건 p, q의 진리집합을 각각 P, Q라 하면

$P=Q$ ····· **❶**

조건 p의 $x^2-5x-6\leq0$에서

$(x+1)(x-6)\leq0$

$-1\leq x\leq6$

조건 q의 $|x-a|\leq b$에서

$-b\leq x-a\leq b$

$a-b\leq x\leq a+b$

즉, $P=\{x|-1\leq x\leq6\}$, $Q=\{x|a-b\leq x\leq a+b\}$이므로

$P=Q$가 되려면

$a-b=-1$ ····· ㉠

$a+b=6$ ····· ㉡

㉠, ㉡을 연립하여 풀면

$a=\dfrac{5}{2}$, $b=\dfrac{7}{2}$ ····· **❷**

따라서 $4ab=4\times\dfrac{5}{2}\times\dfrac{7}{2}=35$ ····· **❸**

답 35

단계	채점 기준	비율
❶	$P=Q$임을 구한 경우	40 %
❷	a, b의 값을 구한 경우	40 %
❸	$4ab$의 값을 구한 경우	20 %

03 (나)에서 을이 A 팀이면 병은 B 팀이고,

(다)의 대우에서 병이 B 팀이면 정은 A 팀이고, ····· **❶**

(가)의 대우에서 정이 A 팀이면 갑은 A 팀이다. ····· **❷**

즉, 갑, 을, 정은 A 팀, 병은 B 팀이다.

따라서 을과 같은 팀인 사람은 갑, 정이다. ····· **❸**

답 갑, 정

단계	채점 기준	비율
❶	(다)의 대우를 활용한 경우	40 %
❷	(가)의 대우를 활용한 경우	40 %
❸	을과 같은 팀인 사람을 구한 경우	20 %

04 두 조건 p, q의 진리집합을 각각 P, Q라 하면

$P=\{x|1<x<5\}$

$Q=\{x|a-1<x<a+1\}$ ····· **❶**

p가 q이기 위한 필요조건이 되려면 $Q\subset P$가 성립해야 한다. ····· **❷**

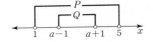

즉, $1\leq a-1$, $a+1\leq5$이므로

$2\leq a\leq4$

따라서 정수 a의 값은 2, 3, 4이고, 그 합은

$2+3+4=9$ ····· **❸**

답 9

단계	채점 기준	비율
❶	두 조건 p, q의 진리집합을 구한 경우	40 %
❷	$Q\subset P$임을 구한 경우	40 %
❸	정수 a의 값과 그 합을 구한 경우	20 %

05 사각형 ABCD는 한 변의 길이가 4인 정사각형이므로 두 대각선의 교점을 지나는 직선에 의해 넓이가 이등분된다. 즉, 점 (a, b)는 정사각형 ABCD의 두 대각선의 교점이다. ····· **❶**

정사각형의 두 대각선은 서로 다른 것을 수직이등분하므로 점 (a, b)는 정사각형 ABCD의 대각선 AC의 중점인 점 $\left(\dfrac{1+5}{2}, \dfrac{1+5}{2}\right)$, 즉

점 $(3, 3)$이다. ····· **❷**

따라서 $a=3$, $b=3$이므로

$a\times b=3\times3=9$ ····· **❸**

답 9

단계	채점 기준	비율
❶	점 (a, b)의 위치를 파악한 경우	60 %
❷	점 (a, b)를 구한 경우	20 %
❸	$a\times b$의 값을 구한 경우	20 %

06 10의 양의 약수는 1, 2, 5, 10이므로 집합 X는 1, 2, 5, 10 중 적어도 한 개를 포함하고 있는 집합이다. ····· **❶**

즉, 집합 X의 개수는 전체집합 $U=\{1, 2, 3, \cdots, 10\}$의 부분집합의 개수에서 집합 $\{3, 4, 6, 7, 8, 9\}$의 부분집합의 개수를 빼서 구하면 된다. ····· **❷**

따라서 구하는 집합 X의 개수는

$2^{10}-2^6=1024-64=960$ ····· **❸**

답 960

단계	채점 기준	비율
❶	명제의 의미를 파악한 경우	40 %
❷	포함 관계를 이용하여 집합 X의 개수를 구하는 방법을 파악한 경우	40 %
❸	집합 X의 개수를 구한 경우	20 %

07 두 조건 p, q의 진리집합을 각각 P, Q라 하자.

조건 p의 $x^2-(a+b)x+ab\leq0$에서

$(x-a)(x-b)\leq0$

$a\leq x\leq b$

즉, $P=\{x|a\leq x\leq b\}$

조건 q의 $x^2-x-6<0$에서

$(x+2)(x-3)<0$
$-2<x<3$
즉, $Q=\{x\,|\,-2<x<3\}$ ...... ❶
p가 q이기 위한 충분조건이 되려면 $P\subset Q$가 성립해야 한다.
즉, $-2<a$이고 $b<3$이므로
$-2<a<b<3$ ...... ❷
a, b는 정수이므로
$a=-1$일 때 $b=0$, 1, 2
$a=0$일 때 $b=1$, 2
$a=1$일 때 $b=2$
따라서 모든 순서쌍 (a, b)의 개수는
$3+2+1=6$ ...... ❸

답 6

단계	채점 기준	비율
❶	두 조건 p, q의 진리집합을 구한 경우	40 %
❷	a, b 사이의 관계를 구한 경우	40 %
❸	순서쌍 (a, b)의 개수를 구한 경우	20 %

08 $x^2+6x+y^2-2y+k=(x+3)^2+(y-1)^2+k-10$
이므로 주어진 부등식은
$(x+3)^2+(y-1)^2\geq10-k$ ...... ❶
이때 $(x+3)^2\geq0$, $(y-1)^2\geq0$이므로 모든 실수 x, y에 대하여 주어진 부등식이 성립하려면 $10-k\leq0$이어야 한다. ...... ❷
따라서 $k\geq10$이므로 실수 k의 최솟값은 10이다. ...... ❸

답 10

단계	채점 기준	비율
❶	완전제곱식으로 변형한 경우	40 %
❷	k의 값의 범위를 구한 경우	40 %
❸	k의 최솟값을 구한 경우	20 %

09 $x>2$이므로 $x^2-4>0$, $\dfrac{25}{x^2-4}>0$
그러므로 산술평균과 기하평균의 관계에 의하여
$x^2+\dfrac{25}{x^2-4}$
$=x^2-4+\dfrac{25}{x^2-4}+4$ ...... ❶
$\geq2\sqrt{(x^2-4)\times\dfrac{25}{x^2-4}}+4$
$\left(\text{단, 등호는 }x^2-4=\dfrac{25}{x^2-4}\text{일 때 성립한다.}\right)$
$=2\times5+4$
$=14$ ...... ❷
이때 $x^2-4=\dfrac{25}{x^2-4}$에서
$x^2-4=5$, $x^2=9$
$x>2$이므로 $x=3$

따라서 $x^2+\dfrac{25}{x^2-4}$는 $x=3$일 때 최솟값 14를 갖는다.
즉, $a=3$, $b=14$이므로
$a+b=3+14=17$ ...... ❸

답 17

단계	채점 기준	비율
❶	식을 변형한 경우	30 %
❷	산술평균과 기하평균의 관계를 이용한 경우	40 %
❸	$a+b$의 값을 구한 경우	30 %

10 $a>0$, $b>0$이므로 산술평균과 기하평균의 관계에 의하여
$a+b\geq2\sqrt{ab}$ (단, 등호는 $a=b$일 때 성립한다.) ...... ㉠ ...... ❶
$b>0$, $c>0$이므로 산술평균과 기하평균의 관계에 의하여
$b+c\geq2\sqrt{bc}$ (단, 등호는 $b=c$일 때 성립한다.) ...... ㉡ ...... ❷
$c>0$, $a>0$이므로 산술평균과 기하평균의 관계에 의하여
$c+a\geq2\sqrt{ca}$ (단, 등호는 $c=a$일 때 성립한다.) ...... ㉢ ...... ❸
㉠, ㉡, ㉢에서
$(a+b)(b+c)(c+a)$
$\geq2\sqrt{ab}\times2\sqrt{bc}\times2\sqrt{ca}$ (단, 등호는 $a=b=c$일 때 성립한다.)
$=8\sqrt{a^2b^2c^2}$
$=8abc$
이므로
$\dfrac{(a+b)(b+c)(c+a)}{abc}\geq8$
따라서 $k\leq8$이어야 하므로 실수 k의 최댓값은 8이다. ...... ❹

답 8

단계	채점 기준	비율
❶	a, b에 대하여 산술평균과 기하평균의 관계를 이용한 경우	20 %
❷	b, c에 대하여 산술평균과 기하평균의 관계를 이용한 경우	20 %
❸	c, a에 대하여 산술평균과 기하평균의 관계를 이용한 경우	20 %
❹	세 식에서 k의 최댓값을 구한 경우	40 %

내신 + 수능 고난도 도전 본문 51~52쪽

01 ⑤ **02** ④ **03** 64 **04** ⑤ **05** ④
06 8 **07** ③ **08** ③

01 $(a-b)^2+(a-4)^2=0$에서
$a=b$이고 $a=4$이므로
$a=b=4$
따라서 조건 '$(a-b)^2+(a-4)^2=0$'의 부정은 $a\neq b$ 또는 $a\neq4$이므로 'a, b 중 적어도 하나는 4가 아니다.'이다.

답 ⑤

02 p가 $\sim q$이기 위한 필요충분조건이므로
$$P=Q^C$$
또 p는 r이기 위한 필요조건이므로
$$R\subset P$$
세 집합 P, Q, R를 벤다이어그램으로 나타
내면 오른쪽 그림과 같다.

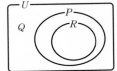

ㄱ. $P-Q=P$ (거짓)
ㄴ. $P\cap R=R$ (참)
ㄷ. $Q\cap R=\varnothing$ (참)
이상에서 항상 옳은 것은 ㄴ, ㄷ이다.

답 ④

03 명제 $\sim p \longrightarrow q$가 참이 되려면
$P^C\subset Q$가 성립해야 한다.
이때 $P=\{1, 2, 3, 4, 6, 12\}$이므로
$P^C=\{5, 7, 8, 9, 10, 11\}$
즉, $\{5, 7, 8, 9, 10, 11\}\subset Q\subset U$
따라서 전체집합 U의 부분집합 Q는 5, 7, 8, 9, 10, 11을 반드시 원소
로 가지므로 구하는 집합 Q의 개수는
$$2^{12-6}=2^6=64$$

답 64

04 ㄱ. 두 조건 'p: $x=1$', 'q: $x^2=1$'의 진리집합을 각각 P, Q라
하면
$$P=\{1\},\ Q=\{-1, 1\}$$
이므로 $P\subset Q$
따라서 p는 q이기 위한 충분조건이다. (참)
ㄴ. 두 조건 'p: $x>2$', 'q: $x>3$'의 진리집합을 각각 P, Q라 하면
$$P=\{x\,|\,x>2\},\ Q=\{x\,|\,x>3\}$$
이므로 $Q\subset P$
따라서 p는 q이기 위한 필요조건이다. (참)
ㄷ. 명제 '$a^2+b^2=0$이면 $a=b=0$'은 참이고, 명제 '$a=b=0$이면
$a^2+b^2=0$'도 참이므로 $a^2+b^2=0$은 $a=b=0$이기 위한 필요충분
조건이다. (참)
이상에서 옳은 것은 ㄱ, ㄴ, ㄷ이다.

답 ⑤

05 (가)에서
'노력하지 않는 학생은 과학을 좋아하지 않는다.'
는 참이고, (나)에서
'과학을 좋아하지 않는 학생은 수학을 좋아하지 않는다.'
도 참이므로
'노력하지 않는 학생은 수학을 좋아하지 않는다.'
도 참이다.

답 ④

06 명제 $q \longrightarrow p$가 참이므로 $Q\subset P$가 성립해야 한다.
또 명제 $r \longrightarrow q$가 참이므로 $R\subset Q$가 성립해야 한다.

즉, $R\subset Q\subset P$
이를 만족시키도록 세 집합 P, Q, R를 수직선 위에 나타내면 다음 그
림과 같다.

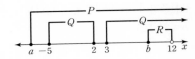

즉, $a\leq-5$이고 $3\leq b<12$
따라서 $b-a$의 값이 최소일 때는 b의 값이 최소이고 a의 값이 최대일
때이므로 $b-a$의 최솟값은
$$3-(-5)=8$$

답 8

07 ㄱ. $R\subset Q$이므로 명제 $r \longrightarrow q$는 참이다.
ㄴ. 명제 $\sim p \longrightarrow \sim q$의 대우는 $q \longrightarrow p$이고, $Q\not\subset P$이므로
명제 $q \longrightarrow p$는 거짓이다.
따라서 명제 $\sim p \longrightarrow \sim q$는 거짓이다.
ㄷ. $P\subset R^C$이므로 명제 $p \longrightarrow \sim r$는 참이다.
이상에서 항상 참인 명제는 ㄱ, ㄷ이다.

답 ③

08 x^2+y^2-2kxy
$=(x^2-2kxy+k^2y^2)+y^2-k^2y^2$
$=(x-ky)^2+(1-k^2)y^2$
임의의 두 실수 x, y와 정수 k에 대하여 $(x-ky)^2\geq0$이므로
$x^2+y^2-2kxy\geq0$이 성립하려면 $(1-k^2)y^2\geq0$이어야 한다.
이때 $y^2\geq0$이므로
$1-k^2\geq0$에서 $-1\leq k\leq 1$
따라서 정수 k의 값은 -1, 0, 1이고, 그 개수는 3이다.

답 ③

V. 함수와 그래프

12 함수

본문 55~59쪽

개념 확인하기

01 ○	**02** ×	**03** ×	**04** ○	**05** ×
06 ○	**07** ○	**08** ×		

09 정의역: $\{1, 2, 3\}$, 공역: $\{a, b, c, d\}$, 치역: $\{b, d\}$
10 정의역: $\{1, 2, 3\}$, 공역: $\{1, 2, 3\}$, 치역: $\{1, 2, 3\}$
11 정의역: 실수 전체의 집합, 공역: 실수 전체의 집합,
　　치역: $\{y \,|\, y \geq 1\}$
12 정의역: $\{x \,|\, x \geq 1\}$, 공역: 실수 전체의 집합, 치역: $\{y \,|\, y \geq 2\}$
13 정의역: 실수 전체의 집합, 공역: 실수 전체의 집합,
　　치역: $\{y \,|\, y \geq 0\}$
14 정의역: $\{x \,|\, x \neq 0, x$는 실수$\}$, 공역: 실수 전체의 집합,
　　치역: $\{y \,|\, y \neq 0, y$는 실수$\}$

15 ○	**16** ×	**17** ○	**18** ○

19 풀이 참조　　　**20** 풀이 참조

21 ○	**22** ×	**23** ○	**24** ×	**25** ㄱ, ㄴ, ㄷ
26 ㄴ, ㄷ	**27** ㄷ	**28** ㄹ	**29** ㄱ, ㄴ	**30** ㄱ, ㄴ
31 ㄱ	**32** ㄹ	**33** ㄷ, ㄹ	**34** ㄷ, ㄹ	**35** ㄷ
36 ㄱ	**37** 풀이 참조		**38** 풀이 참조	
39 6	**40** 16	**41** 3	**42** 1	

43 $(f \circ g)(x) = x^2 + 2$　　**44** $(g \circ f)(x) = (x+2)^2$
45 $(f \circ f)(x) = x + 4$　　**46** $(g \circ g)(x) = x^4$

47 ㄱ, ㄷ	**48** 2	**49** 8	**50** $y = -\dfrac{1}{2}x + 2$
51 $y = 3x - 3$	**52** 3	**53** 4	**54** 5
55 8	**56** 풀이 참조		**57** 풀이 참조
58 풀이 참조	**59** 풀이 참조		
60 풀이 참조	**61** 풀이 참조		

01 답 ○

02 $x = 3$에 대응하는 y가 없으므로 함수가 아니다.
답 ×

03 $x = 3$에 대응하는 y가 2개이므로 함수가 아니다.
답 ×

04 답 ○

05 x에 대응하는 y가 2개인 경우가 있으므로 함수가 아니다.
[반례] $x = 1$에 대응하는 y는 ± 1로 2개이다.
답 ×

06 답 ○

07 답 ○

08 x에 대응하는 y가 2개인 경우가 있으므로 함수가 아니다.
[반례] $x = 1$에 대응하는 y는 ± 1로 2개이다.
답 ×

09 답 정의역: $\{1, 2, 3\}$, 공역: $\{a, b, c, d\}$, 치역: $\{b, d\}$

10 답 정의역: $\{1, 2, 3\}$, 공역: $\{1, 2, 3\}$, 치역: $\{1, 2, 3\}$

11 답 정의역: 실수 전체의 집합, 공역: 실수 전체의 집합,
　　치역: $\{y \,|\, y \geq 1\}$

12 답 정의역: $\{x \,|\, x \geq 1\}$, 공역: 실수 전체의 집합,
　　치역: $\{y \,|\, y \geq 2\}$

13 답 정의역: 실수 전체의 집합, 공역: 실수 전체의 집합,
　　치역: $\{y \,|\, y \geq 0\}$

14 답 정의역: $\{x \,|\, x \neq 0, x$는 실수$\}$, 공역: 실수 전체의 집합,
　　치역: $\{y \,|\, y \neq 0, y$는 실수$\}$

15 $f(-1) = g(-1) = 3$, $f(0) = g(0) = 1$이므로 $f = g$
답 ○

16 $f(-1) = -1$, $g(-1) = 1$이므로 $f \neq g$
답 ×

17 $f(-1) = g(-1) = 1$, $f(0) = g(0) = 1$이므로 $f = g$
답 ○

18 $f(-1) = g(-1) = -2$, $f(0) = g(0) = 0$이므로 $f = g$
답 ○

19 답

20 답

21 답 ○

22 $x=2$에 대응하는 y가 무수히 많으므로 함수가 아니다.

답 ×

23 답 ○

24 x에 대응하는 y가 2개인 경우가 있으므로 함수가 아니다.

답 ×

25 답 ㄱ, ㄴ, ㄷ

26 답 ㄴ, ㄷ

27 답 ㄷ

28 답 ㄹ

29 답 ㄱ, ㄴ

30 답 ㄱ, ㄴ

31 답 ㄱ

32 답 ㄹ

33 답 ㄷ, ㄹ

34 답 ㄷ, ㄹ

35 답 ㄷ

36 답 ㄱ

37 답
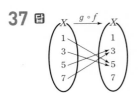

38 답

39 $(f \circ g)(2) = f(g(2)) = f(4) = 6$

답 6

40 $(g \circ f)(2) = g(f(2)) = g(4) = 16$

답 16

41 $(f \circ f)(-1) = f(f(-1)) = f(1) = 3$

답 3

42 $(g \circ g)(-1) = g(g(-1)) = g(1) = 1$

답 1

43 $(f \circ g)(x) = f(g(x)) = f(x^2) = x^2 + 2$

답 $(f \circ g)(x) = x^2 + 2$

44 $(g \circ f)(x) = g(f(x)) = g(x+2) = (x+2)^2$

답 $(g \circ f)(x) = (x+2)^2$

45 $(f \circ f)(x) = f(f(x)) = f(x+2) = x+4$

답 $(f \circ f)(x) = x+4$

46 $(g \circ g)(x) = g(g(x)) = g(x^2) = x^4$

답 $(g \circ g)(x) = x^4$

47 역함수가 존재하기 위한 필요충분조건은 일대일대응이므로 일대일대응인 함수를 찾으면 ㄱ, ㄷ이다.

답 ㄱ, ㄷ

48 $f^{-1}(5) = a$에서 $5 = f(a)$
$f(a) = 3a - 1 = 5$
따라서 $a = 2$

답 2

49 $f^{-1}(b) = 3$에서 $b = f(3) = 3 \times 3 - 1 = 8$

답 8

50 $y = -2x + 4$에서 $x = -\dfrac{1}{2}y + 2$
x와 y를 서로 바꾸면 구하는 역함수는
$y = -\dfrac{1}{2}x + 2$

답 $y = -\dfrac{1}{2}x + 2$

51 $y = \dfrac{1}{3}x + 1$에서 $x = 3y - 3$
x와 y를 서로 바꾸면 구하는 역함수는
$y = 3x - 3$

답 $y = 3x - 3$

52 $f^{-1}(2) = a$라 하면 $2 = f(a)$
따라서 $a = 3$이므로 $f^{-1}(2) = 3$

답 3

53 $(f^{-1})^{-1}(1)=f(1)=4$

답 4

54 $(f^{-1}\circ f)(5)=f^{-1}(f(5))=f^{-1}(8)=5$

답 5

55 $(f\circ f^{-1})(8)=f(f^{-1}(8))=f(5)=8$

답 8

56 답
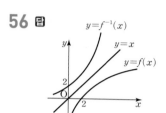

57 답
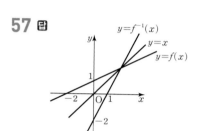

58 답
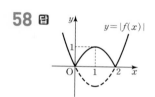

59 답
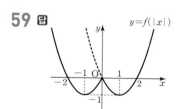

60 답
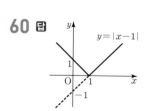

61 답
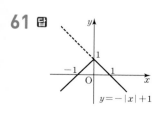

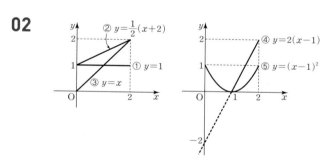

유형 완성하기

본문 60~75쪽

01 ③	02 ④	03 ⑤	04 9	05 ①
06 ②	07 8	08 ②	09 ③	10 ②
11 ④	12 ⑤	13 ③	14 ②	15 ③
16 ⑤	17 7	18 ②	19 ①	20 ②
21 ②	22 6	23 ②	24 ①	25 ④
26 ①	27 ②	28 ④	29 ②	30 ⑤
31 ②	32 ⑤	33 36	34 30	35 81
36 ③	37 ⑤	38 ①	39 ④	40 14
41 ④	42 ③	43 ③	44 ①	45 ⑤
46 ②	47 ④	48 ③	49 ⑤	50 ③
51 15	52 ⑤	53 ③	54 ②	55 4
56 ⑤	57 1024	58 ①	59 29	60 ②
61 ②	62 ③	63 ④	64 ②	65 ③
66 ②	67 ①	68 ④	69 ④	70 ①
71 ②	72 ②	73 ②	74 ①	75 ⑤
76 ②	77 7	78 ⑤	79 ①	80 ②
81 ③	82 ③	83 ④	84 ②	85 ④
86 ⑤	87 ④	88 ⑤	89 ④	90 6
91 ⑤	92 $15\le a<16$		93 ①	94 ⑤
95 4	96 3	97 ④	98 ③	99 4
100 ①				

01 ㄱ. $f(-1)=3$, $f(0)=2$, $f(1)=1$이므로 함수이다.

ㄴ. $g(0)=0\not\in Y$이므로 함수가 아니다.

ㄷ. $h(-1)=1$, $h(0)=1$, $h(1)=4$이므로 함수이다.

이상에서 함수인 것은 ㄱ, ㄷ이다.

답 ③

02

④ $y=2(x-1)$에서

　$0\le x<1$일 때, $-1\le x-1<0$, $-2\le 2(x-1)<0$

　$0\le x<1$인 x에 대응하는 값이 공역에 없으므로 함수가 아니다.

답 ④

03 $f(x)=ax+b$ (a, b는 자연수)의 그래프는 직선이므로
$1\le x\le 3$인 x에 대응하는 $f(x)$의 범위가 $1\le f(x)\le 7$이면
$f(x)=ax+b$는 함수이다.

$1\le f(1)\le 7$에서

$1 \leq a+b \leq 7$ ...... ㉠

$1 \leq f(3) \leq 7$에서

$1 \leq 3a+b \leq 7$ ...... ㉡

㉠, ㉡을 모두 만족시키는 두 자연수 a, b의 순서쌍 (a, b)는 $(1, 1)$, $(1, 2)$, $(1, 3)$, $(1, 4)$, $(2, 1)$로 5개이다.

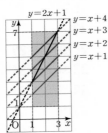

답 ⑤

04 $f(-1)=-(-1)^2+4=3$

$f(1)=-1^2+4=3$

$f(3)=3 \times 3-6=3$

따라서

$f(-1)+f(1)+f(3)=3+3+3$
$=9$

답 9

05 $f(2)=2^2+2 \times 2-5=3$

$g(3)=-2 \times 3+3=-3$

따라서

$f(2)g(3)=3 \times (-3)$
$=-9$

답 ①

06 $5=7 \times 0+5$이므로 $f(5)=5$

$10=7 \times 1+3$이므로 $f(10)=3$

$15=7 \times 2+1$이므로 $f(15)=1$

$20=7 \times 2+6$이므로 $f(20)=6$

따라서

$f(5)+f(10)+f(15)+f(20)=5+3+1+6$
$=15$

답 ②

07 $f(3)=2 \times 3=6$

$f(6)=f(6-5)-3$
$=f(1)-3$
$=2 \times 1-3$
$=-1$

$f(9)=f(9-5)-3$
$=f(4)-3$
$=2 \times 4-3$
$=5$

$f(12)=f(12-5)-3$
$=f(7)-3$
$=\{f(7-5)-3\}-3$
$=f(2)-6$
$=2 \times 2-6$
$=-2$

따라서

$f(3)+f(6)+f(9)+f(12)=6+(-1)+5+(-2)$
$=8$

답 8

08 함수 $f(x)=2x+k$의 그래프는 기울기가 2인 직선이므로 함숫값 $f(x)$의 집합, 즉 치역이 공역의 부분집합이 되도록 k의 값의 범위를 잡으면 된다.

$1 \leq f(2) \leq 7$에서

$1 \leq 4+k \leq 7$

$-3 \leq k \leq 3$ ...... ㉠

$1 \leq f(4) \leq 7$에서

$1 \leq 8+k \leq 7$

$-7 \leq k \leq -1$ ...... ㉡

㉠, ㉡을 모두 만족해야 하므로

$-3 \leq k \leq -1$

따라서 $a=-3$, $b=-1$이므로

$a+b=-4$

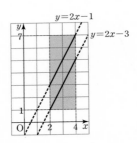

답 ②

09

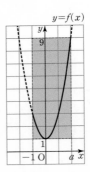

함수 $f(x)=2x^2+1$에 대하여 함수 $y=f(x)$의 그래프의 축이 직선 $x=0$이므로

$f(x)$의 최솟값 $b=f(0)=1$

$f(-1)=3$이므로

$f(x)$의 최댓값 $9=f(a)$

$9=2a^2+1$, $a^2=4$

$a > -1$이므로 $a = 2$

따라서 $a + b = 2 + 1 = 3$

답 ③

10 $f(x) = -x^2 + 4x + b$
$\qquad = -(x-2)^2 + b + 4$

$f(1) = b + 3$

$f(2) = b + 4$

$f(4) = b$

함수 $y = f(x)$의 그래프의 축이 직선 $x = 2$이므로

$f(0) = f(4)$, $f(1) = f(3)$

조건 (가)에서 집합 A의 원소의 개수는 3이므로

$a = 0$ 또는 $a = 3$

그런데 a는 자연수이므로 $a = 3$

이때 $A = \{b, b+3, b+4\}$이므로

조건 (나)에 의하여

$b + (b+3) + (b+4) = 3b + 7 = 22$

$3b = 15$, $b = 5$

따라서 $a + b = 3 + 5 = 8$

답 ②

11 $f(x+y) = f(x)f(y)$ $\qquad$ ……㉠

㉠에 $x = 1$, $y = 1$을 대입하면

$f(2) = f(1)f(1) = 2 \times 2 = 4$

㉠에 $x = 2$, $y = 2$를 대입하면

$f(4) = f(2)f(2) = 4 \times 4 = 16$

답 ④

12 $f(x) = 4 - f(6-x)$에서

$f(x) + f(6-x) = 4$ $\qquad$ ……㉠

㉠에 $x = 1$을 대입하면

$f(1) + f(5) = 4$

㉠에 $x = 2$를 대입하면

$f(2) + f(4) = 4$

㉠에 $x = 3$을 대입하면

$f(3) + f(3) = 4$

$2f(3) = 4$, $f(3) = 2$

따라서

$f(1) + f(2) + f(3) + f(4) + f(5)$

$= \{f(1) + f(5)\} + f(3) + \{f(2) + f(4)\}$

$= 4 + 2 + 4$

$= 10$

답 ⑤

13 $f(x+4) = f(x) + 3$에서

$f(x) = f(x+4) - 3$ $\qquad$ ……㉠

㉠에 $x = 13$을 대입하면

$f(13) = f(17) - 3 = 15 - 3 = 12$

㉠에 $x = 9$를 대입하면

$f(9) = f(13) - 3 = 12 - 3 = 9$

㉠에 $x = 5$를 대입하면

$f(5) = f(9) - 3 = 9 - 3 = 6$

㉠에 $x = 1$을 대입하면

$f(1) = f(5) - 3 = 6 - 3 = 3$

답 ③

14 $f(-1) = 0$, $g(-1) = 1 - a + b$

$f(-1) = g(-1)$이어야 하므로

$1 - a + b = 0$

$a - b = 1$ $\qquad$ ……㉠

$f(1) = 4$, $g(1) = 1 + a + b$

$f(1) = g(1)$이어야 하므로

$1 + a + b = 4$

$a + b = 3$ $\qquad$ ……㉡

㉠, ㉡을 연립하여 풀면

$a = 2$, $b = 1$

따라서 $ab = 2 \times 1 = 2$

답 ②

15 $f(-1) = 3$, $g(-1) = a - b$

$f(-1) = g(-1)$이어야 하므로

$a - b = 3$ $\qquad$ ……㉠

$f(1) = 3$, $g(1) = a + b$

$f(1) = g(1)$이어야 하므로

$a + b = 3$ $\qquad$ ……㉡

㉠, ㉡을 연립하여 풀면

$a = 3$, $b = 0$

따라서 $2a + b = 2 \times 3 + 0 = 6$

답 ③

16 $f(-1) = -3$, $g(-1) = b - 8$에서

$f(-1) = g(-1)$이어야 하므로

$b - 8 = -3$

$b = 5$

$f(a) = 3a|a|$, $g(a) = 5a^2 - 8$에서

$f(a) = g(a)$이어야 하므로

$3a|a| = 5a^2 - 8$

(i) $a \geq 0$인 경우

$\qquad 3a^2 = 5a^2 - 8$, $2a^2 = 8$

$\qquad a^2 = 4$

$\qquad a \geq 0$이므로 $a = 2$

(ii) $a < 0$인 경우

$\qquad -3a^2 = 5a^2 - 8$, $8a^2 = 8$

$\qquad a^2 = 1$

$\qquad a < 0$이므로 $a = -1$

그런데 $a \neq -1$이므로 이 경우는 조건을 만족하지 않는다.

따라서 $a=2$, $b=5$이므로
$a+b=7$

답 ⑤

17 $f(x)=g(x)$를 만족하는 x를 구하면
$x^3-6x^2+5x-3=-6x+3$
$x^3-6x^2+11x-6=0$
$(x-1)(x-2)(x-3)=0$
$x=1$ 또는 $x=2$ 또는 $x=3$
따라서 조건을 만족시키는 집합 X는 집합 $\{1, 2, 3\}$의 공집합이 아닌
부분집합이므로 그 개수는
$2^3-1=7$

답 7

18 $f(x)=ax+b$에서
$f(1)=a+b=5$ ····· ㉠
$f(2)=2a+b=3$ ····· ㉡
㉠, ㉡을 연립하여 풀면
$a=-2$, $b=7$
$g(x)=bx+a=7x-2$
따라서 $g(2)=7\times2-2=12$

답 ②

19 $f(x)=ax^2+bx+c$에서
$f(0)=c=3$
$f(1)=a+b+c=a+b+3=1$
$a+b=-2$ ····· ㉠
$f(3)=9a+3b+c$
$\quad=9a+3b+3=9$
$9a+3b=6$
$3a+b=2$ ····· ㉡
㉠, ㉡을 연립하여 풀면
$a=2$, $b=-4$
$g(x)=ax+b+c$
$\quad=2x+(-4)+3$
$\quad=2x-1$
따라서 $g(5)=2\times5-1=9$

답 ①

20 $f(0)=f(4)=0$이므로
$f(x)=ax^2+bx+c=ax(x-4)$
두 함수 $y=f(x)$, $y=g(x)$의 그래프의 축이 직선 $x=2$이고 함수
$g(x)$의 치역의 최솟값이 -2이므로
$g(2)=f(2)=a\times2\times(-2)=-2$
에서 $a=\dfrac{1}{2}$
즉, $f(x)=\dfrac{1}{2}x(x-4)=\dfrac{1}{2}x^2-2x$

따라서 $a=\dfrac{1}{2}$, $b=-2$, $c=0$이므로
$a+b+c=-\dfrac{3}{2}$

답 ②

21 f가 일대일함수이므로 $f(6)\ne2$, $f(6)\ne3$이다.
즉, $f(6)=1$ 또는 $f(6)=4$
따라서 $f(6)$이 될 수 있는 모든 값의 합은
$1+4=5$

답 ②

22 1의 함숫값을 $f(1)$, 2의 함숫값을 $f(2)$라 하면 일대일함수가 되
는 $f(1)$, $f(2)$의 순서쌍 $(f(1), f(2))$는
(a, b), (a, c), (b, a), (b, c), (c, a), (c, b)
따라서 구하는 함수의 개수는 6이다.

답 6

23 일대일함수의 그래프는 치역의 각 원소 b에 대하여 x축에 평행한
직선 $y=b$와 오직 한 점에서 만난다.
따라서 일대일함수의 그래프는 ㄱ, ㄴ이다.

답 ②

24 일대일함수의 그래프는 ㄱ, ㄴ이고 이 중 공역과 치역이 같은 것
은 ㄱ뿐이다.
따라서 일대일대응의 그래프는 ㄱ이다.

답 ①

25 ㄱ. [반례] $f(x)=x^2-4$에서
$x_1=-2$, $x_2=2$라 하면 $x_1\ne x_2$이지만
$f(x_1)=f(x_2)=0$
즉, $f(x)=x^2-4$는 일대일함수가 아니므로
일대일대응이 아니다.

ㄴ. $g(x)=-2x-3$은 일대일함수이고 치역과 공역이 모두 실수 전체
의 집합으로 서로 같으므로 일대일대응이다.

ㄷ. $h(x)=\begin{cases}3x+1 & (x\le0) \\ 2x^2+1 & (x>0)\end{cases}$ 은 일대일함수이고 치역과 공역이 실수
전체의 집합으로 서로 같으므로 일대일대응이다.

이상에서 일대일대응은 ㄴ, ㄷ이다.

답 ④

26 $f(-1)=1+b$, $f(0)=b$, $f(a)=a^2+b$
$a\ne-1$, $a\ne0$이므로 $b\ne a^2+b$, $b+1\ne a^2+b$
즉, $f(x)$는 일대일함수이므로
$\{b, b+1, a^2+b\}=\{3, 4, 7\}$ ····· ㉠
이면 함수 $f(x)$는 일대일대응이다.

(i) $b=3$인 경우

$\{b, b+1, a^2+b\}=\{3, 4, a^2+3\}=\{3, 4, 7\}$

에서 $a^2+3=7$

$a^2=4$

즉, $a=2$ 또는 $a=-2$

(ii) $b=4$인 경우

$\{b, b+1, a^2+b\}=\{4, 5, a^2+4\}\neq\{3, 4, 7\}$

즉, ㉠을 만족시키지 않는다.

(iii) $b=7$인 경우

$\{b, b+1, a^2+b\}=\{7, 8, a^2+7\}\neq\{3, 4, 7\}$

즉, ㉠을 만족시키지 않는다.

(i)~(iii)에서

$a+b=2+3=5$ 또는 $a+b=-2+3=1$

따라서 $a+b$의 최댓값은 5이다.

답 ①

27

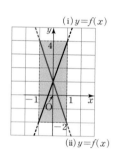

(i) $f(x)$가 증가하는 함수인 경우

$f(-1)=-2$, $f(1)=4$이어야 하므로

$-a+b=-2$ ...... ㉠

$a+b=4$ ...... ㉡

㉠, ㉡을 연립하여 풀면

$a=3$, $b=1$

즉, $ab=3$

(ii) $f(x)$가 감소하는 함수인 경우

$f(-1)=4$, $f(1)=-2$이어야 하므로

$-a+b=4$ ...... ㉢

$a+b=-2$ ...... ㉣

㉢, ㉣을 연립하여 풀면

$a=-3$, $b=1$

즉, $ab=-3$

(i), (ii)에서 ab의 최솟값은 -3이다.

답 ②

28 $f(x)=\dfrac{1}{2}x^2-3x+\dfrac{5}{2}$

$\qquad=\dfrac{1}{2}(x-3)^2-2$

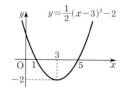

$x\geq3$에서 $f(x)$는 증가하는 함수이므로 $a\geq3$일 때 함수 $f(x)$는 일대일대응이다.

따라서 a의 최솟값은 3이다.

답 ④

29 $a>0$이고, 직선 $y=a(x+3)$이 점 $(0, 2)$를 지나야 함수 $f(x)$가 실수 전체의 집합에서 증가하는 함수이고, 치역과 공역이 같은 일대일대응이 된다.

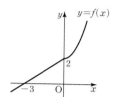

따라서 $3a=2$에서

$a=\dfrac{2}{3}$

답 ②

30 ㄱ. $f(x)=x$에서

$f(-1)=-1$,

$f(1)=1$

이므로 $f(x)$는 항등함수이다.

ㄴ. $g(x)=x|x|$에서

$g(-1)=(-1)\times|-1|=-1$,

$g(1)=1\times|1|=1$

이므로 $g(x)$는 항등함수이다.

ㄷ. $h(x)=x^2+x-1$에서

$h(-1)=1-1-1=-1$,

$h(1)=1+1-1=1$

이므로 $h(x)$는 항등함수이다.

이상에서 항등함수인 것은 ㄱ, ㄴ, ㄷ이다.

답 ⑤

31 $g(x)=c$ (c는 상수)라 하면

$f(1)+f(2)+g(3)+g(4)=1+2+c+c=10$

$2c=7$, $c=\dfrac{7}{2}$

따라서 $g(x)=\dfrac{7}{2}$이므로

$g(5)=\dfrac{7}{2}$

답 ②

32 $f(x)=x^3-x^2-3x+4=x$를 만족하는 x의 값을 구하면

$x^3-x^2-4x+4=0$

$x^2(x-1)-4(x-1)=0$

$(x^2-4)(x-1)=0$

$(x+2)(x-1)(x-2)=0$

$x=-2$ 또는 $x=1$ 또는 $x=2$

따라서 집합 X는 집합 $\{-2, 1, 2\}$의 공집합이 아닌 부분집합이므로 $X=\{1, 2\}$일 때, $S(X)=3$으로 최대이다.

답 ⑤

33 (i) X에서 X로의 함수 f의 개수

$f(1)$이 될 수 있는 값은 1, 3, 5로 3개

$f(3)$이 될 수 있는 값은 1, 3, 5로 3개

$f(5)$가 될 수 있는 값은 1, 3, 5로 3개

따라서 $a=3\times3\times3=3^3=27$

(ii) X에서 X로의 일대일대응 f의 개수

$f(1)$이 될 수 있는 값은 1, 3, 5로 3개

$f(3)$이 될 수 있는 값은 $f(1)$을 제외한 2개

$f(5)$가 될 수 있는 값은 $f(1)$과 $f(3)$을 제외한 1개

따라서 $b=3\times2\times1=6$

(iii) X에서 X로의 상수함수 f의 개수

$f(x)=1$, $f(x)=3$, $f(x)=5$

따라서 $c=3$

(i)~(iii)에서 $a+b+c=27+6+3=36$

답 36

34 집합 Y의 원소의 개수를 k라 하면

(X에서 Y로의 함수의 개수)$=k^2=36$에서

$k=6$

따라서 X에서 Y로의 일대일함수의 개수는

$6\times5=30$

답 30

35 X에서 Y로의 상수함수의 개수가 3이므로 집합 Y의 원소의 개수는 3이다.

따라서 X에서 Y로의 함수의 개수는

$3^4=81$

답 81

36 $(f\circ g)(1)=f(g(1))$
$=f(1)$
$=1-2+3$
$=2$

$(g\circ f)(2)=g(f(2))$
$=g(4-4+3)$
$=g(3)$
$=5$

따라서
$(f\circ g)(1)+(g\circ f)(2)=2+5$
$=7$

답 ③

37 $(f\circ g)(1)=f(g(1))$
$=f(2)$
$=2+4$
$=6$

$(f\circ g)(3)=f(g(3))$
$=f(-2)$
$=-4+6+1$
$=3$

따라서
$(f\circ g)(1)+(f\circ g)(3)=6+3$
$=9$

답 ⑤

38 $(f\circ g)(1)=f(g(1))$
$=f(b+1)$
$=-3(b+1)+a$
$=-4$

에서 $a=3b-1$ ······ ㉠

$(g\circ f)(2)=g(f(2))$
$=g(-6+a)$
$=b(-6+a)+1$
$=-1$

에서 $ab-6b+2=0$ ······ ㉡

㉠을 ㉡에 대입하면

$(3b-1)b-6b+2=0$

$3b^2-7b+2=0$

$(b-2)(3b-1)=0$

$b=2$ 또는 $b=\dfrac{1}{3}$

$b=2$일 때, $a=3\times2-1=5$

$b=\dfrac{1}{3}$일 때, $a=3\times\dfrac{1}{3}-1=0$

그런데 $a\neq0$이므로 $a=5$, $b=2$

따라서 $a+b=7$

답 ①

39 ㄱ. 일반적으로 합성함수의 교환법칙은 성립하지 않는다.

$g\circ f\neq f\circ g$ (거짓)

ㄴ. 일반적으로 합성함수의 결합법칙은 성립한다.

$(f\circ g)\circ h=f\circ(g\circ h)$ (참)

ㄷ. I가 항등함수이므로

$(f\circ I)(x)=f(I(x))=f(x)$

$(I\circ f)(x)=I(f(x))=f(x)$

$f\circ I=I\circ f=f$ (참)

이상에서 옳은 것은 ㄴ, ㄷ이다.

답 ④

40 조건 (나)에서 정의역의 임의의 원소 x에 대하여

$(f\circ g)(x)=f(g(x))=f(x)$

조건 (가)에서 f가 일대일대응이므로

$f(g(x))=f(x)$이면 $g(x)=x$

$(f\circ g)(3)=f(g(3))=f(3)=5$

$(g \circ f)(5) = g(f(5)) = g(9) = 9$
따라서
$(f \circ g)(3) + (g \circ f)(5) = 5 + 9$
$= 14$

답 14

41 $((f \circ g) \circ h)(1) = (f \circ (g \circ h))(1)$
$= f((g \circ h)(1))$
$= f(3+b)$
$= a(3+b)+1$
$= 3$
에서 $ab + 3a - 2 = 0$ $\cdots\cdots$ ㉠
$(g \circ (h \circ f))(-1) = ((g \circ h) \circ f)(-1)$
$= (g \circ h)(f(-1))$
$= (g \circ h)(-a+1)$
$= 3(-a+1)+b$
$= 5$
에서 $b = 3a + 2$ $\cdots\cdots$ ㉡
㉡을 ㉠에 대입하면
$a(3a+2) + 3a - 2 = 0$
$3a^2 + 5a - 2 = 0$
$(a+2)(3a-1) = 0$
$a = -2$ 또는 $a = \dfrac{1}{3}$
그런데 a는 정수이므로 $a = -2$
$a = -2$를 ㉡에 대입하면
$b = -4$
따라서 $ab = (-2) \times (-4) = 8$

답 ④

42 $(f \circ g)(x) = f(g(x))$
$= f(ax+1)$
$= -3(ax+1)+2$
$= -3ax - 1$
$(g \circ f)(x) = g(f(x))$
$= g(-3x+2)$
$= a(-3x+2)+1$
$= -3ax + 2a + 1$
$(f \circ g)(x) = (g \circ f)(x)$이므로
$-3ax - 1 = -3ax + 2a + 1$에서
$-1 = 2a + 1, \ 2a = -2$
따라서 $a = -1$

답 ③

43 $(f \circ g)(-3) = f(g(-3))$
$= f(9+b)$
$= 2(9+b)+1$
$= 2b + 19$

$(g \circ f)(-3) = g(f(-3))$
$= g(-5)$
$= 25 + b$
$(f \circ g)(-3) = (g \circ f)(-3)$이므로
$2b + 19 = 25 + b$에서 $b = 6$
즉, $g(x) = x^2 + 6$
$(f \circ g)(a) = f(g(a))$
$= f(a^2+6)$
$= 2(a^2+6)+1$
$= 2a^2 + 13$
$(g \circ f)(a) = g(f(a))$
$= g(2a+1)$
$= (2a+1)^2 + 6$
$= 4a^2 + 4a + 7$
$(f \circ g)(a) = (g \circ f)(a)$이므로
$2a^2 + 13 = 4a^2 + 4a + 7$에서
$2a^2 + 4a - 6 = 0$
$a^2 + 2a - 3 = 0$
$(a-1)(a+3) = 0$
$a = 1$ 또는 $a = -3$
그런데 $a \neq -3$이므로 $a = 1$
따라서 $a + b = 1 + 6 = 7$

답 ③

44 $(f \circ g)(x) = f(g(x))$
$= f(2x-1)$
$= a(2x-1)+b$
$= 2ax - a + b$
$(g \circ f)(x) = g(f(x))$
$= g(ax+b)$
$= 2(ax+b)-1$
$= 2ax + 2b - 1$
$(f \circ g)(x) = (g \circ f)(x)$이므로
$2ax - a + b = 2ax + 2b - 1$에서
$-a + b = 2b - 1$
$a + b = 1$
따라서 $f(1) = a + b = 1$

답 ①

45 $(f \circ f)(x) = f(f(x))$
$= f\left(\dfrac{1}{2}x + 2\right)$
$= \dfrac{1}{2}\left(\dfrac{1}{2}x + 2\right) + 2$
$= \dfrac{1}{4}x + 3$

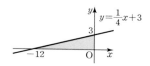

직선 $y=\frac{1}{4}x+3$의 x절편이 -12, y절편이 3이므로 구하는 넓이는

$\frac{1}{2}\times12\times3=18$

답 ⑤

46 $(f\circ f\circ f)(-1)=f(f(f(-1)))$
$\qquad=f(f(-1-1+3))$
$\qquad=f(f(1))$
$\qquad=f(-1+1+3)$
$\qquad=f(3)$
$\qquad=\frac{1}{3}\times3-3$
$\qquad=-2$

답 ②

47 $(f\circ f)(-3)=f(f(-3))$
$\qquad=f\left(\frac{1}{2}\times(-3)+1\right)$
$\qquad=f\left(-\frac{1}{2}\right)$
$\qquad=\frac{1}{2}\times\left(-\frac{1}{2}\right)+1$
$\qquad=\frac{3}{4}$

$(f\circ f)(-1)=f(f(-1))$
$\qquad=f\left(\frac{1}{2}\times(-1)+1\right)$
$\qquad=f\left(\frac{1}{2}\right)$
$\qquad=2\times\frac{1}{2}+1$
$\qquad=2$

$(f\circ f)(1)=f(f(1))$
$\qquad=f(2\times1+1)$
$\qquad=f(3)$
$\qquad=2\times3+1$
$\qquad=7$

따라서 구하는 값은

$\frac{3}{4}+2+7=\frac{39}{4}$

답 ④

48 $(f\circ f)(x)=f(f(x))$
$\qquad=\frac{1}{4}x+4$ ······ ㉠

㉠에 $x=8$을 대입하면

$f(f(8))=\frac{1}{4}\times8+4=6$

그런데 $f(8)=4$이므로

$f(f(8))=f(4)$

따라서 $f(4)=6$

답 ③

49 $f(h(x))=g(x)$에서

$2h(x)-1=4x^2-6x+3$

$2h(x)=4x^2-6x+4$

$h(x)=2x^2-3x+2$

답 ⑤

50 $(f\circ h)(x)=f(h(x))=g(x)$이므로

$f(h(-2))=g(-2)$에서

$h(-2)=k$라 하면

$f(k)=g(-2)$

$k^2+k-2=4\times(-2)^2-6\times(-2)$

$k^2+k-30=0$

$(k+6)(k-5)=0$

$k=-6$ 또는 $k=5$

따라서 $h(-2)$가 될 수 있는 모든 값의 합은

$-6+5=-1$

답 ③

51 $(g\circ f)(x)=g(f(x))=x^2+4x+3$

이므로 $g(1)$의 값을 구하기 위하여 $f(a)=1$이라 하면

$g(1)=g(f(a))=a^2+4a+3$

$f(a)=\frac{3a-2}{4}=1$에서

$3a-2=4$, $3a=6$

$a=2$

즉, $f(2)=1$

따라서

$g(1)=g(f(2))=2^2+4\times2+3=15$

답 15

52 $(f\circ f)(1)=f(f(1))=f(2)=3$
$(f\circ f)(2)=f(f(2))=f(3)=5$
$(f\circ f)(3)=f(f(3))=f(5)=3$

따라서

$(f\circ f)(1)+(f\circ f)(2)+(f\circ f)(3)$
$=3+5+3$
$=11$

답 ⑤

53 $(f\circ f\circ f)(1)=f(f(f(1)))$
$\qquad=f(f(2))$
$\qquad=f(4)$
$\qquad=3$

답 ③

54 $(g\circ f)(a)=g(f(a))=2$

에서 $f(a)=k$라 하면

$g(k)=2$ ······ ㉠

주어진 $y=g(x)$의 그래프에서 ㉠을 만족하는 k의 값은 3뿐이므로
$f(a)=3$ ...... ㉡
주어진 $y=f(x)$의 그래프에서 ㉡을 만족하는 a의 값은 1뿐이므로
$a=1$
$b=(g \circ f \circ g)(3)$
$\quad =g(f(g(3)))$
$\quad =g(f(2))$
$\quad =g(5)$
$\quad =1$
따라서 $a+b=1+1=2$

답 ②

55 $(f \circ f)(a)=f(f(a))=3$
에서 $f(a)=k$라 하면
$f(k)=3$ ...... ㉠
주어진 그래프에서 ㉠을 만족하는 k의 값은 1, 4이다.

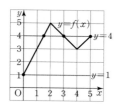

(ⅰ) $f(a)=1$인 경우
　$y=f(x)$의 그래프와 직선 $y=1$이 만나는 점은 위의 그림과 같이 1개
　이므로 $f(a)=1$을 만족시키는 a의 값은 1개이다.
(ⅱ) $f(a)=4$인 경우
　$y=f(x)$의 그래프와 직선 $y=4$가 만나는 점은 위의 그림과 같이 3개
　이므로 $f(a)=4$를 만족시키는 a의 값은 3개이다.
(ⅰ), (ⅱ)에서 구하는 a의 개수는
$1+3=4$

답 4

56 $(f \circ f)(a)=f(f(a))=2$
에서 $f(a)=k$라 하면
$f(k)=2$ ...... ㉠
㉠을 만족시키는 k의 값을 구하면
(ⅰ) $0 \le k \le 2$일 때
　$-2k+4=2$, $2k=2$
　즉, $k=1$
(ⅱ) $2 < k \le 4$일 때
　$2k-4=2$, $2k=6$
　즉, $k=3$
(ⅰ), (ⅱ)에서 $f(a)=1$, $f(a)=3$
$f(a)=1$을 만족하는 a의 값을 구해 보자.
$0 \le a \le 2$일 때,
　$-2a+4=1$, $a=\dfrac{3}{2}$
$2 < a \le 4$일 때,
　$2a-4=1$, $a=\dfrac{5}{2}$

$f(a)=3$을 만족시키는 a의 값을 구해 보자.
$0 \le a \le 2$일 때,
　$-2a+4=3$, $a=\dfrac{1}{2}$
$2 < a \le 4$일 때,
　$2a-4=3$, $a=\dfrac{7}{2}$
따라서 구하는 모든 a의 값의 합은
$\dfrac{1}{2}+\dfrac{3}{2}+\dfrac{5}{2}+\dfrac{7}{2}=8$

답 ⑤

참고
함수 $y=f(x)$의 그래프가 직선 $x=2$에 대하여 대칭이므로 $f(a)=1$
을 만족하는 a의 값을 α, β라 하면
$\dfrac{\alpha+\beta}{2}=2$, $\alpha+\beta=4$
같은 방법으로 $f(a)=3$을 만족하는 a의 값을 γ, δ라 하면 $\gamma+\delta=4$
이다.

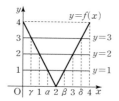

따라서 구하는 모든 a의 값의 합은
$\alpha+\beta+\gamma+\delta=4+4=8$

57 $f^1(1)=f(1)=2$
$f^2(1)=(f \circ f^1)(1)=f(f^1(1))=f(2)=2^2$
$f^3(1)=(f \circ f^2)(1)=f(f^2(1))=f(2^2)=2^3$
$f^4(1)=(f \circ f^3)(1)=f(f^3(1))=f(2^3)=2^4$
　$\vdots$
이므로 $f^{10}(1)=2^{10}=1024$

답 1024

58 $f^1(1)=f(1)=-1$
$f^2(1)=(f \circ f^1)(1)=f(f^1(1))=f(-1)=3$
$f^3(1)=(f \circ f^2)(1)=f(f^2(1))=f(3)=3$
$f^4(1)=(f \circ f^3)(1)=f(f^3(1))=f(3)=3$
　$\vdots$
이므로 $f^{10}(1)=3$

답 ①

59 $f^1(1)=f(1)=3$
$f^2(1)=(f \circ f^1)(1)=f(f^1(1))=f(3)=7$
$f^3(1)=(f \circ f^2)(1)=f(f^2(1))=f(7)=15$
$f^4(1)=(f \circ f^3)(1)=f(f^3(1))=f(15)=f(0)=1$
$f^5(1)=(f \circ f^4)(1)=f(f^4(1))=f(1)=3=f^1(1)$

$f^6(1)=(f\circ f^5)(1)=f(f^5(1))=f(3)=7=f^2(1)$

$f^7(1)=(f\circ f^6)(1)=f(f^6(1))=f(7)=15=f^3(1)$

$f^8(1)=(f\circ f^7)(1)=f(f^7(1))=f(15)=f(0)=1=f^4(1)$

$\vdots$

이므로 3, 7, 15, 1이 차례대로 반복된다.

따라서

$f^5(1)+f^{10}(1)+f^{15}(1)+f^{20}(1)+f^{25}(1)$

$=f^1(1)+f^2(1)+f^3(1)+f^4(1)+f^1(1)$

$=3+7+15+1+3$

$=29$

답 29

60 $f(3)=-1$에서

$3a-2=-1,\ 3a=1$

$a=\dfrac{1}{3}$

즉, $f(x)=\dfrac{1}{3}x-2$

$f^{-1}(1)=b$에서 $f(b)=1$

$\dfrac{1}{3}b-2=1,\ \dfrac{1}{3}b=3$

$b=9$

따라서 $ab=\dfrac{1}{3}\times9=3$

답 ②

61 $2x-1=3$에서 $x=2$이므로

$f(3)=f(2\times2-1)$

$\qquad=\dfrac{2+a}{3}=\dfrac{4}{3}$

에서 $a=2$

즉, $f(2x-1)=\dfrac{x+2}{3}$

$f^{-1}(b)=7$에서 $f(7)=b$

$2x-1=7$에서 $x=4$이므로

$f(7)=f(2\times4-1)$

$\qquad=\dfrac{4+2}{3}$

$\qquad=2=b$

따라서 $a+b=2+2=4$

답 ②

62 (i) $x\le1$일 때

$-2x\ge-2,\ -2x+3\ge1$

즉, $f(x)\ge1$

(ii) $x>1$일 때

$f(x)=-x^2-2x+4$

$\qquad=-(x+1)^2+5$

$x>1$에서 $(x+1)^2>4$이므로

$-(x+1)^2<-4$

$-(x+1)^2+5<1$

즉, $f(x)<1$

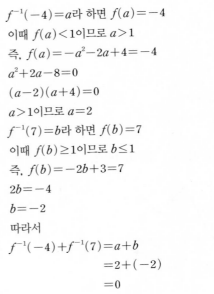

$f^{-1}(-4)=a$라 하면 $f(a)=-4$

이때 $f(a)<1$이므로 $a>1$

즉, $f(a)=-a^2-2a+4=-4$

$a^2+2a-8=0$

$(a-2)(a+4)=0$

$a>1$이므로 $a=2$

$f^{-1}(7)=b$라 하면 $f(b)=7$

이때 $f(b)\ge1$이므로 $b\le1$

즉, $f(b)=-2b+3=7$

$2b=-4$

$b=-2$

따라서

$f^{-1}(-4)+f^{-1}(7)=a+b$

$\qquad\qquad\qquad\quad=2+(-2)$

$\qquad\qquad\qquad\quad=0$

답 ③

63 역함수가 존재하기 위해서는 일대일대응이어야 한다.

ㄱ. 함수 $y=x^2-4$는 일대일대응이 아니므로 역함수가 존재하지 않는다.

ㄴ. 함수 $y=-4x+2$는 일대일대응이므로 역함수가 존재한다.

ㄷ. 함수 $f(x)=\begin{cases}x & (x\le0)\\ x^2 & (x>0)\end{cases}$ 은 일대일대응이므로 역함수가 존재한다.

이상에서 역함수가 존재하는 것은 ㄴ, ㄷ이다.

답 ④

64 함수 $f(x)=-2x+b$가 감소하는 함수이고 역함수가 존재하므로 f는 일대일대응, 즉 공역과 치역이 같다.

그러므로 $f(-1)=5,\ f(2)=a$이다.

$f(-1)=5$에서 $2+b=5$

$b=3$

즉, $f(x)=-2x+3$

$a=f(2)=-4+3=-1$

따라서 $a+b=-1+3=2$

답 ②

65 $f(x)=ax+b$는 일대일함수이므로 함수 f의 공역과 치역이 같아야 역함수가 존재한다.

(i) $a>0$일 때

$f(x)=ax+b$는 증가하는 함수이므로

$f(0)=a$에서 $a=b$

$f(2)=b$에서 $2a+b=b$, $a=0$

즉, $a=b=0$이 되어 $a>0$이라는 조건을 만족시키지 않는다.

(ii) $a<0$일 때

$f(x)=ax+b$는 감소하는 함수이므로

$f(0)=b$에서 $b=b$

$f(2)=a$에서 $2a+b=a$, $a+b=0$

따라서 $f(1)=a+b=0$

답 ③

66 $f(x)=x^2-4x+7=(x-2)^2+3$

이므로 $a\geq2$이어야 정의역이 $X=\{x|x\geq a\}$, 공역이
$Y=\{y|y\geq f(a)\}$인 함수 $f(x)=x^2-4x+7$은 일대일대응이 되어
역함수가 존재한다.

따라서 a의 최솟값은 2이다.

답 ②

67 $f(x)=x^2-x-8$

$\qquad = \left(x-\dfrac{1}{2}\right)^2-\dfrac{33}{4}$

이므로 $a\leq\dfrac{1}{2}$이어야 $x\leq a$에서 f는 감소하는 함수가 된다.

공역과 치역이 같아야 하므로 $f(a)=a$에서

$a^2-a-8=a$

$a^2-2a-8=0$

$(a+2)(a-4)=0$

$a=-2$ 또는 $a=4$

그런데 $a\leq\dfrac{1}{2}$이므로 $a=-2$

답 ①

68 함수 f는 일대일대응, 즉 치역이 실수 전체의 집합이고 연속으로
이어진 증가하는 함수이어야 한다.

$g(x)=x^2+ax+b$라 하면 함수 $y=g(x)$의 그래프의 축이 직선
$x=-\dfrac{a}{2}$이므로 $-\dfrac{a}{2}\leq1$이어야 한다.

즉, $a\geq-2$ $\qquad$ ……㉠

또 $f(1)=2\times1+1=3$이므로 $g(1)=3$이어야 한다.

$1+a+b=3$, $b=2-a$

이때 ㉠에 의해 $-a\leq2$, $2-a\leq4$이므로

$b=2-a\leq4$

따라서 구하는 자연수 b는 1, 2, 3, 4로 4개이다.

답 ④

69 $y=\dfrac{1}{2}x-2$에서 $x=2y+4$

x와 y를 서로 바꾸면 $y=2x+4$

$f^{-1}(x)=2x+4$

따라서 $a=2$, $b=4$이므로

$ab=8$

답 ④

70 $y=ax+2$에서 $x=\dfrac{1}{a}y-\dfrac{2}{a}$

x와 y를 서로 바꾸면 $y=\dfrac{1}{a}x-\dfrac{2}{a}$

$f^{-1}(x)=-\dfrac{1}{3}x+b=\dfrac{1}{a}x-\dfrac{2}{a}$이므로

$-\dfrac{1}{3}=\dfrac{1}{a}$에서 $a=-3$

$b=-\dfrac{2}{a}=\dfrac{2}{3}$

따라서 $ab=-2$

답 ①

71 $y=ax+2$에서 $x=\dfrac{1}{a}y-\dfrac{2}{a}$

x와 y를 서로 바꾸면 $y=\dfrac{1}{a}x-\dfrac{2}{a}$

$f^{-1}(x)=ax+2=\dfrac{1}{a}x-\dfrac{2}{a}$이므로

$a=\dfrac{1}{a}$에서 $a^2=1$

$a=1$ 또는 $a=-1$ $\qquad$ ……㉠

$2=-\dfrac{2}{a}$에서 $a=-1$ $\qquad$ ……㉡

㉠, ㉡에서 $a=-1$이므로

$f(x)=f^{-1}(x)=-x+2$

따라서 직선 $y=-x+2$의 x절편은 2, y절편은 2이므로
구하는 넓이는

$\dfrac{1}{2}\times2\times2=2$

답 ②

72 함수 $f(x)=\dfrac{1}{4}x+2$가 역함수가 존재하는 증가하는 함수이므로
$f(a)=3$이다.

즉, $\dfrac{1}{4}a+2=3$이므로 $a=4$

$y=\dfrac{1}{4}x+2$에서 $x=4y-8$

x와 y를 서로 바꾸면 $y=4x-8$

$f^{-1}(x)=4x+b=4x-8$ $(x\geq3)$이므로

$b=-8$

따라서 $a+b=4+(-8)=-4$

답 ②

73 $y=\dfrac{1}{3}x+2$에서 $x=3y-6$

x와 y를 서로 바꾸면 $y=3x-6$

그런데 $x\geq0$에서 $f(x)\geq2$이므로

$f^{-1}(x)=3x+a$ $(x\geq b)$

$\qquad\quad =3x-6$ $(x\geq2)$

따라서 $a=-6$, $b=2$이므로

$a+b=-4$

답 ②

74 (i) $x \leq 2$일 때

$y=2x-3$에서 $x=\dfrac{1}{2}y+\dfrac{3}{2}$

x와 y를 서로 바꾸면 $y=\dfrac{1}{2}x+\dfrac{3}{2}$

그런데 $x \leq 2$에서 $f(x) \leq 1$이므로

$f^{-1}(x)=\dfrac{1}{2}x+\dfrac{3}{2} \ (x \leq 1)$

(ii) $x > 2$일 때

$y=\dfrac{1}{4}x+\dfrac{1}{2}$에서 $x=4y-2$

x와 y를 서로 바꾸면 $y=4x-2$

그런데 $x > 2$에서 $f(x) > 1$이므로

$f^{-1}(x)=4x-2 \ (x > 1)$

따라서 $f^{-1}(x)=\begin{cases} \dfrac{1}{2}x+\dfrac{3}{2} & (x \leq 1) \\ 4x-2 & (x > 1) \end{cases}$이므로

$a=\dfrac{1}{2}$, $b=1$, $c=-2$

즉, $a+b+c=-\dfrac{1}{2}$

답 ①

75 $f(4x+1)=6x-\dfrac{1}{2}$에서

$4x+1=t$라 하면 $x=\dfrac{t-1}{4}$

$f(t)=6 \times \dfrac{t-1}{4}-\dfrac{1}{2}=\dfrac{3}{2}t-2$

즉, $f(x)=\dfrac{3}{2}x-2$

$y=\dfrac{3}{2}x-2$에서 $x=\dfrac{2}{3}y+\dfrac{4}{3}$

x와 y를 서로 바꾸면 $y=\dfrac{2}{3}x+\dfrac{4}{3}$

$f^{-1}(x)=ax+b=\dfrac{2}{3}x+\dfrac{4}{3}$이므로

$a=\dfrac{2}{3}$, $b=\dfrac{4}{3}$

따라서 $a+b=2$

답 ⑤

76 $(f^{-1} \circ g)(1)=f^{-1}(g(1))=9$에서

$g(1)=f(9)$이므로

$2+a=\dfrac{1}{3} \times 9+2$

따라서 $a=3$

답 ②

77 $(f^{-1} \circ g)(3)=f^{-1}(g(3))$
$\qquad\qquad\quad =f^{-1}(2)$
$\qquad\qquad\quad =4$

$(f \circ g^{-1})(4)=f(g^{-1}(4))$
$\qquad\qquad\quad =f(1)$
$\qquad\qquad\quad =3$

따라서

$(f^{-1} \circ g)(3)+(f \circ g^{-1})(4)=4+3$
$\qquad\qquad\qquad\qquad\qquad\quad =7$

답 7

78 $(f \circ g^{-1})(a)=f(g^{-1}(a))=5$에서

$g^{-1}(a)=k$라 하면

$a=g(k)=k-3$

$k=a+3$이므로

$f(g^{-1}(a))=f(k)=f(a+3)=5$에서

$\dfrac{a+3}{2}-1=5$

$\dfrac{a+3}{2}=6$

$a+3=12$

따라서 $a=9$

답 ⑤

79 $(f \circ g)(x)=f(g(x))$
$\qquad\qquad\quad =f(ax-3)$
$\qquad\qquad\quad =2(ax-3)+a$
$\qquad\qquad\quad =2ax-6+a$

$4x+b=2ax-6+a$에서

$4=2a$, $a=2$

$b=-6+a=-6+2=-4$

$g(x)=2x-3$

$g^{-1}(c)=4$에서

$c=g(4)=2 \times 4-3=5$

따라서 $a+b+c=2+(-4)+5=3$

답 ①

80 $(g \circ f)^{-1}(3)=(f^{-1} \circ g^{-1})(3)$
$\qquad\qquad\qquad =f^{-1}(g^{-1}(3))=4$

에서 $g^{-1}(3)=f(4)$

그런데 $g(2)=3$이므로 $g^{-1}(3)=f(4)=2$

$(f \circ g^{-1})(3)=f(g^{-1}(3))=4$에서

$g^{-1}(3)=2$이므로 $f(2)=4$

$(g^{-1} \circ f)(3)=g^{-1}(f(3))=4$에서

$f(3)=g(4)=1$

$f(2)=4$, $f(3)=1$, $f(4)=2$이고 함수 f가 일대일대응이므로

$f(1)=3$

따라서 $f(1)+g(4)=3+1=4$

답 ②

81 조건 (나)에서 $f(g^{-1}(x))=g^{-1}(f(x))$ $\quad$······ ㉠

㉠에 $x=1$을 대입하면

$f(g^{-1}(1))=g^{-1}(f(1))$

그런데 $f(1)=3$이고, $g(2)=1$, 즉 $g^{-1}(1)=2$이므로

$f(2)=g^{-1}(3)$

(i) $f(2)=1$인 경우

$f(2)=g^{-1}(3)=1$에서 $g(1)=3$

$f(1)=3$, $f(2)=1$이고 함수 f는 일대일대응이므로

$f(3)=2$

$g(1)=3$, $g(2)=1$이고 함수 g는 일대일대응이므로

$g(3)=2$

이때 $f=g$

(ii) $f(2)=2$인 경우

$f(2)=g^{-1}(3)=2$에서 $g(2)=3$

그런데 조건 (가)에서 $g(2)=1$이므로 이 경우 g는 함수가 아니다.

(i), (ii)에서 조건을 만족시키는 두 일대일대응 f, g는 (i)의 경우만 가능하다.

따라서

$f(3)+g(3)+(f^{-1}\circ g^{-1})(2)$

$=2f(3)+f^{-1}(f^{-1}(2))$

$=2\times 2+f^{-1}(3)$

$=4+1$

$=5$

답 ③

82 $((f\circ g)^{-1}\circ f)(4)=(g^{-1}\circ f^{-1}\circ f)(4)$

$\qquad\qquad\qquad\quad=(g^{-1}\circ(f^{-1}\circ f))(4)$

$\qquad\qquad\qquad\quad=g^{-1}((f^{-1}\circ f)(4))$

$\qquad\qquad\qquad\quad=g^{-1}(4)$

$g^{-1}(4)=k$라 하면 $g(k)=4$

$g(k)=3k-5=4$에서

$3k=9$, $k=3$

따라서 $((f\circ g)^{-1}\circ f)(4)=3$

답 ③

83 $g(x)=f^{-1}(x)$이므로

$g^{-1}(8)=(f^{-1})^{-1}(8)$

$\qquad\quad=f(8)$

$\qquad\quad=-\dfrac{1}{4}\times 8+6$

$\qquad\quad=4$

답 ④

84 $(g\circ f^{-1})^{-1}(5)=((f^{-1})^{-1}\circ g^{-1})(5)$

$\qquad\qquad\qquad\quad=(f\circ g^{-1})(5)$

$\qquad\qquad\qquad\quad=f(g^{-1}(5))$

$g^{-1}(5)=k$라 하면 $g(k)=5$

$g(k)=4k-3=5$에서

$4k=8$, $k=2$

따라서

$f(g^{-1}(5))=f(2)$

$\qquad\qquad=-3\times 2+2$

$\qquad\qquad=-4$

답 ②

85 $((g\circ f)^{-1}\circ(g\circ f^{-1}))(2)$

$\quad=(f^{-1}\circ g^{-1}\circ g\circ f^{-1})(2)$

$\quad=(f^{-1}\circ f^{-1})(2)$

$\quad=f^{-1}(f^{-1}(2))$

$y=3x+5$에서 $x=\dfrac{1}{3}y-\dfrac{5}{3}$

x와 y를 서로 바꾸면 $y=\dfrac{1}{3}x-\dfrac{5}{3}$

즉, $f^{-1}(x)=\dfrac{1}{3}x-\dfrac{5}{3}$이므로

$f^{-1}(f^{-1}(2))=f^{-1}(-1)=-2$

답 ④

86 $(f\circ g^{-1})(7)=k$라 하면

$(f\circ g^{-1})^{-1}(k)=7$

그런데 $(f\circ g^{-1})^{-1}(k)=(g\circ f^{-1})(k)$이므로

$(g\circ f^{-1})(k)=7$에서

$4k-3=7$, $4k=10$, $k=\dfrac{5}{2}$

따라서 $(f\circ g^{-1})(7)=\dfrac{5}{2}$

답 ⑤

87 $(f^{-1}\circ g)(4)=f^{-1}(g(4))=3\times 4-2=10$

이므로

$g(4)=f(10)=\dfrac{1}{2}\times 10+3=8$

답 ④

88 $(f^{-1}\circ g^{-1}\circ h)(1)=f^{-1}(g^{-1}(h(1)))=2$에서

$g^{-1}(h(1))=f(2)$

$h(1)=g(f(2))=g(-3)=-9-6-2=-17$

이므로

$a+b=-17$ $\quad\cdots\cdots$ ㉠

$(f^{-1}\circ g^{-1}\circ h)(6)=f^{-1}(g^{-1}(h(6)))=-1$에서

$g^{-1}(h(6))=f(-1)$

$h(6)=g(f(-1))=g(3)=6-3=3$

이므로

$6a+b=3$ $\quad\cdots\cdots$ ㉡

㉠, ㉡을 연립하여 풀면

$a=4$, $b=-21$

따라서 $h(x)=4x-21$이므로

$h(5)=-1$

답 ⑤

89 $f(1)=2$, $g(3)=2$이고 두 함수 f, g가 서로 역함수 관계이므로

$g(2)=1$, $f(2)=3$

$(f\circ f)(1)+(g\circ g)(3)=f(f(1))+g(g(3))$

$\qquad\qquad\qquad\qquad\qquad=f(2)+g(2)$

$\qquad\qquad\qquad\qquad\qquad=3+1=4$

답 ④

90 함수 $y=f(x)$의 그래프와 그 역함수 $y=f^{-1}(x)$의 그래프의 교점은 함수 $y=f(x)$의 그래프와 직선 $y=x$의 교점과 같으므로 교점의 좌표는 (a, a)이다.

$f(a)=\dfrac{1}{3}a+2=a$에서

$\dfrac{2}{3}a=2$, $a=3$

따라서 $a+b=2a=6$

🅐 6

91 함수 $y=f(x)$의 그래프와 그 역함수 $y=f^{-1}(x)$의 그래프의 교점은 함수 $y=f(x)$의 그래프와 직선 $y=x$의 교점과 같다.

(i) $x\leq 1$에서

$\dfrac{1}{2}x-\dfrac{1}{2}=x$, $\dfrac{1}{2}x=-\dfrac{1}{2}$, $x=-1$

즉, 교점의 좌표는 $(-1, -1)$이다.

(ii) $x>1$에서

$2(x-1)^2=x$, $2x^2-4x+2=x$

$2x^2-5x+2=0$, $(2x-1)(x-2)=0$

$x>1$이므로 $x=2$

즉, 교점의 좌표는 $(2, 2)$이다.

따라서 두 교점 사이의 거리는

$\sqrt{(-1-2)^2+(-1-2)^2}=\sqrt{18}=3\sqrt{2}$

🅐 ⑤

92 $x\geq 6$에서 이차방정식 $\dfrac{1}{4}x^2-3x+a=x$, 즉 $\dfrac{1}{4}x^2-4x+a=0$의 실근이 2개이어야 한다.

이때 $g(x)=\dfrac{1}{4}x^2-4x+a$라 하면 $g(x)=\dfrac{1}{4}(x-8)^2+a-16$이므로 $g(8)<0$, $g(6)\geq 0$이어야 한다.

$g(8)=a-16<0$에서

$a<16$ ...... ㉠

$g(6)=9-24+a\geq 0$에서

$a\geq 15$ ...... ㉡

㉠, ㉡에서 $15\leq a<16$

🅐 $15\leq a<16$

93 두 함수 $y=f(x)$, $y=f^{-1}(x)$의 그래프는 직선 $y=x$에 대하여 대칭이고 두 함수의 그래프의 교점 A의 x좌표는 방정식

$\dfrac{1}{4}x^2=x$ $(x>0)$의 실근과 같다.

$\dfrac{1}{4}x(x-4)=0$에서

$x=4$, 즉 $t=4$

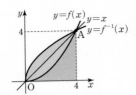

따라서 구하는 넓이는

$\dfrac{1}{2}\left(4\times 4-\dfrac{16}{3}\right)=\dfrac{16}{3}$

🅐 ①

94 함수 $y=f(x)$의 그래프와 직선 $y=x$의 교점 A의 좌표를 구해 보자.

$\dfrac{1}{3}x^2=x$에서

$\dfrac{1}{3}x(x-3)=0$

$x>0$이므로 $x=3$

즉, $a=b=3$이므로 A$(3, 3)$

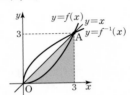

두 함수 $y=f(x)$, $y=f^{-1}(x)$의 그래프는 직선 $y=x$에 대하여 대칭이므로 구하는 넓이는 함수 $y=f(x)$의 그래프와 직선 $x=3$ 및 x축으로 둘러싸인 부분의 넓이와 같다.

따라서 구하는 넓이는

$\dfrac{1}{2}\times 3\times 3-\dfrac{3}{2}=3$

🅐 ⑤

95 $f(x)=2|x^2-2x|=|2x(x-2)|$에서

$f(x)=\begin{cases} 2x(x-2) & (x\leq 0 \text{ 또는 } x\geq 2) \\ -2x(x-2) & (0<x<2) \end{cases}$

이므로 함수 $y=f(x)$의 그래프는 다음 그림과 같다.

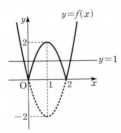

$f(a)=1$을 만족시키는 실수 a의 값은 함수 $y=f(x)$의 그래프와 직선 $y=1$의 교점의 x좌표이다.

$f(1)=2$이므로 구하는 a의 값은 4개이다.

🅐 4

96 $f(x)=x^2-4x+3=(x-1)(x-3)$

$g(x)=f(|x|)=\begin{cases} f(-x) & (x<0) \\ f(x) & (x\geq 0) \end{cases}$

$x\geq0$일 때의 $y=f(x)$의 그래프를 y축에 대하여 대칭이동시키면
$x<0$일 때의 $y=f(-x)$의 그래프가 된다.
그러므로 함수 $y=g(x)$의 그래프는 다음 그림과 같다.

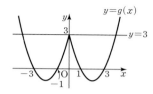

$g(a)=3$을 만족시키는 실수 a의 값은 함수 $y=g(x)$의 그래프와 직선
$y=3$의 교점의 x좌표이다.
따라서 구하는 a의 값은 3개이다.

답 3

97 $f(x)=|2x+3|-|2x-3|$에서
$x\leq-\dfrac{3}{2}$일 때,
$f(x)=-(2x+3)+(2x-3)=-6$
$-\dfrac{3}{2}<x\leq\dfrac{3}{2}$일 때,
$f(x)=(2x+3)+(2x-3)=4x$
$x>\dfrac{3}{2}$일 때,
$f(x)=(2x+3)-(2x-3)=6$
즉, $f(x)=\begin{cases} -6 & \left(x\leq-\dfrac{3}{2}\right) \\ 4x & \left(-\dfrac{3}{2}<x\leq\dfrac{3}{2}\right) \\ 6 & \left(x>\dfrac{3}{2}\right) \end{cases}$

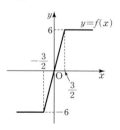

따라서 함수 $y=f(x)$의 치역은 $\{y\,|\,-6\leq y\leq6\}$이므로
$b-a=6-(-6)=12$

답 ④

98 $f(x)=|x-1|$에서
$f(x)=\begin{cases} -x+1 & (x\leq1) \\ x-1 & (x>1) \end{cases}$
이므로 함수 $y=f(x)$의 그래프는 다음 그림과 같다.

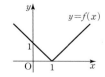

$g(x)=f(|x|)=\begin{cases} f(-x) & (x<0) \\ f(x) & (x\geq0) \end{cases}$
$x\geq0$일 때의 $y=f(x)$의 그래프를 y축에 대하여 대칭이동시키면
$x<0$일 때의 $y=f(-x)$의 그래프가 된다.
그러므로 함수 $y=g(x)$의 그래프는 다음 그림과 같다.

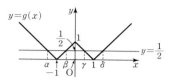

$g(a)=\dfrac{1}{2}$을 만족시키는 a의 값은 함수 $y=g(x)$의 그래프와 직선
$y=\dfrac{1}{2}$의 교점의 x좌표이므로 위의 그림과 같이 4개가 있고, 이를 각각
$\alpha,\ \beta,\ \gamma,\ \delta\ (\alpha<-1<\beta<\gamma<1<\delta)$라 하면
$\dfrac{\alpha+\beta}{2}=-1$에서 $\alpha+\beta=-2$
$\dfrac{\gamma+\delta}{2}=1$에서 $\gamma+\delta=2$
따라서 구하는 모든 a의 값의 합은
$\alpha+\beta+\gamma+\delta=-2+2=0$

답 ③

99 $f(x)=2|x-1|$에서
$f(x)=\begin{cases} -2x+2 & (x\leq1) \\ 2x-2 & (x>1) \end{cases}$
이므로 함수 $y=f(x)$의 그래프는 다음 그림과 같다.

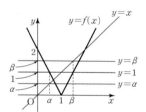

$(f\circ f)(a)=f(f(a))=1$에서 $f(a)=k$라 하면
$f(f(a))=f(k)=1$
$f(k)=1$을 만족시키는 k의 값은 함수 $y=f(x)$의 그래프와 직선 $y=1$
의 교점의 x좌표이므로 2개이고 그 값을 각각
$\alpha,\ \beta\ (0<\alpha<1<\beta<2)$라 하자.
(i) $k=\alpha$, 즉 $f(a)=\alpha$를 만족시키는 a의 값은
    함수 $y=f(x)$의 그래프와 직선 $y=\alpha\ (0<\alpha<1)$의 교점의 x좌표
    이므로 2개이다.
(ii) $k=\beta$, 즉 $f(a)=\beta$를 만족시키는 a의 값은
    함수 $y=f(x)$의 그래프와 직선 $y=\beta\ (1<\beta<2)$의 교점의 x좌표
    이므로 2개이다.
(i), (ii)에서 구하는 a의 개수는
$2+2=4$

답 4

100 $f(x)=\begin{cases} -2x+2 & (x\leq2) \\ 2x-6 & (x>2) \end{cases}$

이므로 함수 $y=f(x)$의 그래프는 오른쪽 그림과 같다.

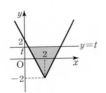

두 직선 $y=-2x+2$, $y=t$가 만나는 점의 x좌표를 구하면

$-2x+2=t$

$x=\dfrac{2-t}{2}$

함수 $y=f(x)$의 그래프가 직선 $x=2$에 대하여 대칭이므로

$g(t)=\dfrac{1}{2}\times 2\times\left(2-\dfrac{2-t}{2}\right)\times\{t-(-2)\}$

$\qquad=\left(\dfrac{t}{2}+1\right)(t+2)$

$\qquad=\dfrac{1}{2}(t+2)^2$ (단, $t>-2$)

$g^{-1}(8)=k$라 하면 $g(k)=8$

$\dfrac{1}{2}(k+2)^2=8$, $(k+2)^2=16$

$k^2+4k-12=0$, $(k+6)(k-2)=0$

$k>-2$이므로 $k=2$

따라서 $g^{-1}(8)=2$

冒 ①

서술형 완성하기

본문 76쪽

01 10　　**02** 7　　**03** $a\geq 1$　　**04** $a=3,\ b=2$
05 3　　**06** $a=-6,\ b=10$

01 조건 (가)에서 $f(2)=2$, $f(4)=3$　　…… ❶
조건 (나)에서 $f(1)=f(4)$, $f(2)=f(5)$　　…… ❷
즉, $f(1)=f(4)=3$, $f(2)=f(5)=2$이므로
(i) $f(3)=2$ 또는 $f(3)=3$인 경우
　 함수 f의 치역은 $\{2,\ 3\}$
(ii) $f(3)\neq 2$ 그리고 $f(3)\neq 3$인 경우
　 함수 f의 치역은 $\{2,\ 3,\ f(3)\}$　　…… ❸
따라서 함수 f의 치역의 모든 원소의 합의 최댓값은
$f(3)=5$일 때 $2+3+5=10$　　…… ❹

冒 10

단계	채점 기준	비율
❶	조건 (가)를 만족시키는 식을 구한 경우	30 %
❷	조건 (나)를 만족시키는 식을 구한 경우	30 %
❸	$f(3)$의 값에 따라 치역이 결정됨을 밝힌 경우	30 %
❹	함수 f의 치역의 모든 원소의 합의 최댓값을 구한 경우	10 %

02 함수 $y=f(x)$가 항등함수이면 정의역의 모든 원소 x에 대하여 $f(x)=x$가 성립한다.
즉, 방정식 $x^3+x^2-5x=x$의 실근을 원소로 하는 집합이 정의역이 될 수 있다.　　…… ❶
$x^3+x^2-6x=0$

$x(x+3)(x-2)=0$
$x=0$ 또는 $x=-3$ 또는 $x=2$　　…… ❷
이므로 구하는 집합 X는 집합 $\{-3,\ 0,\ 2\}$의 공집합이 아닌 부분집합이다.　　…… ❸
따라서 집합 X의 개수는
$2^3-1=7$　　…… ❹

冒 7

단계	채점 기준	비율
❶	정의역이 방정식 $f(x)=x$의 실근을 원소로 하는 집합임을 밝힌 경우	30 %
❷	방정식 $f(x)=x$의 실근을 구한 경우	30 %
❸	집합 X가 집합 $\{-3,\ 0,\ 2\}$의 공집합이 아닌 부분집합임을 밝힌 경우	20 %
❹	집합 X의 개수를 구한 경우	20 %

03 f가 일대일함수이려면 정의역 X의 임의의 두 원소 x_1, x_2에 대하여 $x_1\neq x_2$이면 $f(x_1)\neq f(x_2)$이어야 한다. 그래프로 설명하면 함수 $y=f(x)$의 그래프가 치역의 각 원소 b에 대하여 x축에 평행한 직선 $y=b$와 오직 한 점에서 만나야 한다. 　…… ㉠
(i) $x\leq a$에서 $f(x)=2x+5$가 증가하는 함수이므로
　 $x>a$에서 $f(x)=2x^2+4x+a$도 증가하는 함수이어야 한다.
　 이차함수 $y=2x^2+4x+a$의 그래프의 축이 직선 $x=-1$이므로
　 $a\geq -1$　　…… ❶
(ii) $g(x)=2x^2+4x+a$라 할 때
　 $g(a)\geq f(a)$이어야 ㉠을 만족시키므로
　 $2a^2+4a+a\geq 2a+5$
　 $2a^2+3a-5\geq 0$
　 $(a-1)(2a+5)\geq 0$
　 $a\leq -\dfrac{5}{2}$ 또는 $a\geq 1$　　…… ❷
(i), (ii)에서 공통 범위를 구하면 $a\geq 1$　　…… ❸

冒 $a\geq 1$

단계	채점 기준	비율
❶	이차함수의 그래프의 축에 따른 a의 값의 범위를 구한 경우	40 %
❷	$x=a$에서의 함숫값에 따른 a의 값의 범위를 구한 경우	40 %
❸	함수 f가 일대일함수가 되도록 하는 a의 값의 범위를 구한 경우	20 %

04 조건 (가)에서
$(f\circ g)(1)=f(g(1))$
$\qquad\qquad\quad=f(b+1)$
$\qquad\qquad\quad=a(b+1)+2$
$\qquad\qquad\quad=11$
에서 $a(b+1)-9=0$　…… ㉠　　…… ❶
한편,

$$(f \circ g)(x) = f(g(x))$$
$$= f(bx+1)$$
$$= a(bx+1)+2$$
$$= abx+a+2 \qquad \cdots\cdots ❷$$
$$(g \circ f)(x) = g(f(x))$$
$$= g(ax+2)$$
$$= b(ax+2)+1$$
$$= abx+2b+1 \qquad \cdots\cdots ❸$$

이므로 조건 (나)에 의해
$$a+2 = 2b+1$$
$$a = 2b-1 \qquad \cdots\cdots ㉡ \qquad \cdots\cdots ❹$$

㉡을 ㉠에 대입하면
$$(2b-1)(b+1)-9=0, \ 2b^2+b-10=0$$
$$(b-2)(2b+5)=0$$

b는 정수이므로 $b=2$ $\qquad \cdots\cdots ❺$

$b=2$를 ㉡에 대입하면
$$a=3 \qquad \cdots\cdots ❻$$

$$\text{🖩 } a=3, \ b=2$$

단계	채점 기준	비율
❶	조건 (가)를 만족시키는 식을 구한 경우	20 %
❷	$(f \circ g)(x)$를 구한 경우	20 %
❸	$(g \circ f)(x)$를 구한 경우	20 %
❹	$(f \circ g)(x)=(g \circ f)(x)$를 만족시키는 식을 구한 경우	10 %
❺	b의 값을 구한 경우	20 %
❻	a의 값을 구한 경우	10 %

05 $(f \circ g)(x)=x$이므로
$$g(x)=f^{-1}(x), \ g^{-1}(x)=f(x) \qquad \cdots\cdots ❶$$
$$(g \circ f^{-1} \circ g^{-1})(5) = (g \circ f^{-1} \circ f)(5) \qquad \cdots\cdots ❷$$
$$= g(5)$$
$$= f^{-1}(5) \qquad \cdots\cdots ❸$$

$f^{-1}(5)=k$라 하면 $f(k)=5$
$$3k-4=5, \ k=3$$

따라서 $(g \circ f^{-1} \circ g^{-1})(5)=f^{-1}(5)=3 \qquad \cdots\cdots ❹$

$$\text{🖩 } 3$$

단계	채점 기준	비율
❶	두 함수 f, g가 서로 역함수 관계임을 밝힌 경우	20 %
❷	g^{-1}를 f로 바꿔 표현한 경우	20 %
❸	합성함수의 성질을 이용하여 주어진 식을 간단히 정리한 경우	30 %
❹	$(g \circ f^{-1} \circ g^{-1})(5)$의 값을 구한 경우	30 %

06 함수 f의 역함수가 존재하려면

(i) 이차함수 $y=x^2+ax+b$의 그래프의 축이 직선 $x=-\dfrac{a}{2}$이므로
$$-\frac{a}{2} \leq 3$$이어야 한다.

즉, $a \geq -6$ $\qquad \cdots\cdots ㉠ \qquad \cdots\cdots ❶$

(ii) 함수 f가 일대일대응이어야 하므로
$$\frac{1}{2} \times 3 - \frac{1}{2} = 3^2 + 3a + b$$
$$3a+b = -8 \qquad \cdots\cdots ㉡ \qquad \cdots\cdots ❷$$

(i), (ii)에서 함수 f의 역함수가 존재하기 위한 조건은
$$a \geq -6, \ 3a+b=-8$$

$x \leq 3$에서 두 함수 $y=f(x)$, $y=f^{-1}(x)$의 그래프의 교점의 x좌표는 함수 $y=f(x)$의 그래프와 직선 $y=x$의 교점의 x좌표와 같으므로
$$\frac{1}{2}x - \frac{1}{2} = x \text{에서}$$
$$\frac{1}{2}x = -\frac{1}{2}, \ x = -1$$

즉, $x \leq 3$에서 두 함수 $y=f(x)$, $y=f^{-1}(x)$의 그래프의 교점은
점 $(-1, \ -1)$뿐이다. $\qquad \cdots\cdots ❸$

따라서 다른 한 교점은 $x>3$에 존재한다.

두 함수 $y=f(x)$, $y=f^{-1}(x)$의 그래프의 두 교점 사이의 거리가 $6\sqrt{2}$
이므로 또 다른 한 교점의 좌표는 $(5, 5)$이어야 한다. $\qquad \cdots\cdots ❹$

즉, $x>3$에서 $f(5)=5^2+5a+b=5$이어야 하므로
$$5a+b=-20 \qquad \cdots\cdots ㉢ \qquad \cdots\cdots ❺$$

㉡, ㉢을 연립하여 풀면 $a=-6, \ b=10 \qquad \cdots\cdots ㉣$

㉣이 ㉠을 만족시키므로 $a=-6, \ b=10 \qquad \cdots\cdots ❻$

$$\text{🖩 } a=-6, \ b=10$$

단계	채점 기준	비율
❶	이차함수의 그래프의 축을 이용하여 역함수가 존재하기 위한 조건식을 구한 경우	10 %
❷	함숫값을 이용하여 역함수가 존재하기 위한 조건식을 구한 경우	20 %
❸	$x \leq 3$에서의 교점을 구한 경우	20 %
❹	$x > 3$에서의 교점을 구한 경우	20 %
❺	$f(5)=5$를 이용한 식을 구한 경우	10 %
❻	a, b의 값을 구한 경우	20 %

내신 + 수능 고난도 도전 본문 77쪽

01 ④	02 31	03 8	04 2

01 조건 (가)에서 $f(1)f(4)$와 $f(2)f(5)$는 모두 짝수이다.
$\qquad \cdots\cdots ㉠$

조건 (나)에서 $f(1)f(5)$는 홀수이므로 $f(1)$과 $f(5)$는 모두 홀수이다.
$\qquad \cdots\cdots ㉡$

㉠, ㉡에서 $f(4)$와 $f(2)$는 모두 짝수이다.

공역의 원소 중에서 짝수는 6과 8뿐이므로 $f(1)$, $f(5)$, $f(3)$은 모두 홀수이다.

함수 f가 일대일함수이므로 구하는 최댓값은
$$f(4)=8, \ \{f(3), f(5)\}=\{5, 7\}일 때$$
$$f(3)+f(4)+f(5)=5+8+7=20$$

$$\text{🖩 } ④$$

02 A$(-1, 0)$, B$(0, 1)$, C$(1, 0)$, D$(0, -1)$이고

$t=1$이므로 $f(1)=4$, F$(1, 4)$이다.

두 함수 $y=f(x)$, $y=f^{-1}(x)$의 그래프는 직선 $y=x$에 대하여 대칭이므로 E$(4, 1)$이다.

함수 $y=f(x)$의 그래프와 직선 $x=1$ 및 x축으로 둘러싸인 부분의 넓이가 $\dfrac{8}{3}$이므로 다음 그림의 색칠한 부분의 넓이는

$$\frac{8}{3}-\frac{1}{2}=\frac{16-3}{6}=\frac{13}{6}$$

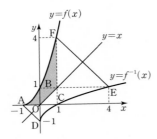

그러므로 구하는 넓이는

$$\frac{1}{2}\times 1\times 1+2\times(\text{색칠한 부분의 넓이})+\frac{1}{2}\times(4-1)\times(4-1)$$

$$=\frac{1}{2}+2\times\frac{13}{6}+\frac{9}{2}$$

$$=5+\frac{13}{3}=\frac{28}{3}$$

따라서 $p=3$, $q=28$이므로

$$p+q=31$$

답 31

03 $f(x)=\dfrac{1}{3}|x^2-4x|=\dfrac{1}{3}|x(x-4)|$

$\qquad\quad=\dfrac{1}{3}|(x-2)^2-4|$

이므로 함수 $y=f(x)$의 그래프는 다음 그림과 같다.

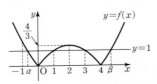

$(f\circ f)(a)=f(f(a))=1$에서 $f(a)=k$라 하면

$f(f(a))=f(k)=1$

$f(k)=1$을 만족하는 k의 값을 구해 보자.

$$f(x)=\begin{cases} \dfrac{1}{3}x(x-4) & (x\leq 0 \text{ 또는 } x\geq 4) \\ -\dfrac{1}{3}x(x-4) & (0<x<4) \end{cases}$$

$0<x<4$에서 $-\dfrac{1}{3}x(x-4)=1$

$x^2-4x+3=0$, $(x-1)(x-3)=0$

$x=1$ 또는 $x=3$

$x\leq 0$ 또는 $x\geq 4$에서 $\dfrac{1}{3}x(x-4)=1$을 만족하는 두 실근을

α, β $(\alpha<\beta)$라 하면 함수 $y=f(x)$의 그래프는 직선 $x=2$에 대하여 대칭이고 $f(-1)=\dfrac{5}{3}>1$이므로

$x\leq 0$에서 $f(\alpha)=1$일 때, $-1<\alpha<0$

$x\geq 4$에서 $f(\beta)=1$일 때, $4<\beta<5$

즉, $f(k)=1$을 만족하는 k의 값은 α, 1, 3, β이므로 각각의 k의 값에 대하여 $f(a)=k$를 만족하는 a의 개수를 구해 보자.

(i) $k=\alpha$, 즉 $f(a)=\alpha$인 경우

  $-1<\alpha<0$이고, 모든 실수 x에 대하여 $f(x)\geq 0$이므로

  $f(a)=\alpha$를 만족하는 a의 값은 없다.

(ii) $k=1$, 즉 $f(a)=1$인 경우

  a의 값은 α, 1, 3, β의 4개이다.

(iii) $k=3$, 즉 $f(a)=3$인 경우

  함수 $y=f(x)$의 그래프와 직선 $y=3$이 만나는 점의 x좌표가 a이므로 이를 만족하는 a의 값은 2개이다.

(iv) $k=\beta$, 즉 $f(a)=\beta$인 경우

  함수 $y=f(x)$의 그래프와 직선 $y=\beta$ $(4<\beta<5)$가 만나는 점의 x좌표가 a이므로 이를 만족하는 a의 값은 2개이다.

(i)~(iv)에서 구하는 a의 개수는

$$0+4+2+2=8$$

답 8

04 $f(x)=|x+1|-|x-1|$에서

$x\leq -1$일 때, $f(x)=-(x+1)+(x-1)=-2$

$-1<x\leq 1$일 때, $f(x)=(x+1)+(x-1)=2x$

$x>1$일 때, $f(x)=(x+1)-(x-1)=2$

즉, $f(x)=\begin{cases} -2 & (x\leq -1) \\ 2x & (-1<x\leq 1) \\ 2 & (x>1) \end{cases}$

함수 $f(x)=|x+1|-|x-1|$의 그래프와 점 $(1, 0)$을 항상 지나는 직선 $y=m(x-1)$은 다음 그림과 같다.

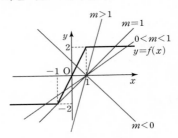

$$g(m)=\begin{cases} 1 & (m\leq 0 \text{ 또는 } m>1) \\ 2 & (m=1) \\ 3 & (0<m<1) \end{cases}$$

따라서 $g(g(4))=g(1)=2$

답 2

13 유리함수와 무리함수

01 ㄱ, ㄴ, ㅂ   **02** ㄷ, ㄹ, ㅁ

03 $\dfrac{1}{x+1}$ **04** $\dfrac{2x-1}{x^2+2x+4}$

05 $\dfrac{2x}{x^2-1}$ **06** $\dfrac{x+2}{x^3-1}$

07 $\dfrac{1}{x^2-3x}$ **08** $\dfrac{x+1}{x^2+2x}$

09 $\dfrac{1}{2}\left(\dfrac{1}{x}-\dfrac{1}{x+2}\right)$ **10** $\dfrac{1}{3}\left(\dfrac{1}{x+1}-\dfrac{1}{x+4}\right)$

11 $\dfrac{3}{7}$ **12** $\dfrac{12}{5}$

13 ㄱ, ㄷ, ㄹ   **14** ㄴ, ㅁ, ㅂ

15 $\{x\,|\,x\neq 3$인 실수$\}$ **16** $\{x\,|\,x\neq -2,\ x\neq 2$인 실수$\}$

17 풀이 참조   **18** 풀이 참조

19 그래프는 풀이 참조, 점근선의 방정식: $x=1$, $y=2$

20 그래프는 풀이 참조, 점근선의 방정식: $x=2$, $y=-2$

21 $x\geq 2$ **22** $1\leq x\leq 3$

23 $-2<x\leq 4$ **24** $\sqrt{x+1}-\sqrt{x}$

25 $\dfrac{\sqrt{x+2}+\sqrt{x-2}}{4}$ **26** $\dfrac{x-4\sqrt{x-4}}{x-8}$

27 ㄱ, ㄷ, ㄹ   **28** $\{x\,|\,x\geq 2\}$

29 $\{x\,|\,x\leq 3\}$ **30** $\{x\,|\,-3\leq x\leq 3\}$

31 $\{x\,|\,-2<x<2\}$

32 그래프는 풀이 참조, 정의역: $\{x\,|\,x\geq 0\}$, 치역: $\{y\,|\,y\geq 0\}$

33 그래프는 풀이 참조, 정의역: $\{x\,|\,x\leq 0\}$, 치역: $\{y\,|\,y\geq 0\}$

34 그래프는 풀이 참조, 정의역: $\{x\,|\,x\geq 0\}$, 치역: $\{y\,|\,y\leq 0\}$

35 그래프는 풀이 참조, 정의역: $\{x\,|\,x\leq 0\}$, 치역: $\{y\,|\,y\leq 0\}$

36 $y=-\sqrt{3x}$ **37** $y=\sqrt{-3x}$

38 $y=-\sqrt{-3x}$ **39** $y=\sqrt{5(x-2)}-3$

40 그래프는 풀이 참조, 정의역: $\{x\,|\,x\geq 2\}$, 치역: $\{y\,|\,y\geq -1\}$

41 그래프는 풀이 참조, 정의역: $\{x\,|\,x\leq 3\}$, 치역: $\{y\,|\,y\geq 1\}$

42 그래프는 풀이 참조, 정의역: $\{x\,|\,x\geq 1\}$, 치역: $\{y\,|\,y\leq 2\}$

43 그래프는 풀이 참조, 정의역: $\{x\,|\,x\leq 2\}$, 치역: $\{y\,|\,y\leq 2\}$

---

01 답 ㄱ, ㄴ, ㅂ

02 답 ㄷ, ㄹ, ㅁ

03 $\dfrac{x-1}{x^2-1}=\dfrac{x-1}{(x+1)(x-1)}$

$\qquad =\dfrac{1}{x+1}$

답 $\dfrac{1}{x+1}$

04 $\dfrac{2x^2-5x+2}{x^3-8}=\dfrac{(x-2)(2x-1)}{(x-2)(x^2+2x+4)}$

$\qquad\qquad\quad =\dfrac{2x-1}{x^2+2x+4}$

답 $\dfrac{2x-1}{x^2+2x+4}$

05 $\dfrac{1}{x-1}+\dfrac{1}{x+1}=\dfrac{(x+1)+(x-1)}{(x-1)(x+1)}$

$\qquad\qquad\qquad =\dfrac{2x}{x^2-1}$

답 $\dfrac{2x}{x^2-1}$

06 $\dfrac{1}{x-1}-\dfrac{x+1}{x^2+x+1}$

$\quad =\dfrac{(x^2+x+1)-(x+1)(x-1)}{(x-1)(x^2+x+1)}$

$\quad =\dfrac{(x^2+x+1)-(x^2-1)}{x^3-1}$

$\quad =\dfrac{x+2}{x^3-1}$

답 $\dfrac{x+2}{x^3-1}$

07 $\dfrac{2x+1}{x^2-2x}\times\dfrac{x-2}{2x^2-5x-3}$

$\quad =\dfrac{2x+1}{x(x-2)}\times\dfrac{x-2}{(2x+1)(x-3)}$

$\quad =\dfrac{1}{x(x-3)}$

$\quad =\dfrac{1}{x^2-3x}$

답 $\dfrac{1}{x^2-3x}$

08 $\dfrac{x-3}{x^2-x}\div\dfrac{x^2-x-6}{x^2-1}=\dfrac{x-3}{x^2-x}\times\dfrac{x^2-1}{x^2-x-6}$

$\qquad\qquad\qquad\qquad\quad =\dfrac{x-3}{x(x-1)}\times\dfrac{(x+1)(x-1)}{(x+2)(x-3)}$

$\qquad\qquad\qquad\qquad\quad =\dfrac{x+1}{x(x+2)}$

$\qquad\qquad\qquad\qquad\quad =\dfrac{x+1}{x^2+2x}$

답 $\dfrac{x+1}{x^2+2x}$

09 $\dfrac{1}{x(x+2)}=\dfrac{1}{(x+2)-x}\left(\dfrac{1}{x}-\dfrac{1}{x+2}\right)$

$\qquad\qquad =\dfrac{1}{2}\left(\dfrac{1}{x}-\dfrac{1}{x+2}\right)$

답 $\dfrac{1}{2}\left(\dfrac{1}{x}-\dfrac{1}{x+2}\right)$

10 $\dfrac{1}{(x+1)(x+4)}$

$=\dfrac{1}{(x+4)-(x+1)}\left(\dfrac{1}{x+1}-\dfrac{1}{x+4}\right)$

$=\dfrac{1}{3}\left(\dfrac{1}{x+1}-\dfrac{1}{x+4}\right)$

달 $\dfrac{1}{3}\left(\dfrac{1}{x+1}-\dfrac{1}{x+4}\right)$

11 $a:b=2:3$이므로

$a=2k$, $b=3k$ $(k\neq0)$이라 하면

$\dfrac{3a-b}{2a+b}=\dfrac{6k-3k}{4k+3k}=\dfrac{3k}{7k}=\dfrac{3}{7}$

달 $\dfrac{3}{7}$

12 $x:y=3:4$이므로

$x=3k$, $y=4k$ $(k\neq0)$이라 하면

$\dfrac{xy}{x^2+xy-y^2}=\dfrac{3k\times4k}{9k^2+3k\times4k-16k^2}$

$=\dfrac{12k^2}{5k^2}=\dfrac{12}{5}$

달 $\dfrac{12}{5}$

13 달 ㄱ, ㄷ, ㄹ

14 달 ㄴ, ㅁ, ㅂ

15 달 $\{x|x\neq3$인 실수$\}$

16 (분모)$\neq0$이어야 하므로

$x^2-4\neq0$에서 $x^2\neq4$, $x\neq\pm2$

따라서 정의역은 $\{x|x\neq-2, x\neq2$인 실수$\}$이다.

달 $\{x|x\neq-2, x\neq2$인 실수$\}$

17 달

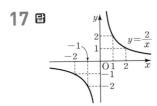

18 달

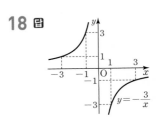

19 $y=\dfrac{2x}{x-1}=\dfrac{2(x-1)+2}{x-1}=2+\dfrac{2}{x-1}$

따라서 유리함수 $y=\dfrac{2x}{x-1}$의 그래프는 유리함수 $y=\dfrac{2}{x}$의 그래프를 x축의 방향으로 1만큼, y축의 방향으로 2만큼 평행이동한 것이므로 다음 그림과 같다.

또 점근선의 방정식은 $x=1$, $y=2$이다.

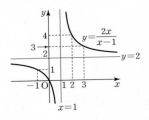

달 그래프는 풀이 참조, 점근선의 방정식: $x=1$, $y=2$

20 $y=-\dfrac{2x-1}{x-2}=-\dfrac{2(x-2)+3}{x-2}=-2-\dfrac{3}{x-2}$

따라서 유리함수 $y=-\dfrac{2x-1}{x-2}$의 그래프는 유리함수 $y=-\dfrac{3}{x}$의 그래프를 x축의 방향으로 2만큼, y축의 방향으로 -2만큼 평행이동한 것이므로 다음 그림과 같다.

또 점근선의 방정식은 $x=2$, $y=-2$이다.

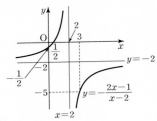

달 그래프는 풀이 참조, 점근선의 방정식: $x=2$, $y=-2$

21 달 $x\geq2$

22 $\sqrt{x-1}$에서 $x-1\geq0$, $x\geq1$ $\cdots\cdots$ ㉠

$\sqrt{3-x}$에서 $3-x\geq0$, $x\leq3$ $\cdots\cdots$ ㉡

㉠, ㉡에서 $1\leq x\leq3$

달 $1\leq x\leq3$

23 $\sqrt{4-x}$에서 $4-x\geq0$, $x\leq4$ $\cdots\cdots$ ㉠

$\dfrac{1}{\sqrt{x+2}}$에서 $x+2>0$, $x>-2$ $\cdots\cdots$ ㉡

㉠, ㉡에서 $-2<x\leq4$

달 $-2<x\leq4$

24 $\dfrac{1}{\sqrt{x+1}+\sqrt{x}}=\dfrac{\sqrt{x+1}-\sqrt{x}}{(\sqrt{x+1}+\sqrt{x})(\sqrt{x+1}-\sqrt{x})}$

$=\dfrac{\sqrt{x+1}-\sqrt{x}}{(x+1)-x}$

$=\sqrt{x+1}-\sqrt{x}$

달 $\sqrt{x+1}-\sqrt{x}$

25

$$\dfrac{1}{\sqrt{x+2}-\sqrt{x-2}}$$

$$=\dfrac{\sqrt{x+2}+\sqrt{x-2}}{(\sqrt{x+2}-\sqrt{x-2})(\sqrt{x+2}+\sqrt{x-2})}$$

$$=\dfrac{\sqrt{x+2}+\sqrt{x-2}}{(x+2)-(x-2)}$$

$$=\dfrac{\sqrt{x+2}+\sqrt{x-2}}{4}$$

답 $\dfrac{\sqrt{x+2}+\sqrt{x-2}}{4}$

26

$$\dfrac{\sqrt{x-4}-2}{\sqrt{x-4}+2}=\dfrac{(\sqrt{x-4}-2)^2}{(\sqrt{x-4}+2)(\sqrt{x-4}-2)}$$

$$=\dfrac{(x-4)-4\sqrt{x-4}+4}{(x-4)-4}$$

$$=\dfrac{x-4\sqrt{x-4}}{x-8}$$

답 $\dfrac{x-4\sqrt{x-4}}{x-8}$

27 ㄴ. $y=\sqrt{x^2+2x+1}=\sqrt{(x+1)^2}=|x+1|$이므로 무리함수가
아니다.

답 ㄱ, ㄷ, ㄹ

28 $2x-4\geq0$에서 $x\geq2$
따라서 정의역은 $\{x\,|\,x\geq2\}$이다.

답 $\{x\,|\,x\geq2\}$

29 $3-x\geq0$에서 $x\leq3$
따라서 정의역은 $\{x\,|\,x\leq3\}$이다.

답 $\{x\,|\,x\leq3\}$

30 $9-x^2\geq0$에서 $x^2-9\leq0$
$(x-3)(x+3)\leq0$
$-3\leq x\leq3$
따라서 정의역은 $\{x\,|-3\leq x\leq3\}$이다.

답 $\{x\,|-3\leq x\leq3\}$

31 $4-x^2>0$에서 $x^2-4<0$
$(x-2)(x+2)<0$
$-2<x<2$
따라서 정의역은 $\{x\,|-2<x<2\}$이다.

답 $\{x\,|-2<x<2\}$

32 답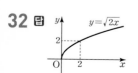

정의역: $\{x\,|\,x\geq0\}$, 치역: $\{y\,|\,y\geq0\}$

33 답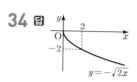

정의역: $\{x\,|\,x\leq0\}$, 치역: $\{y\,|\,y\geq0\}$

34 답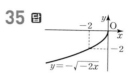

정의역: $\{x\,|\,x\geq0\}$, 치역: $\{y\,|\,y\leq0\}$

35 답

정의역: $\{x\,|\,x\leq0\}$, 치역: $\{y\,|\,y\leq0\}$

36 답 $y=-\sqrt{3x}$

37 답 $y=\sqrt{-3x}$

38 답 $y=-\sqrt{-3x}$

39 답 $y=\sqrt{5(x-2)}-3$

40 답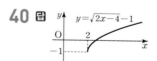

정의역: $\{x\,|\,x\geq2\}$, 치역: $\{y\,|\,y\geq-1\}$

41 답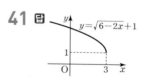

정의역: $\{x\,|\,x\leq3\}$, 치역: $\{y\,|\,y\geq1\}$

42 답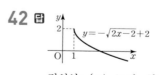

정의역: $\{x\,|\,x\geq1\}$, 치역: $\{y\,|\,y\leq2\}$

43 답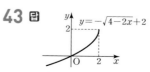

정의역: $\{x\,|\,x\leq2\}$, 치역: $\{y\,|\,y\leq2\}$

유형 완성하기

01 $\dfrac{x^2-x-4}{(x+2)(x-2)}$	**02** $\dfrac{2x}{(x+2)(x+1)}$	**03** $\dfrac{9}{7}$
04 ⑤	**05** ③	**06** ④ **07** ① **08** ②
09 ②	**10** ③	**11** ④ **12** ⑤ **13** 151
14 ③	**15** 76	**16** 43 **17** ⑤ **18** ③
19 ②	**20** ⑤	**21** ③ **22** ⑤ **23** ②
24 ③	**25** ②	**26** ① **27** ② **28** ④
29 ④	**30** ③	**31** ⑤ **32** ② **33** ②
34 ⑤	**35** $k>2$	**36** ④ **37** ③ **38** ④
39 ③	**40** ②	**41** ① **42** $-13<k<-1$
43 $0\le m<2$	**44** 15	**45** ③ **46** 10
47 ⑤	**48** ⑤	**49** 20 **50** ⑤ **51** ⑤
52 ⑤	**53** $x\le -4$ 또는 $x\ge \dfrac{3}{2}$	**54** ④ **55** ②
56 ③	**57** ②	**58** ③ **59** 408 **60** ③
61 14	**62** ②	**63** 정의역: $\{x\,|\,x\le 4\}$, 치역: $\{y\,|\,y\le 3\}$
64 ④	**65** ①	**66** 30 **67** ② **68** ④
69 ⑤	**70** ①	**71** ⑤ **72** ① **73** ③
74 ②	**75** ②	**76** ⑤ **77** ③ **78** ④
79 ③	**80** ⑤	**81** 10 **82** $-1\le k<-\dfrac{1}{2}$
83 ④	**84** 4	**85** ③ **86** 704 **87** $a\ge 3$
88 ①	**89** ④	**90** ③ **91** ④ **92** ②
93 ①	**94** ①	**95** 17 **96** 19 **97** ⑤
98 ⑤		

01 $\dfrac{3x}{x^2-4}+\dfrac{x}{x+2}-\dfrac{2}{x-2}$

$\quad =\dfrac{3x+x(x-2)-2(x+2)}{(x+2)(x-2)}$

$\quad =\dfrac{x^2-x-4}{(x+2)(x-2)}$

답 $\dfrac{x^2-x-4}{(x+2)(x-2)}$

02 $\dfrac{2}{x+2}-\dfrac{2x-6}{x^2+x-2}\div \dfrac{x^2-2x-3}{x-1}$

$\quad =\dfrac{2}{x+2}-\dfrac{2x-6}{x^2+x-2}\times \dfrac{x-1}{x^2-2x-3}$

$\quad =\dfrac{2}{x+2}-\dfrac{2(x-3)}{(x+2)(x-1)}\times \dfrac{x-1}{(x+1)(x-3)}$

$\quad =\dfrac{2}{x+2}-\dfrac{2}{(x+2)(x+1)}$

$\quad =\dfrac{2(x+1)-2}{(x+2)(x+1)}$

$\quad =\dfrac{2x}{(x+2)(x+1)}$

답 $\dfrac{2x}{(x+2)(x+1)}$

03 $f(x)=\dfrac{\dfrac{2x+2-2}{x+1}}{\dfrac{x-1+1}{x-1}}=\dfrac{\dfrac{2x}{x+1}}{\dfrac{x}{x-1}}$

$\quad =\dfrac{2x}{x+1}\div \dfrac{x}{x-1}$

$\quad =\dfrac{2x}{x+1}\times \dfrac{x-1}{x}$

$\quad =\dfrac{2(x-1)}{x+1}$

$f(a)=\dfrac{2(a-1)}{a+1}=\dfrac{1}{4}$ 에서

$8a-8=a+1$, $7a=9$

따라서 $a=\dfrac{9}{7}$

답 $\dfrac{9}{7}$

04 $x:y=1:2=3:6$

$y:z=3:4=6:8$

이므로 $x:y:z=3:6:8$

이때 $x=3k$, $y=6k$, $z=8k$ $(k\ne 0)$이라 하면

$\dfrac{4x+2y-z}{2x+y-z}=\dfrac{12k+12k-8k}{6k+6k-8k}$

$\quad =\dfrac{16k}{4k}$

$\quad =4$

답 ⑤

05 $\dfrac{a}{x+1}+\dfrac{b}{x+2}=\dfrac{a(x+2)+b(x+1)}{(x+1)(x+2)}$

$\quad =\dfrac{(a+b)x+(2a+b)}{x^2+3x+2}$

이므로

$\dfrac{5x+7}{x^2+3x+2}=\dfrac{(a+b)x+(2a+b)}{x^2+3x+2}$에서

$a+b=5$ ······ ㉠

$2a+b=7$ ······ ㉡

㉠, ㉡을 연립하여 풀면

$a=2$, $b=3$

따라서 $ab=6$

답 ③

06 $\dfrac{a}{x-1}+\dfrac{b}{x}+\dfrac{c}{x+1}$

$\quad =\dfrac{ax(x+1)+b(x-1)(x+1)+cx(x-1)}{x(x-1)(x+1)}$

$\quad =\dfrac{(a+b+c)x^2+(a-c)x-b}{x^3-x}$

이므로

$\dfrac{5x+1}{x^3-x}=\dfrac{(a+b+c)x^2+(a-c)x-b}{x^3-x}$에서

$a+b+c=0$ ······ ㉠

$a-c=5$ ······ ㉡

$-b=1$ ······ ㉢

$\bigcirc$, $\bigcirc$, $\bigcirc$을 연립하여 풀면

$a=3$, $b=-1$, $c=-2$

따라서 $abc=6$

답 ④

07 $\dfrac{a}{x+2}+\dfrac{bx+c}{x^2-2x+4}$

$=\dfrac{a(x^2-2x+4)+(bx+c)(x+2)}{(x+2)(x^2-2x+4)}$

$=\dfrac{(a+b)x^2+(-2a+2b+c)x+4a+2c}{x^3+8}$

이므로

$\dfrac{x^2+20}{x^3+8}=\dfrac{(a+b)x^2+(-2a+2b+c)x+4a+2c}{x^3+8}$에서

$a+b=1$ ......$\bigcirc$

$-2a+2b+c=0$ ......$\bigcirc$

$4a+2c=20$ ......$\bigcirc$

$\bigcirc$, $\bigcirc$, $\bigcirc$을 연립하여 풀면

$a=2$, $b=-1$, $c=6$

따라서 $a+b+c=7$

답 ①

08 $\dfrac{2x+5}{x+3}+\dfrac{3x-8}{x-3}$

$=\dfrac{2(x+3)-1}{x+3}+\dfrac{3(x-3)+1}{x-3}$

$=2+\dfrac{-1}{x+3}+3+\dfrac{1}{x-3}$

$=5+\dfrac{-(x-3)+(x+3)}{(x+3)(x-3)}$

$=5+\dfrac{6}{x^2-9}$

따라서 $a=5$, $b=6$이므로

$a+b=11$

답 ②

09 $\dfrac{2x^2+4x+3}{x^2+2x}+\dfrac{3x^2-15}{x^2-4}$

$=\dfrac{2(x^2+2x)+3}{x^2+2x}+\dfrac{3(x^2-4)-3}{x^2-4}$

$=2+\dfrac{3}{x^2+2x}+3+\dfrac{-3}{x^2-4}$

$=5+\dfrac{3}{x(x+2)}+\dfrac{-3}{(x+2)(x-2)}$

$=5+\dfrac{3(x-2)-3x}{x(x+2)(x-2)}$

$=5+\dfrac{-6}{x^3-4x}$

따라서 $a=5$, $b=-6$이므로

$a+b=-1$

답 ②

10 $x^3+2x^2-5x-5=x(x^2+x-6)+x^2+x-5$

$=x(x^2+x-6)+(x^2+x-6)+1$

$=(x+1)(x^2+x-6)+1$

이므로

$\dfrac{x^3+2x^2-5x-5}{x^2+x-6}=\dfrac{(x+1)(x^2+x-6)+1}{x^2+x-6}$

$=x+1+\dfrac{1}{x^2+x-6}$ ......$\bigcirc$

$x^3+x^2-4x-5=x(x^2-4)+x^2-5$

$=x(x^2-4)+(x^2-4)-1$

$=(x+1)(x^2-4)-1$

이므로

$\dfrac{x^3+x^2-4x-5}{x^2-4}=\dfrac{(x+1)(x^2-4)-1}{x^2-4}$

$=x+1+\dfrac{-1}{x^2-4}$ ......$\bigcirc$

$\bigcirc$, $\bigcirc$에서

$\dfrac{x^3+2x^2-5x-5}{x^2+x-6}+\dfrac{x^3+x^2-4x-5}{x^2-4}$

$=x+1+\dfrac{1}{x^2+x-6}+x+1+\dfrac{-1}{x^2-4}$

$=2x+2+\dfrac{1}{(x+3)(x-2)}+\dfrac{-1}{(x+2)(x-2)}$

$=2x+2+\dfrac{x+2-(x+3)}{(x+3)(x-2)(x+2)}$

$=2x+2+\dfrac{-1}{(x+3)(x+2)(x-2)}$

따라서 $a=2$, $b=2$, $c=-1$이므로

$a+b+c=3$

답 ③

11 $\dfrac{1}{x(x+1)}+\dfrac{1}{(x+1)(x+2)}+\dfrac{1}{(x+2)(x+3)}$

$\qquad\qquad\qquad\qquad+\dfrac{1}{(x+3)(x+4)}$

$=\left(\dfrac{1}{x}-\dfrac{1}{x+1}\right)+\left(\dfrac{1}{x+1}-\dfrac{1}{x+2}\right)+\left(\dfrac{1}{x+2}-\dfrac{1}{x+3}\right)$

$\qquad\qquad\qquad\qquad+\left(\dfrac{1}{x+3}-\dfrac{1}{x+4}\right)$

$=\dfrac{1}{x}-\dfrac{1}{x+4}$

$=\dfrac{4}{x(x+4)}$

따라서 $a=4$

답 ④

12 $\dfrac{2}{x(x-2)}+\dfrac{3}{x(x+3)}+\dfrac{4}{(x+3)(x+7)}$

$=\dfrac{2}{x-(x-2)}\left(\dfrac{1}{x-2}-\dfrac{1}{x}\right)+\dfrac{3}{(x+3)-x}\left(\dfrac{1}{x}-\dfrac{1}{x+3}\right)$

$\qquad\qquad\qquad+\dfrac{4}{(x+7)-(x+3)}\left(\dfrac{1}{x+3}-\dfrac{1}{x+7}\right)$

$$=\frac{1}{x-2}-\frac{1}{x+7}$$

$$=\frac{9}{(x-2)(x+7)}$$

따라서 $a=9$

답 ⑤

13 $f(x)=\dfrac{1}{4x^2-1}$

$$=\frac{1}{(2x-1)(2x+1)}$$

$$=\frac{1}{2}\left(\frac{1}{2x-1}-\frac{1}{2x+1}\right)$$

$f(1)+f(2)+f(3)+\cdots+f(50)$

$$=\frac{1}{2}\left(\frac{1}{1}-\frac{1}{3}\right)+\frac{1}{2}\left(\frac{1}{3}-\frac{1}{5}\right)+\frac{1}{2}\left(\frac{1}{5}-\frac{1}{7}\right)+\cdots+\frac{1}{2}\left(\frac{1}{99}-\frac{1}{101}\right)$$

$$=\frac{1}{2}\left(\frac{1}{1}-\frac{1}{101}\right)$$

$$=\frac{1}{2}\times\frac{100}{101}$$

$$=\frac{50}{101}$$

따라서 $p=101,\ q=50$이므로

$p+q=151$

답 151

14 $x^2-3x+1=0$에서 $x\neq0$이므로

$x^2-3x+1=0$의 양변을 x로 나누면

$x-3+\dfrac{1}{x}=0$

$x+\dfrac{1}{x}=3$

따라서

$$2x^2-3x+5-\frac{3}{x}+\frac{2}{x^2}=2\left(x^2+\frac{1}{x^2}\right)-3\left(x+\frac{1}{x}\right)+5$$

$$=2\left\{\left(x+\frac{1}{x}\right)^2-2\right\}-3\left(x+\frac{1}{x}\right)+5$$

$$=2(3^2-2)-3\times3+5$$

$$=10$$

답 ③

15 $x^2+4xy-y^2=0$의 양변을 xy로 나누면

$\dfrac{x}{y}+4-\dfrac{y}{x}=0$

$\dfrac{y}{x}-\dfrac{x}{y}=4$

따라서

$$\frac{y^3}{x^3}-\frac{x^3}{y^3}=\left(\frac{y}{x}-\frac{x}{y}\right)^3+3\times\frac{y}{x}\times\frac{x}{y}\left(\frac{y}{x}-\frac{x}{y}\right)$$

$$=4^3+3\times4$$

$$=76$$

답 76

16 $\dfrac{x+y}{6}=\dfrac{y+z}{5}=\dfrac{z+x}{3}=k\ (k\neq0)$이라 하면

$x+y=6k$ ······ ㉠

$y+z=5k$ ······ ㉡

$z+x=3k$ ······ ㉢

㉠, ㉡, ㉢을 변끼리 더하면

$2(x+y+z)=14k$

$x+y+z=7k$ ······ ㉣

㉣에 ㉠, ㉡, ㉢을 각각 대입하면

$x=2k,\ y=4k,\ z=k$

그러므로

$$\frac{xy+2yz+3zx}{x^2+y^2+z^2}=\frac{8k^2+8k^2+6k^2}{4k^2+16k^2+k^2}$$

$$=\frac{22k^2}{21k^2}$$

$$=\frac{22}{21}$$

따라서 $p=21,\ q=22$이므로

$p+q=43$

답 43

17 ㄱ. 제2사분면과 제4사분면을 지난다. (참)

ㄴ. $x<0$에서 함수 f는 증가하는 함수이므로 $x_2<x_1<0$이면

$\quad f(x_2)<f(x_1)$이다. (참)

ㄷ. $y=-\dfrac{1}{x}$에서 x와 y를 서로 바꾸면 $x=-\dfrac{1}{y}$, 즉 $y=-\dfrac{1}{x}$이므로

$\quad$ 함수 $y=f(x)$의 그래프는 직선 $y=x$에 대하여 대칭이다. (참)

이상에서 옳은 것은 ㄱ, ㄴ, ㄷ이다.

답 ⑤

18 함수 $f(x)=\dfrac{4}{x}$의 그래프와 직선 $y=x$의 두 교점 A, B의 좌표를 구해 보자.

$\dfrac{4}{x}=x$에서 $x^2=4$

$x=-2$ 또는 $x=2$

즉, $A(-2,-2),\ B(2,2)$

함수 $g(x)=-\dfrac{9}{x}$의 그래프와 직선 $y=-x$의 두 교점 C, D의 좌표를 구해 보자.

$-\dfrac{9}{x}=-x$에서 $x^2=9$

$x=-3$ 또는 $x=3$

즉, $C(-3,3),\ D(3,-3)$

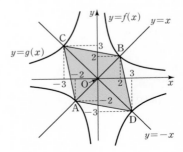

두 직선 $y=x$, $y=-x$가 서로 수직이므로 두 선분 AB, CD도 서로 수직이다.

또 두 점 A, B와 두 점 C, D가 각각 원점에 대하여 대칭이므로 사각형 ADBC는 마름모이다.

따라서 사각형 ADBC의 넓이는

$\dfrac{1}{2} \times \overline{AB} \times \overline{CD}$

$= \dfrac{1}{2} \times \sqrt{(2+2)^2+(2+2)^2} \times \sqrt{(3+3)^2+(-3-3)^2}$

$= \dfrac{1}{2} \times 4\sqrt{2} \times 6\sqrt{2}$

$= 24$

답 ③

19 $f(x)=\dfrac{2}{x}$의 그래프는 직선 $y=x$에 대하여 대칭이므로

함수 f의 역함수 f^{-1}는 f 자신이다. 따라서

$(f^{-1} \circ f^{-1} \circ f^{-1})(8) = (f \circ f \circ f^{-1})(8)$

$\qquad\qquad\qquad\qquad = f(8)$

$\qquad\qquad\qquad\qquad = \dfrac{1}{4}$

답 ②

20 $\dfrac{ax+b}{x+2} = \dfrac{1}{x+2}+3$

$\qquad\qquad = \dfrac{1+3(x+2)}{x+2}$

$\qquad\qquad = \dfrac{3x+7}{x+2}$

따라서 $a=3$, $b=7$이므로

$a+b=10$

답 ⑤

21 $g(x)=-\dfrac{2}{x-a}-1$이므로

$g(4) = -\dfrac{2}{4-a}-1=-3$

$\dfrac{2}{4-a}=2$, $4-a=1$

따라서 $a=3$

답 ③

22 $g(x)=\dfrac{3}{x-a}+b$

조건 (나)에서 $b=3$

조건 (가)에서 $g(5)=\dfrac{3}{5-a}+3=4$

$\dfrac{3}{5-a}=1$, $5-a=3$

$a=2$

따라서 $a+b=2+3=5$

답 ⑤

23 ㄱ. 점근선의 방정식이 $x=2$, $y=-1$이므로 치역은 $\{y \mid y \neq -1$인 실수$\}$이다. (참)

ㄴ. $x<2$에서 증가하는 함수이므로 $x_2<x_1<2$이면 $f(x_2)<f(x_1)$이다. (참)

ㄷ. $f(0)=\dfrac{1}{2}>0$이므로 제2사분면을 지난다. (거짓)

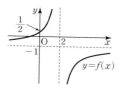

이상에서 옳은 것은 ㄱ, ㄴ이다.

답 ②

24 ㄱ. 점근선의 방정식이 $x=-2$, $y=-2$이므로 직선 $y=-2$와 만나지 않는다. (참)

ㄴ. 점 $(-2, -2)$에 대하여 대칭이다. (거짓)

ㄷ. 점 $(-2, -2)$를 지나고 기울기가 1인 직선 $y=x$에 대하여 대칭이므로 함수 f의 역함수는 자기 자신이다.

즉, $f^{-1}=f$이므로 $(f \circ f)(x)=(f \circ f^{-1})(x)=x$ (참)

이상에서 옳은 것은 ㄱ, ㄷ이다.

답 ③

25 $f(x)=\dfrac{3x-8}{x-2}$

$\qquad = \dfrac{3(x-2)-2}{x-2}$

$\qquad = -\dfrac{2}{x-2}+3$

ㄱ. $\dfrac{3x-8}{x-2}=0$을 만족하는 x의 값을 구하면

$x=\dfrac{8}{3}$

따라서 함수 $f(x)=\dfrac{3x-8}{x-2}$의 그래프는 x축과 점 $\left(\dfrac{8}{3}, 0\right)$에서 만난다. (거짓)

ㄴ. 함수 $y=f(x)$의 그래프의 점근선인 두 직선 $x=2$, $y=3$의 교점이 점 $(2, 3)$이므로 함수 $y=f(x)$의 그래프는 점 $(2, 3)$을 지나고 기울기가 -1인 직선 $y=-x+5$에 대하여 대칭이다. (참)

ㄷ. 함수 $y=f(x)$의 그래프는 함수 $y=-\dfrac{2}{x}$의 그래프를 x축의 방향으로 2만큼, y축의 방향으로 3만큼 평행이동한 그래프이므로 평행이동에 의해 함수 $y=\dfrac{3}{x}$의 그래프와 겹쳐질 수 없다. (거짓)

이상에서 옳은 것은 ㄴ이다.

답 ②

26 $y=\dfrac{3x-5}{x-2}$

$\qquad = \dfrac{3(x-2)+1}{x-2}$

$\qquad = 3+\dfrac{1}{x-2}$

이므로 함수 $y=\dfrac{3x-5}{x-2}$의 그래프의 점근선의 방정식은

$x=2$, $y=3$

즉, $a=2$, $b=3$

이때

$y=\dfrac{ax+b}{x+1}$

$=\dfrac{2x+3}{x+1}$

$=\dfrac{2(x+1)+1}{x+1}$

$=2+\dfrac{1}{x+1}$

이므로 함수 $y=\dfrac{ax+b}{x+1}$의 그래프의 점근선의 방정식은

$x=-1$, $y=2$

즉, $c=-1$, $d=2$

따라서

$a+b+c+d=2+3+(-1)+2$

$=6$

답 ①

27 함수 $f(x)=\dfrac{ax+b}{3x+c}$의 그래프의 점근선의 방정식이 $x=\dfrac{2}{3}$, $y=2$

이므로 $f(x)=\dfrac{k}{3x-2}+2$ $(k\neq 0)$이라 하면

$f(1)=k+2=9$에서 $k=7$

그러므로

$f(x)=\dfrac{7}{3x-2}+2$

$=\dfrac{7+2(3x-2)}{3x-2}$

$=\dfrac{6x+3}{3x-2}$

따라서 $a=6$, $b=3$, $c=-2$이므로

$a+b+c=7$

답 ②

28 함수 $f(x)=\dfrac{ax+b}{x+3}$의 그래프의 두 점근선의 교점의 좌표가

$(-3,\ -2)$이므로 점근선의 방정식은 $x=-3$, $y=-2$이다.

$f(x)=\dfrac{k}{x+3}-2$ $(k\neq 0)$이라 하면

$f(-2)=k-2=1$에서 $k=3$

그러므로

$f(x)=\dfrac{3}{x+3}-2$

$=\dfrac{3-2(x+3)}{x+3}$

$=\dfrac{-2x-3}{x+3}$

따라서 $a=-2$, $b=-3$이므로

$ab=6$

답 ④

29 점근선의 방정식이 $x=3$, $y=-1$이므로

$p=3$, $q=-1$

함수 $y=\dfrac{a}{x-3}-1$의 그래프가 원점을 지나므로

$0=\dfrac{a}{-3}-1$에서

$a=-3$

따라서

$apq=-3\times 3\times(-1)$

$=9$

답 ④

30 점근선의 방정식이 $x=3$, $y=2$이므로 함수의 식을

$y=\dfrac{k}{x-3}+2$ $(k\neq 0)$이라 하자.

그래프가 점 $(2,\ 0)$을 지나므로

$0=\dfrac{k}{-1}+2$에서 $k=2$

그러므로

$y=\dfrac{2}{x-3}+2$

$=\dfrac{2+2(x-3)}{x-3}$

$=\dfrac{2x-4}{x-3}$

따라서 $a=2$, $b=-4$, $c=-3$이므로

$a+b+c=-5$

답 ③

31 $y=\dfrac{ax+b}{x+c}$

$=\dfrac{a(x+c)-ac+b}{x+c}$

$=a+\dfrac{b-ac}{x+c}$

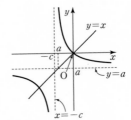

ㄱ. 함수 $y=\dfrac{ax+b}{x+c}$의 그래프가 원점을 지나므로 $0=\dfrac{b}{c}$

그런데 직선 $x=-c$가 점근선이고 $c\neq 0$이므로 $b=0$ (참)

ㄴ. 점근선의 방정식이 $x=-c$, $y=a$이므로

그래프에서 $-c<0$, $a<0$, 즉 $c>0$, $a<0$

따라서 $ac<0$ (참)

ㄷ. 위의 그림과 같이 두 직선 $y=x$, $y=a$의 교점의 x좌표인 a가 $-c$보

다 크므로 $a>-c$, 즉 $a+c>0$ (참)

이상에서 옳은 것은 ㄱ, ㄴ, ㄷ이다.

답 ⑤

32 $y=\dfrac{-2x+3}{x-4}$

$\quad\ =\dfrac{-2(x-4)-5}{x-4}$

$\quad\ =-2-\dfrac{5}{x-4}$

이므로 함수 $y=\dfrac{-2x+3}{x-4}$의 그래프의 점근선의 방정식은

$x=4$, $y=-2$이다.

점 (p, q)는 두 점근선의 교점이므로

$p=4$, $q=-2$

또 직선 $y=-x+k$도 점 (p, q), 즉 점 $(4, -2)$를 지나야 하므로

$-2=-4+k$에서 $k=2$

따라서

$k+p+q=2+4+(-2)$

$\qquad\qquad\ =4$

답 ②

33 두 직선 $y=x+2$, $y=-x-4$의 교점이 두 점근선의 교점이므로 두 직선의 방정식을 연립하여 교점의 좌표를 구하면

$x+2=-x-4$, $2x=-6$

$x=-3$, $y=-1$

즉, $(-3, -1)$ $\qquad$ …… ㉠

함수 $y=\dfrac{ax+2}{x+b}$의 그래프의 점근선의 방정식이 $x=-b$, $y=a$이므로

두 점근선의 교점의 좌표는

$(-b, a)$ $\qquad$ …… ㉡

㉠, ㉡이 일치해야 하므로

$a=-1$, $b=3$

따라서 $ab=-3$

답 ②

34 점 $A(3, 2)$를 지나고 기울기가 1인 직선의 방정식은

$y=x-1$

$\overline{BC}=4\sqrt{2}$이므로 $\overline{AB}=\overline{AC}=2\sqrt{2}$

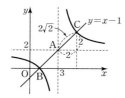

두 점 B, C의 x좌표는 $3-2=1$ 또는 $3+2=5$이므로

$B(1, 0)$, $C(5, 4)$라 하자.

점근선의 방정식이 $x=3$, $y=2$이므로 함수의 식을

$y=\dfrac{k}{x-3}+2$ $(k\neq0)$이라 하면 이 함수의 그래프가 점 $C(5, 4)$를 지나므로

$4=\dfrac{k}{2}+2$, $k=4$

그러므로

$y=\dfrac{4}{x-3}+2$

$\quad\ =\dfrac{4+2(x-3)}{x-3}$

$\quad\ =\dfrac{2x-2}{x-3}$

따라서 $a=2$, $b=-2$, $c=-3$이므로

$abc=12$

답 ⑤

35 함수 $f(x)=\dfrac{k}{x+2}-1$ $(k\neq0)$에 대하여 함수 $y=f(x)$의 그래프의 점근선의 방정식이 $x=-2$, $y=-1$이므로 $k<0$이면 제1사분면을 지나지 않는다.

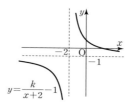

그러므로 함수 $y=f(x)$의 그래프가 제1사분면을 지나려면

$k>0$, $f(0)>0$이어야 한다.

$f(0)=\dfrac{k}{2}-1>0$에서 $k>2$

따라서 구하는 k의 값의 범위는

$k>2$

답 $k>2$

36 함수 $f(x)=\dfrac{5}{x+1}+a$에 대하여 함수 $y=f(x)$의 그래프의 점근선의 방정식은

$x=-1$, $y=a$

(ⅰ) $a\geq0$인 경우

다음 그림의 색칠한 부분에 그래프가 그려지므로 제4사분면을 지날 수 없다.

(ⅱ) $a<0$인 경우

$f(0)=5+a>0$, $a>-5$

그러므로 $-5<a<0$

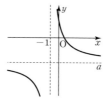

(ⅰ), (ⅱ)에서 조건을 만족시키는 a의 값의 범위는

$-5<a<0$

따라서 구하는 정수 a는 -4, -3, -2, -1로 4개이다.

답 ④

37 함수 $f(x)=-\dfrac{4}{x-a}-1$에 대하여 함수 $y=f(x)$의 그래프의

점근선의 방정식은

$x=a,\ y=-1$

(i) $a\le0$인 경우

다음 그림의 색칠한 부분에 그래프가 그려지므로 제1사분면을 지날

수 없다.

(ii) $a>0$인 경우

$\quad f(0)=\dfrac{4}{a}-1>0,\ \dfrac{4}{a}>1,\ a<4$

그러므로 $0<a<4$

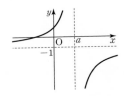

(i), (ii)에서 조건을 만족시키는 a의 값의 범위는

$0<a<4$

따라서 구하는 정수 a는 1, 2, 3이고, 그 합은 6이다.

답 ③

38 함수 $f(x)=-\dfrac{6}{x-2}-3\ (-4\le x\le1)$에 대하여 함수

$y=f(x)$의 그래프는 다음 그림과 같다.

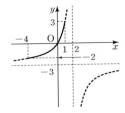

$M=f(1)=3,\ m=f(-4)=-2$

따라서 $M+m=1$

답 ④

39 $f(x)=\dfrac{-x+6}{x+2}$

$\qquad\ =\dfrac{-(x+2)+8}{x+2}$

$\qquad\ =\dfrac{8}{x+2}-1$

함수 $y=f(x)$의 그래프의 점근선의 방정식이 $x=-2,\ y=-1$이므로

함수 $f(x)$는 $x>-2$에서 감소하는 함수이다.

그러므로 정의역이 $\{x|0\le x\le a\}$일 때, 치역은 $\{y|f(a)\le y\le f(0)\}$

이다.

함수 $f(x)$의 최솟값이 1이므로

$f(a)=\dfrac{-a+6}{a+2}=1$

$a+2=-a+6,\ 2a=4,\ a=2$

함수 $f(x)$의 최댓값은

$M=f(0)=3$

따라서 $a+M=2+3=5$

답 ③

40 함수 $f(x)=\dfrac{a}{x+1}+2$의 그래프의 점근선의 방정식은

$x=-1,\ y=2$

(i) $a>0$인 경우

$\quad 0\le x\le3$에서 $f(x)>2$이므로 최댓값이 1이 될 수 없다.

(ii) $a<0$인 경우

$\quad 0\le x\le3$에서 함수 $f(x)$는 증가하는 함수이므로 최댓값은 $f(3)$이다.

$\quad$즉, $f(3)=1$에서

$\quad \dfrac{a}{4}+2=1,\ \dfrac{a}{4}=-1$

$\quad a=-4$

(i), (ii)에서 $a=-4$

답 ②

41 함수 $y=\dfrac{3}{x}$의 그래프의 점근선의 방정식이 $x=0,\ y=0$이므로

$m=0$이면 함수 $y=\dfrac{3}{x}$의 그래프와 직선 $y=m(x-2)$는 만나지 않는다.

$\dfrac{3}{x}=m(x-2)$에서 $x\ne0$이므로

$mx^2-2mx-3=0$

이차방정식 $mx^2-2mx-3=0$의 판별식을 D라 하면

$\dfrac{D}{4}=m^2+3m=m(m+3)=0$

$m\ne0$이므로 $m=-3$

답 ①

42 $\dfrac{2x-9}{x-3}=3x+k$에서 $x\ne3$이므로

$(3x+k)(x-3)=2x-9$

$3x^2+(k-11)x+9-3k=0$ $\quad\cdots\cdots\ \text{㉠}$

이차방정식 ㉠의 판별식을 D라 하면

$D=(k-11)^2-4\times3(9-3k)<0$

$k^2+14k+13<0$

$(k+1)(k+13)<0$

$-13<k<-1$

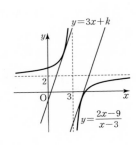

답 $-13<k<-1$

43 $y=mx+1-2m=m(x-2)+1$
이므로 이 직선은 점 $(2, 1)$을 항상 지난다.
$$f(x)=\frac{x-2}{x}=-\frac{2}{x}+1$$
이므로 이 함수의 그래프의 점근선의 방정식은 $x=0$, $y=1$이다.
(i) $m=0$일 때

직선 $y=mx+1-2m$, 즉 $y=1$은 함수 $f(x)=\frac{x-2}{x}$의 그래프
의 점근선 중 하나이므로 함수 $y=f(x)$의 그래프와 직선
$y=mx+1-2m$은 만나지 않는다. 그러므로 조건을 만족시킨다.
(ii) $m\neq0$일 때

$\frac{x-2}{x}=mx+1-2m$에서 $x\neq0$이므로

$mx^2+(1-2m)x=x-2$

$mx^2-2mx+2=0$ $\quad\cdots\cdots$ ㉠

이차방정식 ㉠의 판별식을 D라 하면

$$\frac{D}{4}=m^2-2m=m(m-2)<0$$

$0<m<2$

(i), (ii)에서 $0\le m<2$

답 $0\le m<2$

44 $y=\frac{x+2}{x-2}$

$\quad=\frac{(x-2)+4}{x-2}$

$\quad=\frac{4}{x-2}+1$

즉, 함수 $y=\frac{x+2}{x-2}$의 그래프의 점근선의 방정식은 $x=2$, $y=1$이므로
A$(2, 1)$

$y=0$일 때, $\frac{x+2}{x-2}=0$에서 $x=-2$이므로
B$(-2, 0)$

$x=0$일 때, $y=-1$이므로
C$(0, -1)$

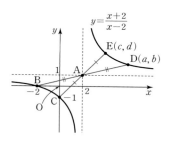

선분 BD의 중점이 A이므로

$\frac{a-2}{2}=2$, $a=6$

$\frac{b+0}{2}=1$, $b=2$

에서 D$(6, 2)$

선분 CE의 중점이 A이므로

$\frac{c+0}{2}=2$, $c=4$

$\frac{d-1}{2}=1$, $d=3$

에서 E$(4, 3)$
따라서
$a+b+c+d=6+2+4+3$
$\quad\quad\quad\quad\quad=15$

답 15

45 함수 $y=\frac{4}{x}$의 그래프는 두 직선 $y=x$, $y=-x$에 대하여 각각
대칭이므로 $k=0$일 때 $l(k)$는 최소이다.

$\frac{4}{x}=x$에서 $x^2=4$

$x=-2$ 또는 $x=2$

따라서 $k=0$일 때, 두 교점의 좌표는 각각 $(2, 2)$, $(-2, -2)$이므로
$l(k)$의 최솟값은

$l(0)=\sqrt{(2+2)^2+(2+2)^2}$

$\quad=\sqrt{16\times2}$

$\quad=4\sqrt{2}$

답 ③

참고

함수 $y=\frac{4}{x}$의 그래프와 직선 $y=x+k$의 교점의 x좌표는 방정식

$\frac{4}{x}=x+k$, 즉 $x^2+kx-4=0$의 실근과 같다.

방정식 $x^2+kx-4=0$의 두 근을 α, β $(\alpha<\beta)$라 하면

$\alpha+\beta=-k$, $\alpha\beta=-4$

$(\beta-\alpha)^2=(\alpha+\beta)^2-4\alpha\beta$

$\quad\quad\quad\quad=k^2+16$

함수 $y=\frac{4}{x}$의 그래프와 직선 $y=x+k$의 두 교점의 좌표가

$\left(\alpha, \frac{4}{\alpha}\right)$, $\left(\beta, \frac{4}{\beta}\right)$이므로

$\{l(k)\}^2=(\beta-\alpha)^2+\left(\frac{4}{\beta}-\frac{4}{\alpha}\right)^2$

$\quad\quad\quad=(\beta-\alpha)^2+\left\{\frac{4(\alpha-\beta)}{\alpha\beta}\right\}^2$

$\quad\quad\quad=2(\beta-\alpha)^2$

$\quad\quad\quad=2k^2+32$

따라서 $k=0$일 때, $l(k)$는 최솟값 $\sqrt{32}=4\sqrt{2}$를 갖는다.

46 함수 $y=-\frac{6}{x-3}+3$의 그래프의 점근선의 방정식이 $x=3$, $y=3$
이므로 이 함수의 그래프는 점 $(3, 3)$과 두 직선 $y=x$, $y=-x+6$에
대하여 각각 대칭이다.

$y=0$일 때, $0=-\frac{6}{x-3}+3$에서

$\frac{6}{x-3}=3$, $x-3=2$, $x=5$

즉, A$(5, 0)$

$x=0$일 때, $y=5$이므로
B$(0, 5)$

두 점 A, B가 직선 $y=x$에 대하여 대칭인 점이고 두 직선 $y=x$,
$y=-x+6$이 서로 수직이므로 사각형 ACDB는 직사각형이다.

$\overline{AB}=5\sqrt{2}$

점 A$(5, 0)$과 직선 $y=-x+6$, 즉 $x+y-6=0$ 사이의 거리는

$$\frac{|5+0-6|}{\sqrt{1+1}}=\frac{1}{\sqrt{2}}$$ 이므로

$$\overline{AC}=2\times\frac{1}{\sqrt{2}}=\sqrt{2}$$

따라서 사각형 ACDB의 넓이는

$$\overline{AB}\times\overline{AC}=5\sqrt{2}\times\sqrt{2}=10$$

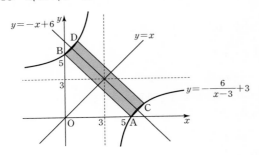

답 10

47 $f(x)=\dfrac{x}{x-1}$

$$=\frac{(x-1)+1}{x-1}$$

$$=\frac{1}{x-1}+1$$

함수 $y=f(x)$의 그래프는 두 점근선의 교점 $(1, 1)$을 지나고 기울기가 1인 직선 $y=x$에 대하여 대칭이므로 함수 f의 역함수는 자기 자신이다.

즉, $f(x)=f^{-1}(x)$이므로

$$(f\circ f)(x)=(f\circ f^{-1})(x)=x$$

$$f(3)=\frac{3}{2}$$

$$f^2(3)=(f\circ f^1)(3)=3$$

$$f^3(3)=(f\circ f^2)(3)=f(3)=\frac{3}{2}$$

$$f^4(3)=(f\circ f^3)(3)=(f\circ f)(3)=3$$

$$\vdots$$

$$f^n(3)=\begin{cases}\dfrac{3}{2} & (n\text{은 홀수})\\ 3 & (n\text{은 짝수})\end{cases}$$

따라서 $f^{10}(3)=3$

답 ⑤

48 $f(x)=-\dfrac{2x}{x+2}$

$$=\frac{-2(x+2)+4}{x+2}$$

$$=\frac{4}{x+2}-2$$

함수 $y=f(x)$의 그래프는 두 점근선의 교점 $(-2, -2)$를 지나고 기울기가 1인 직선 $y=x$에 대하여 대칭이므로 함수 f의 역함수는 자기 자신이다.

즉, $f(x)=f^{-1}(x)$이므로

$$(f\circ f)(x)=(f\circ f^{-1})(x)=x$$

$$f(-1)=2$$

$$f^2(-1)=(f\circ f^1)(-1)=-1$$

$$f^3(-1)=(f\circ f^2)(-1)=f(-1)=2$$

$$f^4(-1)=(f\circ f^3)(-1)=(f\circ f)(-1)=-1$$

$$\vdots$$

$$f^n(-1)=\begin{cases}2 & (n\text{은 홀수})\\ -1 & (n\text{은 짝수})\end{cases}$$

따라서 $f^{15}(-1)=2$

답 ⑤

49 $f(x)=\dfrac{2x-5}{x-2}$

$$=\frac{2(x-2)-1}{x-2}$$

$$=-\frac{1}{x-2}+2$$

함수 $y=f(x)$의 그래프는 두 점근선의 교점 $(2, 2)$를 지나고 기울기가 1인 직선 $y=x$에 대하여 대칭이므로 함수 f의 역함수는 자기 자신이다.

즉, $f(x)=f^{-1}(x)$이므로

$$f^2(x)=(f\circ f)(x)=(f\circ f^{-1})(x)=x$$

$$f^3(x)=(f\circ f^2)(x)=f(x)$$

$$f^4(x)=(f\circ f^3)(x)=(f\circ f)(x)=(f\circ f^{-1})(x)=x$$

$$\vdots$$

$$f^n(x)=\begin{cases}f(x) & (n\text{은 홀수})\\ x & (n\text{은 짝수})\end{cases}$$

따라서

$$f^9(x)=f(x)=\frac{2x-5}{x-2}=\frac{ax+b}{x+c}$$

즉, $a=2$, $b=-5$, $c=-2$이므로

$$abc=20$$

답 20

50 $f^{-1}(1)=k$라 하면 $f(k)=1$

$$f(k)=\frac{2k+1}{k+3}=1$$

$$2k+1=k+3$$

$$k=2$$

따라서 $f^{-1}(1)=2$

답 ⑤

51 $y=\dfrac{3x+1}{x-a}$에서

$$(x-a)y=3x+1$$

$$x(y-3)=ay+1$$

$$x=\frac{ay+1}{y-3}\quad\cdots\cdots\;\text{㉠}$$

㉠의 x와 y를 서로 바꾸면

$$y=\frac{ax+1}{x-3}$$

따라서

$$f^{-1}(x)=\frac{ax+1}{x-3}=\frac{2x+1}{x-b}$$

즉, $a=2$, $b=3$이므로
$a+b=5$

目 ⑤

52 $y=\dfrac{3}{x-2}+a$에서

$y-a=\dfrac{3}{x-2}$

$x-2=\dfrac{3}{y-a}$

$x=\dfrac{3}{y-a}+2$ ······ ㉠

㉠의 x와 y를 서로 바꾸면

$y=\dfrac{3}{x-a}+2$

그러므로 $f^{-1}(x)=\dfrac{3}{x-a}+2$이므로

$f(x)=f^{-1}(x)$에서

$\dfrac{3}{x-2}+a=\dfrac{3}{x-a}+2$

따라서 $a=2$

目 ⑤

53 $2x^2+5x-12\geq0$

$(x+4)(2x-3)\geq0$

따라서 $x\leq-4$ 또는 $x\geq\dfrac{3}{2}$

目 $x\leq-4$ 또는 $x\geq\dfrac{3}{2}$

54 $x+4\geq0$에서 $x\geq-4$ ······ ㉠

$4-3x\geq0$에서 $x\leq\dfrac{4}{3}$ ······ ㉡

㉠, ㉡을 모두 만족시켜야 하므로

$-4\leq x\leq\dfrac{4}{3}$

따라서 구하는 정수 x는 -4, -3, -2, -1, 0, 1로 6개이다.

目 ④

55 $5-2x\geq0$에서 $x\leq\dfrac{5}{2}$ ······ ㉠

$x+2>0$에서 $x>-2$ ······ ㉡

㉠, ㉡을 모두 만족시켜야 하므로

$-2<x\leq\dfrac{5}{2}$

따라서 구하는 정수 x는 -1, 0, 1, 2로 4개이다.

目 ②

56 $x+3\geq0$에서 $x\geq-3$ ······ ㉠

$3-x\geq0$에서 $x\leq3$ ······ ㉡

㉠, ㉡을 모두 만족시켜야 하므로

$-3\leq x\leq3$

그런데 $x^2+x-2=(x+2)(x-1)\neq0$에서

$x\neq-2$, $x\neq1$

따라서 구하는 정수 x는 -3, -1, 0, 2, 3으로 5개이다.

目 ③

57 $\dfrac{1}{\sqrt{x+2}-\sqrt{x-2}}-\dfrac{1}{\sqrt{x+2}+\sqrt{x-2}}$

$=\dfrac{\sqrt{x+2}+\sqrt{x-2}}{(\sqrt{x+2}-\sqrt{x-2})(\sqrt{x+2}+\sqrt{x-2})}$

$\qquad-\dfrac{\sqrt{x+2}-\sqrt{x-2}}{(\sqrt{x+2}+\sqrt{x-2})(\sqrt{x+2}-\sqrt{x-2})}$

$=\dfrac{\sqrt{x+2}+\sqrt{x-2}}{(x+2)-(x-2)}-\dfrac{\sqrt{x+2}-\sqrt{x-2}}{(x+2)-(x-2)}$

$=\dfrac{\sqrt{x+2}+\sqrt{x-2}}{4}-\dfrac{\sqrt{x+2}-\sqrt{x-2}}{4}$

$=\dfrac{2\sqrt{x-2}}{4}$

$=\dfrac{\sqrt{x-2}}{2}$

目 ②

58 $\sqrt{x^2-6x+9}+\dfrac{x}{\sqrt{x+9}+3}$

$=\sqrt{(x-3)^2}+\dfrac{x(\sqrt{x+9}-3)}{(\sqrt{x+9}+3)(\sqrt{x+9}-3)}$

$=|x-3|+\dfrac{x(\sqrt{x+9}-3)}{(x+9)-3^2}$

$=-(x-3)+\dfrac{x(\sqrt{x+9}-3)}{x}$ $(0<x<3$이므로$)$

$=-x+3+\sqrt{x+9}-3$

$=\sqrt{x+9}-x$

目 ③

59 $f(x)=\dfrac{\sqrt{x+1}+\sqrt{x}}{\sqrt{x+1}-\sqrt{x}}+\dfrac{\sqrt{x+1}-\sqrt{x}}{\sqrt{x+1}+\sqrt{x}}$

$=(\sqrt{x+1}+\sqrt{x})^2+(\sqrt{x+1}-\sqrt{x})^2$

$=(x+1+2\sqrt{x+1}\sqrt{x}+x)+(x+1-2\sqrt{x+1}\sqrt{x}+x)$

$=4x+2$

따라서

$f(10)+f(20)+f(30)+f(40)$

$=(4\times10+2)+(4\times20+2)+(4\times30+2)+(4\times40+2)$

$=4\times(10+20+30+40)+2\times4$

$=4\times100+8$

$=408$

目 408

60 $\dfrac{1}{\sqrt{x+4}-2}-\dfrac{1}{\sqrt{x+4}+2}$

$=\dfrac{\sqrt{x+4}+2}{(\sqrt{x+4}-2)(\sqrt{x+4}+2)}-\dfrac{\sqrt{x+4}-2}{(\sqrt{x+4}+2)(\sqrt{x+4}-2)}$

$=\dfrac{\sqrt{x+4}+2}{x}-\dfrac{\sqrt{x+4}-2}{x}$

$=\dfrac{4}{x}$

따라서 $x=\sqrt{2}$일 때,

$\dfrac{4}{x}=\dfrac{4}{\sqrt{2}}=2\sqrt{2}$

目 ③

61
$$\frac{\sqrt{x^2+x}+x}{\sqrt{x^2+x}-x}+\frac{\sqrt{x^2+x}-x}{\sqrt{x^2+x}+x}$$
$$=\frac{(\sqrt{x^2+x}+x)^2}{(x^2+x)-x^2}+\frac{(\sqrt{x^2+x}-x)^2}{(x^2+x)-x^2}$$
$$=\frac{(x^2+x)+2x\sqrt{x^2+x}+x^2}{x}+\frac{(x^2+x)-2x\sqrt{x^2+x}+x^2}{x}$$
$$=\frac{4x^2+2x}{x}$$
$$=4x+2$$
$x=\dfrac{\sqrt{3}+1}{\sqrt{3}-1}=\dfrac{3+2\sqrt{3}+1}{2}=2+\sqrt{3}$ 이므로
$4x+2=4(2+\sqrt{3})+2=10+4\sqrt{3}$
따라서 $a=10$, $b=4$이므로
$a+b=14$

답 14

62
$$\frac{\sqrt{x}+\sqrt{y}}{\sqrt{x}-\sqrt{y}}-\frac{\sqrt{x}-\sqrt{y}}{\sqrt{x}+\sqrt{y}}$$
$$=\frac{(\sqrt{x}+\sqrt{y})^2}{x-y}-\frac{(\sqrt{x}-\sqrt{y})^2}{x-y}$$
$$=\frac{x+2\sqrt{x}\sqrt{y}+y}{x-y}-\frac{x-2\sqrt{x}\sqrt{y}+y}{x-y}$$
$$=\frac{4\sqrt{x}\sqrt{y}}{x-y}$$
$x=\sqrt{3}+\sqrt{2}$, $y=\sqrt{3}-\sqrt{2}$에서
$x>0$, $y>0$이고 $x-y=2\sqrt{2}$, $xy=1$이므로
$$\frac{4\sqrt{x}\sqrt{y}}{x-y}=\frac{4\sqrt{xy}}{x-y}=\frac{4}{2\sqrt{2}}=\sqrt{2}$$

답 ②

63 함수 $y=-\sqrt{kx+4}+3$의 그래프가 점 $(3, 2)$를 지나므로
$2=-\sqrt{3k+4}+3$
$\sqrt{3k+4}=1$
$k=-1$
따라서 함수 $y=-\sqrt{4-x}+3$의 정의역은 $\{x|x\le 4\}$, 치역은 $\{y|y\le 3\}$
이다.

답 정의역: $\{x|x\le 4\}$, 치역: $\{y|y\le 3\}$

64 함수 $f(x)=\sqrt{4-2x}+3$의 정의역은 $\{x|x\le 2\}$, 치역은
$\{y|y\ge 3\}$이다.

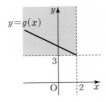

함수 $g(x)=-\dfrac{1}{2}x+k$는 감소하는 함수이므로
정의역이 $\{x|x\le 2\}$일 때, $g(2)=3$이면 치역이 $\{y|y\ge 3\}$이 된다.
$g(2)=-\dfrac{1}{2}\times 2+k=3$
따라서 $k=4$

답 ④

65 함수 $y=-\sqrt{1-x}-2$의 정의역은 $\{x|x\le 1\}$, 치역은
$\{y|y\le -2\}$이므로
$Z=\{(x, y)|x\le 1, y\le -2\}$
$y=\dfrac{-x+6}{x-2}=\dfrac{4}{x-2}-1$이므로
$W=\left\{(x, y)\,\middle|\,x\le 1, y=\dfrac{4}{x-2}-1\right\}$

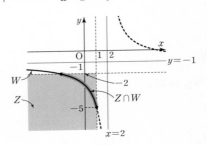

$y=\dfrac{-x+6}{x-2}$에서 $x=1$일 때, $y=-5$이므로
함수 $y=f(x)$의 치역은
$\{y|-5\le y\le -2\}$
따라서 $a=-5$, $b=-2$이므로
$a+b=-7$

답 ①

66 $y=\sqrt{2x-5}+6$
$$=\sqrt{2\left(x-\frac{5}{2}\right)}+6$$
이므로 이 함수의 그래프는 함수 $y=\sqrt{2x}$의 그래프를 x축의 방향으로
$\dfrac{5}{2}$만큼, y축의 방향으로 6만큼 평행이동한 것이다.
따라서 $a=2$, $b=\dfrac{5}{2}$, $c=6$이므로
$abc=30$

답 30

67 ㄱ. $y=\sqrt{1-2x}+2$
$$=\sqrt{-2\left(x-\frac{1}{2}\right)}+2$$
이므로 이 함수의 그래프는 함수 $y=\sqrt{2x}$의 그래프를 y축에 대하
여 대칭이동한 후, x축의 방향으로 $\dfrac{1}{2}$만큼, y축의 방향으로 2만큼
평행이동한 것이다.
ㄴ. $y=-\sqrt{2x+3}-1$
$$=-\sqrt{2\left(x+\frac{3}{2}\right)}-1$$
이므로 이 함수의 그래프는 함수 $y=\sqrt{2x}$의 그래프를 x축에 대하
여 대칭이동한 후, x축의 방향으로 $-\dfrac{3}{2}$만큼, y축의 방향으로 -1
만큼 평행이동한 것이다.
ㄷ. 함수 $y=\sqrt{x-2}$의 그래프는 함수 $y=\sqrt{x}$의 그래프를 x축의 방향
으로 2만큼 평행이동한 것이다.
ㄹ. $y=-\sqrt{2-x}-2$
$$=-\sqrt{-(x-2)}-2$$

이므로 이 함수의 그래프는 함수 $y=\sqrt{x}$의 그래프를 원점에 대하여 대칭이동한 후, x축의 방향으로 2만큼, y축의 방향으로 -2만큼 평행이동한 것이다.

이상에서 함수 $y=\sqrt{2x}$의 그래프와 평행이동 또는 대칭이동에 의해 겹쳐지는 그래프를 갖는 함수는 ㄱ, ㄴ이다.

답 ②

68 함수 $y=-\sqrt{4-x}-2$의 그래프는 함수 $y=\sqrt{x+4}$의 그래프를 원점에 대하여 대칭이동한 후 y축의 방향으로 -2만큼 평행이동한 것이다.

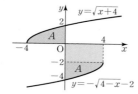

따라서 구하는 넓이는 $A+4\times2=A+8$이다.

답 ④

69 함수 $y=\sqrt{5-x}-1$의 그래프는 다음 그림과 같다.

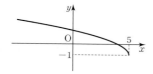

ㄱ. $x=1$일 때, $y=\sqrt{5-1}-1=1$이므로 그래프는 점 $(1,\ 1)$을 지난다. (참)

ㄴ. 정의역은 $\{x|x\leq5\}$, 치역은 $\{y|y\geq-1\}$이다. (참)

ㄷ. $x=0$일 때, $y=\sqrt{5}-1>0$이므로 그래프는 제3사분면을 지나지 않는다. (참)

이상에서 옳은 것은 ㄱ, ㄴ, ㄷ이다.

답 ⑤

70 함수 $f(x)=-\sqrt{x-3}+1$의 그래프는 다음 그림과 같다.

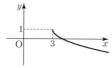

ㄱ. 그래프는 점 $(3,\ 1)$을 지난다. (참)

ㄴ. 함수 $y=\sqrt{x}$의 그래프를 x축에 대하여 대칭이동한 후, x축의 방향으로 3만큼, y축의 방향으로 1만큼 평행이동한 것이다. (거짓)

ㄷ. $x_2>x_1>3$이면 $f(x_2)<f(x_1)$이다. (거짓)

이상에서 옳은 것은 ㄱ이다.

답 ①

71 $y=\sqrt{kx+k}-2$
　　$=\sqrt{k(x+1)}-2$

이므로 이 함수의 그래프는 다음 그림과 같다.

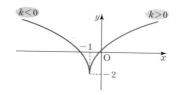

ㄱ. 치역은 항상 $\{y|y\geq-2\}$이고 정의역은

　　$k>0$일 때 $\{x|x\geq-1\}$,

　　$k<0$일 때 $\{x|x\leq-1\}$ (거짓)

ㄴ. $k=4$이면 증가하는 함수이다. (참)

ㄷ. $k<0$이면 그래프는 제1사분면을 지나지 않는다. (참)

이상에서 옳은 것은 ㄴ, ㄷ이다.

답 ⑤

72 정의역이 $\{x|x\geq-2\}$, 치역이 $\{y|y\geq-1\}$이므로 $a>0$이다.

$y=\sqrt{ax+b}+c=\sqrt{a(x+2)}-1$

이라 하면 y절편이 1이므로

$1=\sqrt{2a}-1$, $\sqrt{2a}=2$, $a=2$

이때

$y=\sqrt{2(x+2)}-1=\sqrt{2x+4}-1$

이므로 $b=4$, $c=-1$

따라서 $a+b+c=2+4+(-1)=5$

답 ①

73 함수 $y=f(x)$의 정의역이 $\{x|x\geq b\}$, 치역이 $\{y|y\leq c\}$이므로

$a>0$, $b<0$, $c>0$

그러므로 함수 $g(x)=\sqrt{b(x-c)}+a$의 정의역은 $\{x|x\leq c\}$, 치역은 $\{y|y\geq a\}$이고 그래프는 다음 그림과 같다.

따라서 함수 $y=g(x)$의 그래프는 제1, 2사분면을 지난다.

답 ③

74 $f(x)=\dfrac{ax+b}{x+c}$

　　　　$=\dfrac{a(x+c)+b-ac}{x+c}$

　　　　$=\dfrac{b-ac}{x+c}+a$

함수 $y=f(x)$의 그래프의 점근선의 방정식이

$x=-c$, $y=a$이므로

$c<0$, $a>0$

$f(0)=\dfrac{b}{c}>0$이므로 $b<0$

함수 $g(x)=\sqrt{a(x-b)}-c$에서

$a>0$, 정의역은 $\{x|x\geq b\}$, 치역은 $\{y|y\geq-c\}$

이므로 함수 $y=g(x)$의 그래프의 개형은 다음 그림과 같다.

答 ②

75 함수 $f(x)=\sqrt{x+5}+a$의
정의역은 $\{x|x\ge-5\}$, 치역은 $\{y|y\ge a\}$

(i) $a\ge 0$인 경우
함수 $y=f(x)$의 그래프는 제1, 2사분면만 지난다.

(ii) $a<0$인 경우
$f(0)=\sqrt{5}+a>0$이면 함수 $y=f(x)$의 그래프는
제1, 2, 3사분면을 지난다.

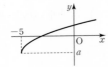

즉, $-\sqrt{5}<a<0$

(i), (ii)에서 조건을 만족시키는 a의 값의 범위는
$-\sqrt{5}<a<0$

따라서 구하는 정수 a는 -2, -1로 2개이다.

答 ②

76 함수 $f(x)=-\sqrt{6-x}+a$의
정의역은 $\{x|x\le 6\}$, 치역은 $\{y|y\le a\}$

(i) $a\le 0$인 경우
함수 $y=f(x)$의 그래프는 제3, 4사분면만 지난다.

(ii) $a>0$인 경우
$f(0)=-\sqrt{6}+a<0$이면 함수 $y=f(x)$의 그래프는 제1, 3, 4사분면을 지난다.

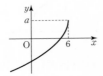

즉, $0<a<\sqrt{6}$

(i), (ii)에서 조건을 만족시키는 a의 값의 범위는
$0<a<\sqrt{6}$

따라서 구하는 정수 a는 1, 2이고, 그 합은 3이다.

答 ⑤

77 함수 $f(x)=\sqrt{a(x-2)}+b$에 대하여

(i) $a>0$인 경우
정의역은 $\{x|x\ge 2\}$, 치역은 $\{y|y\ge b\}$이므로 함수 $y=f(x)$의 그래프는 b의 값에 상관없이 제3사분면을 지나지 않는다.

(ii) $a<0$인 경우
정의역은 $\{x|x\le 2\}$, 치역은 $\{y|y\ge b\}$이므로
$f(0)=\sqrt{-2a}+b\ge 0$이면 함수 $y=f(x)$의 그래프는 제3사분면을 지나지 않는다.

① $(-4, 1)$의 경우
$\sqrt{8}+1\ge 0$이므로 조건을 만족시킨다.

② $(-3, -2)$의 경우
$\sqrt{6}-2\ge 0$이므로 조건을 만족시킨다.

③ $(-2, -3)$의 경우
$\sqrt{4}-3=-1<0$이므로 조건을 만족시키지 않는다.

④ $(2, -3)$과 ⑤ $(3, 5)$는 (i)에 해당하므로 조건을 만족시킨다.

따라서 조건을 만족시키지 않는 순서쌍은 ③ $(-2, -3)$이다.

答 ③

78 $1\le x\le 7$에서 함수 $y=\sqrt{4x-3}-2$는 증가하는 함수이므로
$x=7$일 때, $M=\sqrt{25}-2=3$
$x=1$일 때, $m=\sqrt{1}-2=-1$
따라서 $M+m=2$

答 ④

79 $x\ge -4$에서 함수 $y=\sqrt{5-x}-1$은 감소하는 함수이고 정의역에 의해 $-4\le x\le 5$이므로
$x=5$일 때, $m=-1$
$x=-4$일 때, $M=\sqrt{9}-1=2$
따라서 $M+m=1$

答 ③

80 $x\ge -2$에서 함수 $y=-\sqrt{a(2-x)}+b$ $(a>0)$은 증가하는 함수이고 정의역에 의해 $-2\le x\le 2$이므로
$x=-2$일 때, 최솟값 $m=-2\sqrt{a}+b=-1$ ...... ㉠
또 함수의 그래프가 점 $(1, 1)$을 지나므로
$-\sqrt{a}+b=1$ ...... ㉡
㉠, ㉡을 연립하여 풀면
$a=4$, $b=3$
따라서 $a+b=7$

答 ⑤

81 $-2\le x\le b$에서 함수 $y=-\sqrt{x+3}+a$는 감소하는 함수이므로
$x=-2$일 때, 최댓값 $M=-1+a=3$, $a=4$
$x=b$일 때, 최솟값 $m=-\sqrt{b+3}+4=1$, $\sqrt{b+3}=3$, $b=6$
따라서 $a+b=10$

答 10

82 (i) 함수 $y=\sqrt{x-2}$의 그래프와 직선 $y=\dfrac{1}{2}x+k$가 접하는 경우
$\sqrt{x-2}=\dfrac{1}{2}x+k$
$x-2=\dfrac{1}{4}x^2+kx+k^2$
$x^2+4(k-1)x+4k^2+8=0$ ...... ㉠
이차방정식 ㉠의 판별식을 D라 하면
$\dfrac{D}{4}=4(k-1)^2-4k^2-8=0$
$-8k-4=0$
$k=-\dfrac{1}{2}$

(ii) 직선 $y=\dfrac{1}{2}x+k$가 점 $(2,\,0)$을 지나는 경우

$\quad 0=1+k,\ k=-1$

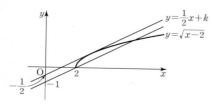

(i), (ii)에서 함수 $y=\sqrt{x-2}$의 그래프와 직선 $y=\dfrac{1}{2}x+k$가 서로 다른 두 점에서 만나도록 하는 실수 k의 값의 범위는

$-1\le k<-\dfrac{1}{2}$

$\qquad\qquad\qquad\qquad\qquad\qquad$ 답 $-1\le k<-\dfrac{1}{2}$

83 직선 $y=m(x+1)$은 m의 값에 관계없이 점 $(-1,\,0)$을 항상 지나는 직선이고 m은 이 직선의 기울기이다. 함수 $y=2\sqrt{4-x}-3$의 그래프와 직선 $y=m(x+1)$이 서로 다른 두 점에서 만나려면 m의 값은 음수이면서 직선 $y=m(x+1)$이 점 $(4,\,-3)$을 지날 때보다는 크거나 같아야 한다.

직선 $y=m(x+1)$이 점 $(4,\,-3)$을 지날 때,

$-3=5m$에서 $m=-\dfrac{3}{5}$

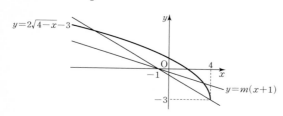

따라서 조건을 만족시키는 실수 m의 값의 범위는 $-\dfrac{3}{5}\le m<0$이고 m의 최솟값은 $-\dfrac{3}{5}$이다.

$\qquad\qquad\qquad\qquad\qquad\qquad\qquad\qquad$ 답 ④

84 (i) 함수 $y=\sqrt{2-x}$의 그래프와 직선 $y=-x+k$가 접하는 경우

$\quad \sqrt{2-x}=-x+k$

$\quad 2-x=x^2-2kx+k^2$

$\quad x^2+(1-2k)x+k^2-2=0 \quad\cdots\cdots\ \bigcirc$

이차방정식 $\bigcirc$의 판별식을 D라 하면

$\quad D=(1-2k)^2-4k^2+8=0$

$\quad -4k+9=0$

$\quad k=\dfrac{9}{4}$

(ii) 직선 $y=-x+k$가 점 $(2,\,0)$을 지나는 경우

$\quad 0=-2+k,\ k=2$

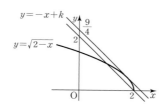

그러므로 $g(k)=\begin{cases} 0 & \left(k>\dfrac{9}{4}\right)\\ 1 & \left(k<2 \text{ 또는 } k=\dfrac{9}{4}\right)\\ 2 & \left(2\le k<\dfrac{9}{4}\right) \end{cases}$

따라서

$g(0)+g(1)+g(2)+g(3)+\cdots+g(20)$

$=1+1+2+0+0+0+\cdots+0$

$=4$

$\qquad\qquad\qquad\qquad\qquad\qquad\qquad\qquad$ 답 4

85 $f(x)=\sqrt{x+3}-1,\ g(x)=\sqrt{3(x+1)}+2$에 대하여

$(g\circ f)(6)=g(f(6))$

$\qquad\qquad\quad =g(\sqrt{6+3}-1)$

$\qquad\qquad\quad =g(2)$

$\qquad\qquad\quad =\sqrt{3(2+1)}+2$

$\qquad\qquad\quad =5$

$\qquad\qquad\qquad\qquad\qquad\qquad\qquad\qquad$ 답 ③

86 $(f\circ g)(a)=f(g(a))=3$에서 $g(a)=k$라 하면

$f(k)=3$이므로

$\sqrt{k+2}=3,\ k=7$

즉, $g(a)=7$이므로

$\sqrt{a}-2=7,\ \sqrt{a}=9$

$a=81$

$(g\circ f)(b)=g(f(b))=3$에서 $f(b)=t$라 하면

$g(t)=3$이므로

$\sqrt{t}-2=3,\ \sqrt{t}=5,\ t=25$

즉, $f(b)=25$이므로

$\sqrt{b+2}=25,\ b+2=625$

$b=623$

따라서 $a+b=81+623=704$

$\qquad\qquad\qquad\qquad\qquad\qquad\qquad\qquad$ 답 704

87 함수 $f(x)=-\sqrt{x-2}+3$의

정의역은 $\{x\,|\,x\ge2\}$, 치역은 $\{y\,|\,y\le3\}$

함수 $g(x)=\sqrt{a-x}+1$의

정의역은 $\{x\,|\,x\le a\}$, 치역은 $\{y\,|\,y\ge1\}$

합성함수 $y=(g\circ f)(x)$가 정의되기 위해서는 함수 f의 치역이 함수 g의 정의역의 부분집합이 되어야 한다.

즉, $\{y\,|\,y\le3\}\subset\{x\,|\,x\le a\}$

따라서 $a\ge3$

$\qquad\qquad\qquad\qquad\qquad\qquad\qquad\qquad$ 답 $a\ge3$

88 $f(4)=-1$에서

$-\sqrt{4a+b}+1=-1$

$\sqrt{4a+b}=2$

$4a+b=4 \quad\cdots\cdots\ \bigcirc$

$f^{-1}(-3)=10$에서 $f(10)=-3$

$-\sqrt{10a+b}+1=-3$

$\sqrt{10a+b}=4$

$10a+b=16$ ...... ⓛ

㉠, ⓛ을 연립하여 풀면

$a=2$, $b=-4$

따라서 $a+b=-2$

답 ①

89 $y=-\sqrt{x-2}+3$에서

$y-3=-\sqrt{x-2}$

$(y-3)^2=x-2$

$x=(y-3)^2+2$ ...... ㉠

㉠의 x와 y를 서로 바꾸면

$y=(x-3)^2+2$

함수 $y=-\sqrt{x-2}+3$의 치역이 $\{y|y\leq3\}$이므로

그 역함수 $y=(x-3)^2+2$의 정의역은 $\{x|x\leq3\}$이다.

즉, $y=(x-3)^2+2$ $(x\leq3)$

따라서 $a=-3$, $b=2$, $c=3$이므로

$a+b+c=2$

답 ④

90 두 함수 $y=f(x)$, $y=f^{-1}(x)$의 그래프의 교점은 직선 $y=x$ 위에 있으므로

$f(x)=x$에서

$\sqrt{6x+8}-2=x$

$\sqrt{6x+8}=x+2$

$6x+8=x^2+4x+4$

$x^2-2x-4=0$ ...... ㉠

㉠의 두 실근을 각각 α, β $(\alpha<\beta)$라 하면

$\alpha+\beta=2$, $\alpha\beta=-4$

$A(\alpha, \alpha)$, $B(\beta, \beta)$ 또는 $A(\beta, \beta)$, $B(\alpha, \alpha)$이므로

$\overline{AB}^2=2(\beta-\alpha)^2$

$(\beta-\alpha)^2=(\beta+\alpha)^2-4\alpha\beta=4+16=20$

따라서

$\overline{AB}=\sqrt{40}=2\sqrt{10}$

답 ③

91 $((f\circ g^{-1})^{-1}\circ g)(1)$

$\quad=(g\circ f^{-1}\circ g)(1)$

$\quad=g(f^{-1}(g(1)))$

$\quad=g(f^{-1}(1))$

$f^{-1}(1)=k$라 하면 $f(k)=1$이므로

$-\sqrt{3-k}+3=1$

$\sqrt{3-k}=2$

$3-k=4$

$k=-1$

따라서

$g(f^{-1}(1))=g(-1)=\dfrac{-8}{-4}=2$

이므로

$((f\circ g^{-1})^{-1}\circ g)(1)=2$

답 ④

92 $(f\circ(g\circ f^{-1})^{-1})(5)=(f\circ f\circ g^{-1})(5)$

한편, $f(x)=\dfrac{x+1}{x-1}=\dfrac{x-1+2}{x-1}=\dfrac{2}{x-1}+1$

함수 $y=f(x)$의 그래프는 두 점근선의 교점 $(1, 1)$을 지나고 기울기가 1인 직선 $y=x$에 대하여 대칭이므로

$f=f^{-1}$, 즉 $f\circ f=f\circ f^{-1}=I$ (I는 항등함수)

그러므로 $(f\circ f\circ g^{-1})(5)=g^{-1}(5)$

$g^{-1}(5)=k$라 하면 $g(k)=5$이므로

$\sqrt{2k-2}+1=5$

$\sqrt{2k-2}=4$

$2k-2=16$

$k=9$

따라서 $(f\circ(g\circ f^{-1})^{-1})(5)=9$

답 ②

93 함수 f는 일대일대응이므로 역함수 f^{-1}가 존재한다.

$(f\circ f)(a)=f(f(a))=a$에서

$f(a)=f^{-1}(a)$

두 함수 $y=f(x)$, $y=f^{-1}(x)$의 그래프의 교점은 직선 $y=x$ 위에 있으므로

$f(a)=a$에서

$\sqrt{a-1}+1=a$

$\sqrt{a-1}=a-1$

$a-1=a^2-2a+1$

$a^2-3a+2=0$

$(a-1)(a-2)=0$

$a=1$ 또는 $a=2$

따라서 구하는 모든 실수 a의 값의 합은 3이다.

답 ①

94 세 점 A, B, C의 좌표를 구해 보자.

$f(x)=2\sqrt{x+2}-2=0$에서 $x=-1$이므로

$A(-1, 0)$

$f(x)=2\sqrt{x+2}-2=4$에서 $x=7$이므로

$B(7, 4)$

$g(x)=\dfrac{4}{x-1}=4$에서 $x=2$이므로

$C(2, 4)$

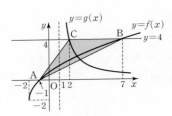

따라서 삼각형 ABC의 넓이는

$\dfrac{1}{2}\times(7-2)\times4=10$

답 ①

95 점 A의 좌표를 구해 보자.

$f(x)=-4\sqrt{x-2}+3=1$에서

$4\sqrt{x-2}=2$

$\sqrt{x-2}=\dfrac{1}{2}$

$x-2=\dfrac{1}{4}$

$x=\dfrac{9}{4}$

즉, $A\left(\dfrac{9}{4},\ 1\right)$

세 점 B, C, D의 좌표를 구해 보자.

$g(x)=2\sqrt{x-2}-1=1$에서 $x=3$이므로

B(3, 1)

$g\left(\dfrac{9}{4}\right)=2\sqrt{\dfrac{9}{4}-2}-1=0$에서

$C\left(\dfrac{9}{4},\ 0\right)$

$f(3)=-4\sqrt{3-2}+3=-1$에서

D(3, -1)

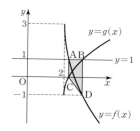

사각형 ACDB의 넓이는

$\dfrac{1}{2}\times(1+2)\times\left(3-\dfrac{9}{4}\right)=\dfrac{1}{2}\times3\times\dfrac{3}{4}=\dfrac{9}{8}$

따라서 $p=8$, $q=9$이므로

$p+q=17$

目 17

96 함수 $f(x)=\sqrt{x}-2$의 그래프를 x축의 방향으로 -4만큼, y축의 방향으로 2만큼 평행이동하면 함수 $g(x)=\sqrt{x+4}$의 그래프와 겹쳐진다.

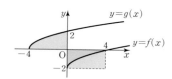

따라서 구하는 넓이는 함수 $y=f(x)$의 그래프와 두 직선 $x=4$, $y=-2$로 둘러싸인 부분의 넓이와 같으므로

$4\times2-\dfrac{8}{3}=\dfrac{16}{3}$

그러므로 $p=3$, $q=16$이므로

$p+q=19$

目 19

97 $f(x)=2\sqrt{x+3}=0$에서 $x=-3$이므로

$A(-3,\ 0)$

두 함수 f, f^{-1}가 서로 역함수이므로

$B(0,\ -3)$

두 함수 $y=f(x)$, $y=f^{-1}(x)$의 그래프가 만나는 점은 함수 $y=f(x)$의 그래프와 직선 $y=x$가 만나는 점이므로

$2\sqrt{x+3}=x$에서

$4x+12=x^2$

$x^2-4x-12=0$

$(x+2)(x-6)=0$

$x=-2$ 또는 $x=6$

그런데 점 C는 제1사분면 위의 점이므로 C(6, 6)이다.

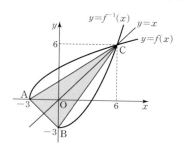

$\overline{AB}=\sqrt{3^2+3^2}=3\sqrt{2}$

직선 AB의 방정식은 $y=-x-3$

점 C(6, 6)과 직선 $x+y+3=0$ 사이의 거리는

$\dfrac{|6+6+3|}{\sqrt{1+1}}=\dfrac{15}{\sqrt{2}}$

따라서 삼각형 ABC의 넓이는

$\dfrac{1}{2}\times3\sqrt{2}\times\dfrac{15}{\sqrt{2}}=\dfrac{45}{2}$

目 ⑤

98 $f(x)=2\sqrt{a(x+a)}=0$에서 $x=-a$이므로

$A(-a,\ 0)$

$f(0)=2a$이므로 B(0, 2a)

직선 AB의 기울기와 직선 $y=2x+b$의 기울기가 모두 2이므로 두 직선은 서로 평행하다.

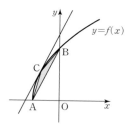

함수 $y=f(x)$의 그래프와 직선 $y=2x+b$가 접해야 하므로

$2x+b=2\sqrt{a(x+a)}$에서

$4x^2+4bx+b^2=4(ax+a^2)$

$4x^2+4(b-a)x+b^2-4a^2=0$ ...... ㉠

이차방정식 ㉠의 판별식을 D라 하면

$\dfrac{D}{4}=4(b-a)^2-4b^2+16a^2=0$

$8ab=20a^2$

$a>0$이므로 $b=\dfrac{5}{2}a$

이때 $y=2x+b=2x+\dfrac{5}{2}a$이므로 $4x-2y+5a=0$

삼각형 ABC의 밑변을 선분 AB라 하면 높이 h는 점 $\mathrm{A}(-a,\,0)$과 직선 $4x-2y+5a=0$ 사이의 거리와 같다.

$\overline{\mathrm{AB}}=\sqrt{a^2+4a^2}=\sqrt{5}a$,

$h=\dfrac{|-4a+5a|}{\sqrt{4^2+(-2)^2}}=\dfrac{a}{2\sqrt{5}}$

이므로 삼각형 ABC의 넓이는

$\dfrac{1}{2}\times\sqrt{5}a\times\dfrac{a}{2\sqrt{5}}=\dfrac{1}{4}$, $a^2=1$

$a>0$이므로 $a=1$이고 $b=\dfrac{5}{2}$

따라서 $a+b=1+\dfrac{5}{2}=\dfrac{7}{2}$

답 ⑤

서술형 완성하기

본문 98쪽

01 $-2<x\leq-1$ 또는 $2\leq x<5$ **02** $a=\dfrac{1}{3},\ b=\dfrac{2}{3}$

03 $a=-2,\ b=-3$ **04** $(4,\,-10),\ (-4,\,10)$

05 $-2,\ 22$ **06** 10

---

01 $x^2-x-2\geq0$에서

$(x+1)(x-2)\geq0$

$x\leq-1$ 또는 $x\geq2$ ······ ㉠ ······ ❶

$10+3x-x^2>0$에서

$x^2-3x-10<0$, $(x+2)(x-5)<0$

$-2<x<5$ ······ ㉡ ······ ❷

㉠, ㉡을 모두 만족시켜야 하므로 구하는 x의 값의 범위는

$-2<x\leq-1$ 또는 $2\leq x<5$ ······ ❸

답 $-2<x\leq-1$ 또는 $2\leq x<5$

단계	채점 기준	비율
❶	$x^2-x-2\geq0$임을 밝히고 부등식의 해를 구한 경우	30 %
❷	$10+3x-x^2>0$임을 밝히고 부등식의 해를 구한 경우	40 %
❸	x의 값의 범위를 구한 경우	30 %

02 $y=\dfrac{6x+1}{9x-3}=\dfrac{6\left(x-\frac{1}{3}\right)+3}{9\left(x-\frac{1}{3}\right)}=\dfrac{1}{3\left(x-\frac{1}{3}\right)}+\dfrac{2}{3}$ ······ ❶

그러므로 함수 $y=\dfrac{6x+1}{9x-3}$의 그래프는 함수 $y=\dfrac{1}{3x}$의 그래프를 x축 의 방향으로 $\dfrac{1}{3}$만큼, y축으로 방향으로 $\dfrac{2}{3}$만큼 평행이동한 것이다. ······ ❷

따라서 $a=\dfrac{1}{3}$, $b=\dfrac{2}{3}$ ······ ❸

답 $a=\dfrac{1}{3}$, $b=\dfrac{2}{3}$

단계	채점 기준	비율
❶	$y=\dfrac{6x+1}{9x-3}$을 점근선을 보여주는 함수식으로 변환한 경우	50 %
❷	평행이동을 설명한 경우	30 %
❸	$a,\ b$의 값을 구한 경우	20 %

03 $f(1)=\dfrac{3+a}{2+b}=-1$에서

$3+a=-2-b$, $a=-b-5$ ······ ❶

두 함수 $y=f(x)$, $y=f^{-1}(x)$의 그래프의 교점이 무수히 많기 위해서는 $f=f^{-1}$이어야 한다. ······ ❷

$y=\dfrac{3x+a}{2x+b}$에서 $3x+a=y(2x+b)$

$(2y-3)x=-by+a$

$x=\dfrac{-by+a}{2y-3}$ ······ ㉠

㉠에서 x와 y를 서로 바꾸면

$y=\dfrac{-bx+a}{2x-3}$ ······ ❸

$f^{-1}(x)=\dfrac{-bx+a}{2x-3}=\dfrac{3x+a}{2x+b}=f(x)$

따라서 $b=-3$이고, $a=-(-3)-5=-2$ ······ ❹

답 $a=-2,\ b=-3$

단계	채점 기준	비율
❶	$a,\ b$의 관계식을 구한 경우	20 %
❷	$f=f^{-1}$임을 서술한 경우	20 %
❸	역함수를 구한 경우	40 %
❹	$a,\ b$의 값을 구한 경우	20 %

다른 풀이

❸의 역함수 구하는 과정에 대한 다른 풀이

$f(x)=\dfrac{3x+a}{2x+b}$

$=\dfrac{3\left(x+\frac{b}{2}\right)+a-\frac{3b}{2}}{2\left(x+\frac{b}{2}\right)}$

$=\dfrac{a-\frac{3b}{2}}{2\left(x+\frac{b}{2}\right)}+\dfrac{3}{2}$

$f=f^{-1}$가 성립하기 위해서는 두 점근선의 교점 $\left(-\dfrac{b}{2},\ \dfrac{3}{2}\right)$이 직선 $y=x$ 위에 있어야 하므로

$\dfrac{3}{2}=-\dfrac{b}{2}$, $b=-3$

04 $f(x)=a\sqrt{6-x}+b$

(i) $a>0$인 경우

함수 f는 감소하는 함수이므로

$f(-3)=3a+b=2$ ······ ㉠

$f(2)=2a+b=-2$ ······ ㉡ ······ ❶

㉠, ㉡을 연립하여 풀면 $a=4$, $b=-10$이므로 ······ ❷

구하는 순서쌍은 $(4, -10)$

(ii) $a<0$인 경우

함수 f는 증가하는 함수이므로

$f(-3)=3a+b=-2$ ······ ㉢

$f(2)=2a+b=2$ ······ ㉣ ·····❸

㉢, ㉣을 연립하여 풀면 $a=-4$, $b=10$이므로 ·····❹

구하는 순서쌍은 $(-4, 10)$

(i), (ii)에서 구하는 순서쌍은

$(4, -10)$, $(-4, 10)$ ·····❺

📋 $(4, -10)$, $(-4, 10)$

단계	채점 기준	비율
❶	$a>0$일 때의 방정식을 세운 경우	30 %
❷	❶의 해를 구한 경우	15 %
❸	$a<0$일 때의 방정식을 세운 경우	30 %
❹	❸의 해를 구한 경우	15 %
❺	순서쌍 (a, b)를 모두 구한 경우	10 %

05 $(g \circ f)(a)=g(f(a))=6$

$f(a)=k$라 하면 $g(k)=6$

$g(k)=\dfrac{3}{2}(k-1)^2=6$에서

$(k-1)^2=4$

$k=-1$ 또는 $k=3$ ·····❶

(i) $k=-1$인 경우

$\quad f(a)=\sqrt{a+3}-2=-1$

$\quad \sqrt{a+3}=1$, $a=-2$ ·····❷

(ii) $k=3$인 경우

$\quad f(a)=\sqrt{a+3}-2=3$

$\quad \sqrt{a+3}=5$, $a=22$ ·····❸

(i), (ii)에서 구하는 a의 값은 -2, 22이다. ·····❹

📋 -2, 22

단계	채점 기준	비율
❶	$g(k)=6$을 만족시키는 k의 값을 구한 경우	30 %
❷	$k=-1$일 때의 a의 값을 구한 경우	30 %
❸	$k=3$일 때의 a의 값을 구한 경우	30 %
❹	a의 값을 모두 구한 경우	10 %

06 $f(x)=\dfrac{6}{x}=t$에서 $x=\dfrac{6}{t}$이므로 $A\left(\dfrac{6}{t}, t\right)$

함수 $y=g(x)$의 그래프는 함수 $y=f(x)$의 그래프를 x축의 방향으로 2만큼 평행이동한 것이므로 $B\left(\dfrac{6}{t}+2, t\right)$

$f\left(\dfrac{6}{t}+2\right)=\dfrac{6}{\dfrac{6}{t}+2}=\dfrac{6}{\dfrac{6+2t}{t}}=\dfrac{6t}{6+2t}=\dfrac{3t}{3+t}$

이므로 $C\left(\dfrac{6}{t}+2, \dfrac{3t}{3+t}\right)$, $D\left(\dfrac{6}{t}+4, \dfrac{3t}{3+t}\right)$ ·····❶

다음 그림에서 색칠한 부분의 넓이는 같으므로 두 함수 $y=f(x)$, $y=g(x)$의 그래프와 두 직선 AB, CD로 둘러싸인 부분의 넓이는 사각형 ACDB의 넓이와 같다. ·····❷

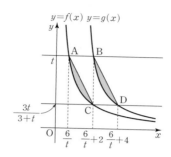

(사각형 ACDB의 넓이)$=\overline{AB}\times\overline{BC}=2\overline{BC}=8$

에서 $\overline{BC}=4$이므로 ·····❸

$t-\dfrac{3t}{3+t}=4$, $\dfrac{t^2}{3+t}=4$

$t^2-4t-12=0$

$(t+2)(t-6)=0$

$t>0$이므로 $t=6$ ·····❹

그러므로 $A(1, 6)$, $B(3, 6)$, $C(3, 2)$, $D(5, 2)$

함수 $h(x)=a\sqrt{5-x}+b$의 그래프가 두 점 A, D를 지나므로

$h(5)=b=2$

$h(1)=2a+b=6$, $2a+2=6$, $a=2$ ·····❺

따라서 $t=6$, $a=2$, $b=2$이므로

$t+a+b=10$ ·····❻

📋 10

단계	채점 기준	비율
❶	A, B, C, D의 좌표를 t로 나타낸 경우	20 %
❷	평행이동에 따른 넓이 상황을 서술한 경우	10 %
❸	선분 BC의 길이를 구한 경우	20 %
❹	t의 값을 구한 경우	20 %
❺	a, b의 값을 구한 경우	20 %
❻	$t+a+b$의 값을 구한 경우	10 %

내신 + 수능 고난도 도전 본문 99~100쪽

01 163	02 ①	03 ③	04 ⑤	05 ①
06 7	07 ①	08 256		

01 x가 3 이상 10 이하의 자연수일 때,

$f(x)=\dfrac{4x-2}{(x^2-2x)(x^2-1)}$

$=\dfrac{4x-2}{(x^2-1)-(x^2-2x)}\left(\dfrac{1}{x^2-2x}-\dfrac{1}{x^2-1}\right)$

$=\dfrac{4x-2}{2x-1}\left\{\dfrac{1}{x(x-2)}-\dfrac{1}{(x-1)(x+1)}\right\}$

$=\dfrac{2}{x(x-2)}-\dfrac{2}{(x-1)(x+1)}$

$=\left(\dfrac{1}{x-2}-\dfrac{1}{x}\right)-\left(\dfrac{1}{x-1}-\dfrac{1}{x+1}\right)$

이므로

$f(3)+f(4)+f(5)+\cdots+f(10)$

$=\left\{\left(\dfrac{1}{1}-\dfrac{1}{3}\right)+\left(\dfrac{1}{2}-\dfrac{1}{4}\right)+\left(\dfrac{1}{3}-\dfrac{1}{5}\right)+\cdots+\left(\dfrac{1}{8}-\dfrac{1}{10}\right)\right\}$

$\qquad-\left\{\left(\dfrac{1}{2}-\dfrac{1}{4}\right)+\left(\dfrac{1}{3}-\dfrac{1}{5}\right)+\left(\dfrac{1}{4}-\dfrac{1}{6}\right)+\cdots+\left(\dfrac{1}{9}-\dfrac{1}{11}\right)\right\}$

$=\left(\dfrac{1}{1}+\dfrac{1}{2}-\dfrac{1}{9}-\dfrac{1}{10}\right)-\left(\dfrac{1}{2}+\dfrac{1}{3}-\dfrac{1}{10}-\dfrac{1}{11}\right)$

$=\dfrac{1}{1}-\dfrac{1}{9}-\dfrac{1}{3}+\dfrac{1}{11}$

$=\dfrac{5}{9}+\dfrac{1}{11}=\dfrac{64}{99}$

따라서 $p=99$, $q=64$이므로

$p+q=163$

답 163

02 $\dfrac{\dfrac{1}{x\sqrt{x}+1}}{\sqrt{x}+\dfrac{1}{\sqrt{x}+1}}=\dfrac{\dfrac{1}{x\sqrt{x}+1}}{\sqrt{x}+\dfrac{\sqrt{x}-1}{(\sqrt{x}+1)(\sqrt{x}-1)}}$

$\qquad=\dfrac{\dfrac{1}{x\sqrt{x}+1}}{\sqrt{x}+\dfrac{\sqrt{x}-1}{x-1}}$

$\qquad=\dfrac{\dfrac{1}{x\sqrt{x}+1}}{\dfrac{x\sqrt{x}-\sqrt{x}+\sqrt{x}-1}{x-1}}$

$\qquad=\dfrac{\dfrac{1}{x\sqrt{x}+1}}{\dfrac{x\sqrt{x}-1}{x-1}}$

$\qquad=\dfrac{x-1}{(x\sqrt{x}+1)(x\sqrt{x}-1)}$

$\qquad=\dfrac{x-1}{x^3-1}$

$\qquad=\dfrac{x-1}{(x-1)(x^2+x+1)}$

$\qquad=\dfrac{1}{x^2+x+1}$

$x=\sqrt{2}-\dfrac{1}{2}$에서 $x+\dfrac{1}{2}=\sqrt{2}$

$x^2+x+\dfrac{1}{4}=2$, $x^2+x=\dfrac{7}{4}$

따라서 $\dfrac{1}{x^2+x+1}=\dfrac{1}{\dfrac{7}{4}+1}=\dfrac{4}{11}$

답 ①

03 조건 (나)에서 함수 $y=\dfrac{k}{x-a}+b$의 그래프의 두 점근선의 교점의 좌표가 $(2, 1)$이므로 $a=2$, $b=1$

함수 $y=\dfrac{k}{x-2}+1$의 그래프는 두 직선 $y=x-1$, $y=-x+3$에 대하여 대칭이고 원과 함수 $y=\dfrac{k}{x-a}+b$의 그래프가 서로 다른 두 점에서 만나므로 교점은 원과 직선 $y=x-1$ 또는 $y=-x+3$의 교점과 같다.

그런데 조건 (가)에서 함수 $y=\dfrac{k}{x-2}+1$의 그래프가 제3사분면을 지나지 않으므로 함수 $y=\dfrac{k}{x-2}+1$의 그래프는 원과 직선 $y=-x+3$

의 교점을 지난다.

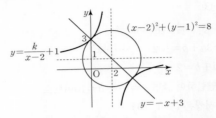

원의 반지름의 길이가 $2\sqrt{2}$이므로 원과 직선 $y=-x+3$의 교점의 좌표는 $(0, 3)$, $(4, -1)$이다.

$3=\dfrac{k}{-2}+1$, $k=-4$

따라서 $a=2$, $b=1$, $k=-4$이므로

$a+b+k=-1$

답 ③

04 함수 $y=f(x)$의 그래프는 다음 그림과 같다.

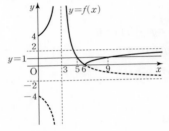

ㄱ. 함수 $y=f(x)$의 그래프와 직선 $y=t$의 서로 다른 교점이 3개인 실수 t는 존재하지 않는다. (거짓)

ㄴ. 함수 $y=f(x)$의 그래프와 직선 $y=t$의 서로 다른 교점이 1개인 정수 t는 0, 2, 3으로 3개이다. (참)

ㄷ. 함수 $y=f(x)$의 그래프와 직선 $y=1$의 교점을 구하면

$3<x<6$일 때, $\dfrac{6}{x-3}-2=1$에서

$\dfrac{6}{x-3}=3$, $x-3=2$, $x=5$

$x>6$일 때, $-\dfrac{6}{x-3}+2=1$에서

$\dfrac{6}{x-3}=1$, $x-3=6$, $x=9$

그러므로 교점의 x좌표의 합은 $5+9=14$이다. (참)

이상에서 옳은 것은 ㄴ, ㄷ이다.

답 ⑤

05 함수 $g(x)=\sqrt{2x}-2$의 그래프를 x축의 방향으로 -2만큼, y축의 방향으로 2만큼 평행이동하면 함수 $f(x)=\sqrt{2(x+2)}$의 그래프와 겹쳐진다.

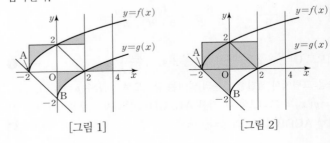

[그림 1]　　　　　　　[그림 2]

[그림 1]에서 같은 색으로 칠한 부분끼리의 넓이가 같으므로 $S-T$는 [그림 2]에서 색칠한 부분의 넓이와 같다.

따라서 $S-T=2\times4+\dfrac{1}{2}\times2\times2=10$

답 ①

06 $2\sqrt{x-1}=x$에서

$4x-4=x^2$, $x^2-4x+4=0$, $(x-2)^2=0$

이므로 함수 $f(x)=2\sqrt{x-1}$의 그래프와 직선 $y=x$는 점 $(2,\,2)$에서 접한다.

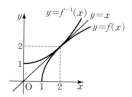

그러므로 구하는 넓이는

$2\times\left(\dfrac{1}{2}\times2\times2-\dfrac{4}{3}\right)=2\times\dfrac{2}{3}=\dfrac{4}{3}$

따라서 $p=3$, $q=4$이므로 $p+q=7$

답 7

07 두 함수 $y=f(x)$, $y=f^{-1}(x)$의 그래프의 교점 A는 함수 $y=f(x)$의 그래프와 직선 $y=x$의 교점이므로

$2\sqrt{x-1}+1=x$, $2\sqrt{x-1}=x-1$

$4x-4=x^2-2x+1$

$x^2-6x+5=0$

$(x-1)(x-5)=0$

$x=1$ 또는 $x=5$

$x>1$이므로 A$(5,\,5)$

함수 $g(x)=\dfrac{a}{x-1}+1$ $(x>1)$의 그래프는 두 점근선의 교점인 $(1,\,1)$을 지나고 기울기가 1인 직선 $y=x$에 대하여 대칭이므로 두 점 B, C도 직선 $y=x$에 대하여 대칭이다.

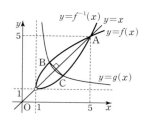

두 직선 OA와 BC가 서로 수직이고 $\overline{\text{OA}}=5\sqrt{2}$이므로 사각형 OCAB의 넓이는

$\dfrac{1}{2}\times\overline{\text{OA}}\times\overline{\text{BC}}=\dfrac{1}{2}\times5\sqrt{2}\times\overline{\text{BC}}=5$

에서 $\overline{\text{BC}}=\sqrt{2}$

이때 B$(b,\,c)$라 하면 C$(c,\,b)$이고 $c-b=1$

즉, $c=b+1$이므로 B$(b,\,b+1)$

점 B가 함수 $y=f(x)$의 그래프 위에 있으므로

$b+1=2\sqrt{b-1}+1$, $b=2\sqrt{b-1}$

$b^2=4b-4$, $b^2-4b+4=0$, $(b-2)^2=0$

$b=2$

점 B$(2,\,3)$이 함수 $y=g(x)$의 그래프 위에 있으므로

$3=a+1$, $a=2$

즉, $g(x)=\dfrac{2}{x-1}+1$ $(x>1)$

따라서

$(f\circ g)(5)=f(g(5))=f\left(\dfrac{3}{2}\right)=2\times\sqrt{\dfrac{1}{2}}+1=\sqrt{2}+1$

답 ①

08 원의 중심을 E$(a,\,b)$라 하면 함수 $f(x)=\dfrac{k}{x-a}+b$의 그래프의 두 점근선의 교점은 E이다.

함수 $f(x)=\dfrac{k}{x-a}+b$의 그래프는 점 E에 대하여 대칭이므로 선분 AD의 중점과 선분 BC의 중점은 E이다.

그러므로 네 점 A, B, C, D의 좌표를

A$(x_1,\,y_1)$, B$(x_2,\,y_2)$, C$(x_3,\,y_3)$, D$(x_4,\,y_4)$라 하면

$\dfrac{x_1+x_4}{2}=a$, $\dfrac{y_1+y_4}{2}=b$

$\dfrac{x_2+x_3}{2}=a$, $\dfrac{y_2+y_3}{2}=b$

이때 조건 (가)에서

$x_1+x_2+x_3+x_4=2a+2a=12$이므로 $a=3$

$y_1+y_2+y_3+y_4=2b+2b=4$이므로 $b=1$

즉, $f(x)=\dfrac{k}{x-3}+1$

함수 $y=f(x)$의 그래프는 두 직선 $y=x-2$, $y=-x+4$에 대하여 대칭이므로 직선 AB의 기울기는 1, 직선 AC의 기울기는 -1이고, 직선 AB와 직선 $y=-x+4$의 교점이 M이다.

조건 (나)에서 M$(0,\,4)$

$\overline{\text{AM}}=t$라 하면 $\overline{\text{AB}}=2t$이고

조건 (다)에서 $\overline{\text{AC}}=6t$

선분 BC가 원의 지름이므로 직각삼각형 ABC에서

$\overline{\text{AB}}^2+\overline{\text{AC}}^2=\overline{\text{BC}}^2$

$(2t)^2+(6t)^2=(2\times2\sqrt{5})^2$, $t^2=2$

직선 AB의 방정식은 $y=x+4$이므로 점 A의 좌표를 $(s,\,s+4)$라 하면

$\overline{\text{AM}}^2=2=s^2+s^2$에서 $s=\pm1$이므로 A$(-1,\,3)$

점 A는 함수 $y=f(x)$의 그래프 위의 점이므로

$f(-1)=\dfrac{k}{-4}+1=3$, $k=-8$

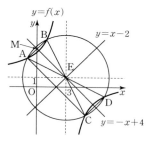

따라서 $a=3$, $b=1$, $k=-8$이므로

$(a+b)\times k^2=4\times64=256$

답 256

VI. 경우의 수

14 순열과 조합

본문 103~105쪽

개념 확인하기

01 4	02 3	03 7	04 25	05 16
06 33	07 7	08 6	09 13	10 9
11 9	12 8	13 36	14 30	15 60
16 24	17 1	18 120	19 210	20 6
21 6	22 2	23 3	24 4	25 120
26 60	27 60	28 20	29 60	30 20
31 3	32 6	33 10	34 20	35 10
36 6	37 21	38 28	39 10	40 6
41 8	42 1	43 1	44 9	45 13
46 11	47 3	48 3, 4	49 84	50 10
51 4	52 40	53 30	54 80	55 74
56 10	57 10	58 4	59 6	60 1260
61 315	62 280			

01 (1, 4), (2, 3), (3, 2), (4, 1)의 4가지

답 4

02 (4, 6), (5, 5), (6, 4)의 3가지

답 3

03 구하는 경우의 수는 눈의 수의 합이 5가 되는 경우의 수와 10이 되는 경우의 수의 합이므로
$4+3=7$

답 7

04 $2 \times 25 = 50$에서 50 이하의 2의 배수는 25개이므로 구하는 경우의 수는 25이다.

답 25

05 $3 \times 16 = 48$에서 50 이하의 3의 배수는 16개이므로 구하는 경우의 수는 16이다.

답 16

06 50 이하의 2와 3의 최소공배수인 6의 배수는 $6 \times 8 = 48$에서 8개이므로 구하는 경우의 수는
$25 + 16 - 8 = 33$

답 33

07 $7 \times 7 = 49$에서 50 이하의 7의 배수는 7개이므로 구하는 경우의 수는 7이다.

답 7

08 $8 \times 6 = 48$에서 50 이하의 8의 배수는 6개이므로 구하는 경우의 수는 6이다.

답 6

09 7과 8의 최소공배수가 56이므로 50 이하의 7의 배수이면서 동시에 8의 배수인 자연수는 없다.
따라서 구하는 경우의 수는 $7 + 6 = 13$

답 13

10 주사위의 눈의 수 중 짝수는 2, 4, 6의 3개, 홀수는 1, 3, 5의 3개이므로 구하는 경우의 수는
$3 \times 3 = 9$

답 9

11 주사위의 눈의 수 중 소수는 2, 3, 5의 3개, 4의 약수는 1, 2, 4의 3개이므로 구하는 경우의 수는
$3 \times 3 = 9$

답 9

12 주사위의 눈의 수 중 3의 배수는 3, 6의 2개, 6의 약수는 1, 2, 3, 6의 4개이므로 구하는 경우의 수는
$2 \times 4 = 8$

답 8

13 a, b가 될 수 있는 수는 각각 6개이므로
$6 \times 6 = 36$

답 36

14 $_6P_2 = 6 \times 5 = 30$

답 30

15 $_5P_3 = 5 \times 4 \times 3 = 60$

답 60

16 $_4P_4 = 4 \times 3 \times 2 \times 1 = 24$

답 24

17 $_8P_0 = 1$

답 1

18 $5! = 5 \times 4 \times 3 \times 2 \times 1 = 120$

답 120

19 $\dfrac{7!}{4!}=\dfrac{7\times6\times5\times4\times3\times2\times1}{4\times3\times2\times1}=210$

답 210

20 $3!\times0!=(3\times2\times1)\times1=6$

답 6

21 $_n\mathrm{P}_3=120=6\times5\times4$이므로 $n=6$

답 6

22 $_5\mathrm{P}_r=20=5\times4$이므로 $r=2$

답 2

23 $_n\mathrm{P}_n=n!$, $6=3!$이므로 $n=3$

답 3

24 $_8\mathrm{P}_r=\dfrac{8!}{(8-r)!}=\dfrac{8!}{4!}$에서 $r=4$

답 4

25 $_6\mathrm{P}_3=6\times5\times4=120$

답 120

26 일의 자리에 짝수 3개 중 1개를 먼저 선택한 후 나머지 5장의 카드 중에서 2장을 뽑아 백의 자리와 십의 자리를 채우면 된다.
따라서 구하는 짝수의 개수는
$3\times{}_5\mathrm{P}_2=3\times5\times4=60$

답 60

27 일의 자리에 홀수 3개 중 1개를 먼저 선택한 후 나머지 5장의 카드 중에서 2장을 뽑아 백의 자리와 십의 자리를 채우면 된다.
따라서 구하는 홀수의 개수는
$3\times{}_5\mathrm{P}_2=3\times5\times4=60$

답 60

28 일의 자리에 5를 먼저 선택한 후 나머지 5장의 카드 중에서 2장을 뽑아 백의 자리와 십의 자리를 채우면 된다.
따라서 구하는 5의 배수의 개수는
$1\times{}_5\mathrm{P}_2=1\times5\times4=20$

답 20

29 백의 자리에 4, 5, 6 중 1개를 먼저 선택한 후 나머지 5장의 카드 중에서 2장을 뽑아 십의 자리와 일의 자리를 채우면 된다.
따라서 구하는 400 이상의 자연수의 개수는
$3\times{}_5\mathrm{P}_2=3\times5\times4=60$

답 60

30 백의 자리에 1을 먼저 선택한 후 나머지 5장의 카드 중에서 2장을 뽑아 십의 자리와 일의 자리를 채우면 된다.
따라서 구하는 200 이하의 자연수의 개수는
$1\times{}_5\mathrm{P}_2=1\times5\times4=20$

답 20

31 $_3\mathrm{C}_1=3$

답 3

32 $_4\mathrm{C}_2=\dfrac{4\times3}{2\times1}=6$

답 6

33 $_5\mathrm{C}_2=\dfrac{5\times4}{2\times1}=10$

답 10

34 $_6\mathrm{C}_3=\dfrac{6\times5\times4}{3\times2\times1}=20$

답 20

35 $_5\mathrm{C}_3=\dfrac{5\times4\times3}{3\times2\times1}=10$

답 10

36 $_4\mathrm{C}_2=\dfrac{4\times3}{2\times1}=6$

답 6

37 $_7\mathrm{C}_2=\dfrac{7\times6}{2\times1}=21$

답 21

38 $_8\mathrm{C}_2=\dfrac{8\times7}{2\times1}=28$

답 28

39 $_5\mathrm{C}_3=\dfrac{5\times4\times3}{3\times2\times1}=10$

답 10

40 $_n\mathrm{C}_2=\dfrac{n(n-1)}{2}$이므로
$\dfrac{n(n-1)}{2}=15$에서
$n^2-n-30=0$
$(n+5)(n-6)=0$
$n=-5$ 또는 $n=6$
n은 자연수이므로 $n=6$

답 6

41 $_{n+2}C_2 = \dfrac{(n+2)(n+1)}{2}$이므로

$\dfrac{(n+2)(n+1)}{2} = 45$에서

$n^2 + 3n - 88 = 0$

$(n+11)(n-8) = 0$

$n = -11$ 또는 $n = 8$

n은 자연수이므로 $n = 8$

目 8

42 $_7C_0 = 1$

目 1

43 $_7C_7 = 1$

目 1

44 $_9C_8 = {}_9C_{9-8} = {}_9C_1 = 9$

目 9

45 $_{13}C_{12} = {}_{13}C_{13-12} = {}_{13}C_1 = 13$

目 13

46 $_nC_2 = {}_nC_{n-2}$이므로

$_nC_{n-2} = {}_nC_9$에서

$n - 2 = 9$

따라서 $n = 11$

目 11

47 $_9C_n = {}_9C_{9-n}$이므로

$_9C_{9-n} = {}_9C_{n+3}$에서

$9 - n = n + 3$

따라서 $n = 3$

目 3

48 $_6C_2 + {}_6C_3 = {}_7C_n$에서

$_6C_2 + {}_6C_3 = {}_7C_3$이므로

$n = 3$

$_7C_3 = {}_7C_4$이므로

$n = 4$

따라서 $n = 3$ 또는 $n = 4$

目 3, 4

49 $_9C_3 = \dfrac{9 \times 8 \times 7}{3 \times 2 \times 1} = 84$

目 84

50 $_5C_3 = {}_5C_2 = \dfrac{5 \times 4}{2} = 10$

目 10

51 $_4C_3 = {}_4C_1 = 4$

目 4

52 $_5C_2 \times {}_4C_1 = \dfrac{5 \times 4}{2} \times 4 = 10 \times 4 = 40$

目 40

53 $_5C_1 \times {}_4C_2 = 5 \times \dfrac{4 \times 3}{2} = 5 \times 6 = 30$

目 30

54 $_9C_3 - {}_4C_3 = {}_9C_3 - {}_4C_1 = \dfrac{9 \times 8 \times 7}{3 \times 2 \times 1} - 4 = 84 - 4 = 80$

目 80

55 $_9C_3 - {}_5C_3 = {}_9C_3 - {}_5C_2 = \dfrac{9 \times 8 \times 7}{3 \times 2 \times 1} - \dfrac{5 \times 4}{2} = 84 - 10 = 74$

目 74

56 $_5C_2 = \dfrac{5 \times 4}{2} = 10$

目 10

57 $_5C_2 = \dfrac{5 \times 4}{2} = 10$

目 10

58 $_4C_1 = 4$

目 4

59 $_4C_2 = \dfrac{4 \times 3}{2} = 6$

目 6

60 $_9C_4 \times {}_5C_3 \times {}_2C_2 = {}_9C_4 \times {}_5C_2 \times {}_2C_2$

$= \dfrac{9 \times 8 \times 7 \times 6}{4 \times 3 \times 2 \times 1} \times \dfrac{5 \times 4}{2} \times 1$

$= 126 \times 10 \times 1$

$= 1260$

目 1260

61 $_9C_4 \times {}_5C_4 \times {}_1C_1 \times \dfrac{1}{2!} = {}_9C_4 \times {}_5C_1 \times {}_1C_1 \times \dfrac{1}{2!}$

$= \dfrac{9 \times 8 \times 7 \times 6}{4 \times 3 \times 2 \times 1} \times 5 \times 1 \times \dfrac{1}{2}$

$= 126 \times 5 \times 1 \times \dfrac{1}{2}$

$= 315$

目 315

62 $_9C_3 \times {}_6C_3 \times {}_3C_3 \times \dfrac{1}{3!} = \dfrac{9 \times 8 \times 7}{3 \times 2 \times 1} \times \dfrac{6 \times 5 \times 4}{3 \times 2 \times 1} \times 1 \times \dfrac{1}{3 \times 2 \times 1}$

$= 84 \times 20 \times 1 \times \dfrac{1}{6}$

$= 280$

目 280

01 ⑤	**02** 6	**03** 5	**04** 12	**05** 14
06 9	**07** 20	**08** 12	**09** 40	**10** 12
11 36	**12** 18	**13** 5	**14** ③	**15** 24
16 ②	**17** ①	**18** 210	**19** ④	**20** 96
21 ⑤	**22** 720	**23** ⑤	**24** 216	**25** 480
26 144	**27** ②	**28** 288	**29** ④	**30** 720
31 ⑤	**32** 40	**33** ③	**34** ①	**35** ③
36 3600	**37** ②	**38** ③	**39** 72	**40** 9
41 6	**42** 10	**43** 5	**44** 70	**45** 2
46 9	**47** ⑤	**48** ③	**49** ⑤	**50** ⑤
51 ③	**52** ③	**53** ⑤	**54** ⑤	**55** ⑤
56 144	**57** ⑤	**58** ④	**59** ⑤	**60** 8
61 ②	**62** ⑤	**63** ②	**64** 5	**65** ③
66 ④	**67** 412	**68** ④	**69** 44	**70** 144
71 10	**72** ②	**73** 18	**74** ②	**75** ①
76 ①	**77** ②	**78** ⑤	**79** 490	

01 8의 약수는 1, 2, 4, 8
두 개의 주사위를 동시에 던질 때, 나오는 눈의 수의 합은 2 이상이므로 두 주사위에서 나오는 눈의 수를 순서쌍으로 나타내면 다음과 같다.
(i) 눈의 수의 합이 2인 경우
　(1, 1)의 1가지
(ii) 눈의 수의 합이 4인 경우
　(1, 3), (2, 2), (3, 1)의 3가지
(iii) 눈의 수의 합이 8인 경우
　(2, 6), (3, 5), (4, 4), (5, 3), (6, 2)의 5가지
(i)~(iii)은 동시에 일어날 수 없으므로 구하는 경우의 수는
$1+3+5=9$

답 ⑤

02 4의 배수는 십의 자리와 일의 자리에 해당하는 두 자리의 수가 4의 배수이어야 한다
(i) □12인 경우
　312, 412의 2가지
(ii) □24인 경우
　124, 324의 2가지
(iii) □32인 경우
　132, 432의 2가지
(i)~(iii)은 동시에 일어날 수 없으므로 구하는 4의 배수의 개수는
$2+2+2=6$

답 6

03 (i) 부분집합의 두 원소의 곱이 홀수인 경우
　{1, 3}, {1, 5}, {3, 5}로 3개
(ii) 부분집합의 두 원소의 곱이 6의 배수인 경우
　{2, 3}, {3, 4}로 2개

(i), (ii)는 동시에 일어날 수 없으므로 구하는 부분집합의 개수는
$3+2=5$

답 5

04 $3x+2y+z=15$에서
(i) $x=1$일 때, $2y+z=12$이므로 순서쌍 (x, y, z)는
　$(1, 1, 10)$, $(1, 2, 8)$, $(1, 3, 6)$, $(1, 4, 4)$, $(1, 5, 2)$의 5개
(ii) $x=2$일 때, $2y+z=9$이므로 순서쌍 (x, y, z)는
　$(2, 1, 7)$, $(2, 2, 5)$, $(2, 3, 3)$, $(2, 4, 1)$의 4개
(iii) $x=3$일 때, $2y+z=6$이므로 순서쌍 (x, y, z)는
　$(3, 1, 4)$, $(3, 2, 2)$의 2개
(iv) $x=4$일 때, $2y+z=3$이므로 순서쌍 (x, y, z)는
　$(4, 1, 1)$의 1개
(i)~(iv)에서 구하는 순서쌍 (x, y, z)의 개수는
$5+4+2+1=12$

답 12

05 $xy \leq 6$에서
$x=1$일 때, y가 될 수 있는 수는 1, 2, 3, 4, 5, 6의 6개
$x=2$일 때, y가 될 수 있는 수는 1, 2, 3의 3개
$x=3$일 때, y가 될 수 있는 수는 1, 2의 2개
$x=4$일 때, y가 될 수 있는 수는 1의 1개
$x=5$일 때, y가 될 수 있는 수는 1의 1개
$x=6$일 때, y가 될 수 있는 수는 1의 1개
따라서 구하는 순서쌍 (x, y)의 개수는
$6+3+2+1+1+1=14$

답 14

06 $7 \leq 3x+y \leq 10$에서
(i) $x=1$일 때, $4 \leq y \leq 7$이므로 순서쌍 (x, y)는
　$(1, 4)$, $(1, 5)$, $(1, 6)$, $(1, 7)$의 4개
(ii) $x=2$일 때, $1 \leq y \leq 4$이므로 순서쌍 (x, y)는
　$(2, 1)$, $(2, 2)$, $(2, 3)$, $(2, 4)$의 4개
(iii) $x=3$일 때, $-2 \leq y \leq 1$이므로 순서쌍 (x, y)는
　$(3, 1)$의 1개
(i)~(iii)에서 구하는 순서쌍 (x, y)의 개수는
$4+4+1=9$

답 9

07 순서쌍 (x, y)에서 x가 될 수 있는 것은 4개, y가 될 수 있는 것은 5개이므로 구하는 집합 Z의 원소의 개수는
$4 \times 5 = 20$

답 20

08 전개식의 각 항은 $x+y+z$에서 하나의 항을 선택하고, $a+b+c+d$에서 하나의 항을 선택해서 곱한 결과이므로
$3 \times 4 = 12$

답 12

09 백의 자리에 올 수 있는 숫자는 3, 4, 5, 6이고,
일의 자리에 올 수 있는 숫자는 1, 3, 5이므로

(ⅰ) 백의 자리에 3 또는 5가 올 경우
　일의 자리에 올 수 있는 숫자는 백의 자리에 온 숫자를 제외한 홀수 2개
　이때 십의 자리에 올 수 있는 숫자는 백의 자리와 일의 자리의 숫자를 제외한 4개
　그러므로 이 경우의 홀수의 개수는
　$2 \times 2 \times 4 = 16$

(ⅱ) 백의 자리에 4 또는 6이 올 경우
　일의 자리에 올 수 있는 숫자는 홀수 3개
　이때 십의 자리에 올 수 있는 숫자는 백의 자리와 일의 자리의 숫자를 제외한 4개
　그러므로 이 경우의 홀수의 개수는
　$2 \times 3 \times 4 = 24$

(ⅰ), (ⅱ)에서 구하는 홀수의 개수는
$16 + 24 = 40$

답 40

10 $72 = 2^3 \times 3^2$이므로 양의 약수의 개수는
$(3+1)(2+1) = 12$

답 12

11 $2^3 \times 3^2 \times 5^2$의 양의 약수의 개수는
$(3+1)(2+1)(2+1) = 36$

답 36

12 $600 = 2^3 \times 3 \times 5^2$, $4500 = 2^2 \times 3^2 \times 5^3$
이므로 600과 4500의 최대공약수는
$2^2 \times 3 \times 5^2$
따라서 구하는 양의 공약수의 개수는
$(2+1)(1+1)(2+1) = 18$

답 18

13 $72^n = (2^3 \times 3^2)^n = 2^{3n} \times 3^{2n}$
이고, 72^n의 양의 약수의 개수가 176이므로
$(3n+1)(2n+1) = 176$
$6n^2 + 5n - 175 = 0$
$(n-5)(6n+35) = 0$
n은 자연수이므로 $n = 5$

답 5

14 B 영역에 칠할 수 있는 색은 5가지
A 영역에 칠할 수 있는 색은 B 영역에 칠한 색을 제외한 4가지
C 영역에 칠할 수 있는 색은 B 영역에 칠한 색을 제외한 4가지
따라서 구하는 경우의 수는
$5 \times 4 \times 4 = 80$

답 ③

15 A 지점에서 B 지점으로 가는 도로의 수는 2
B 지점에서 C 지점으로 가는 도로의 수는 3
C 지점에서 D 지점으로 가는 도로의 수는 2
D 지점에서 A 지점으로 가는 도로의 수는 2
따라서 구하는 경우의 수는
$2 \times 3 \times 2 \times 2 = 24$

답 24

16 자신이 앉았던 자리에 다시 앉지 않도록 자리를 바꾸는 경우를 수형도로 나타내면 다음과 같다.

```
A   B   C   D
     ┌ A ─ D ─ C
B ──┼ C ─ D ─ A
     └ D ─ A ─ C
     ┌ A ─ D ─ B
C ──┤    ┌ A ─ B
     └ D ─┤
          └ B ─ A
     ┌ A ─ B ─ C
D ──┤    ┌ A ─ B
     └ C ─┤
          └ B ─ A
```

따라서 구하는 경우의 수는 9이다.

답 ②

17 가운데 자리에 오는 숫자를 택하는 경우의 수는 5
양 끝 자리에 오는 문자를 택하는 경우의 수는 $_4\mathrm{P}_2$
따라서 구하는 경우의 수는
$5 \times _4\mathrm{P}_2 = 5 \times 4 \times 3 = 60$

답 ①

18 $_7\mathrm{P}_3 = 7 \times 6 \times 5 = 210$

답 210

19 남학생으로 회장과 부회장을 뽑는 경우의 수는
$_4\mathrm{P}_2 = 4 \times 3 = 12$
여학생으로 회장과 부회장을 뽑는 경우의 수는
$_5\mathrm{P}_2 = 5 \times 4 = 20$
따라서 구하는 경우의 수는
$12 + 20 = 32$

답 ④

20 천의 자리에 올 수 있는 숫자는 1, 2, 3, 4의 4개
나머지 자리에 올 수 있는 숫자는 천의 자리에 온 숫자를 제외한 숫자이므로 구하는 네 자리 자연수의 개수는
$4 \times _4\mathrm{P}_3 = 4 \times 4 \times 3 \times 2 = 96$

답 96

21 a와 e를 한 묶음으로 생각하여 4개의 문자를 나열하는 경우의 수는
$4! = 24$

이때 a와 e가 묶음 안에서 자리를 바꾸는 경우의 수는 2

따라서 구하는 경우의 수는

$4! \times 2 = 24 \times 2 = 48$

답 ⑤

22 남학생 3명을 한 묶음으로 생각하여 5명을 일렬로 세우는 경우의 수는

$5! = 120$

이때 남학생 3명이 한 묶음 안에서 자리를 바꾸는 경우의 수는

$3! = 6$

따라서 구하는 경우의 수는

$5! \times 3! = 120 \times 6 = 720$

답 720

23 같은 색의 상의를 각각 한 묶음으로 생각하여 3개를 일렬로 거는 경우의 수는

$3! = 6$

이때 각 색깔 별 옷의 묶음 안에서 자리를 바꾸는 경우의 수는

$2! \times 2! \times 2! = 8$

따라서 구하는 경우의 수는

$3! \times (2! \times 2! \times 2!) = 6 \times 8 = 48$

답 ⑤

24 (i) a, b, c가 모두 이웃하는 경우

a, b, c를 한 묶음으로 생각하여 4개의 문자를 나열하는 경우의 수는

$4! = 24$

이때 a, b, c가 한 묶음 안에서 자리를 바꾸는 경우의 수는

$3! = 6$

그러므로 이 경우의 수는

$4! \times 3! = 24 \times 6 = 144$

(ii) d, e, f가 모두 이웃하는 경우

(i)에서와 같은 방법으로 144

(iii) a, b, c와 d, e, f가 각각 이웃하는 경우

$2! \times 3! \times 3! = 72$

(i)~(iii)에서 구하는 경우의 수는

$144 + 144 - 72 = 216$

답 216

25 4개의 문자 a, b, c, d를 일렬로 나열하는 경우의 수는

$4! = 24$

4개의 문자의 양 끝과 사이사이에 2개의 숫자 1, 2를 나열하는 경우의 수는

$_5P_2 = 20$

따라서 구하는 경우의 수는

$4! \times {}_5P_2 = 24 \times 20 = 480$

답 480

26 남학생 3명을 일렬로 세우는 경우의 수는

$3! = 6$

남학생 3명의 양 끝과 사이사이에 여학생 4명을 세우는 경우의 수는

$4! = 24$

따라서 구하는 경우의 수는

$3! \times 4! = 6 \times 24 = 144$

답 144

27 학생이 앉지 않는 빈 의자 5개를 일렬로 두고 빈 의자 5개의 양 끝과 사이사이에 학생이 1명씩 앉는 의자 3개를 놓으면 되므로

$_6P_3 = 6 \times 5 \times 4 = 120$

답 ②

28 a와 b를 한 묶음으로 생각하고 ab, c, d를 일렬로 나열하는 경우의 수는

$2! \times 3! = 2 \times 6 = 12$

ab, c, d의 양 끝과 사이사이에 1, 2, 3, 4를 나열하는 경우의 수는

$4! = 24$

따라서 구하는 경우의 수는

$(2! \times 3!) \times 4! = 12 \times 24 = 288$

답 288

29 (i) 일의 자리에 0이 오는 경우

나머지 세 자리에는 1, 2, 3, 4 중에서 3개를 택해 일렬로 나열하면 되므로 이 경우의 짝수의 개수는

$_4P_3 = 4 \times 3 \times 2 = 24$

(ii) 일의 자리에 2 또는 4가 오는 경우

천의 자리에 올 수 있는 숫자는 0과 일의 자리에 온 숫자를 제외한 3개이고, 나머지 두 자리에는 천의 자리와 일의 자리에 온 숫자를 제외한 3개의 숫자 중 2개를 택해 일렬로 나열하면 되므로 이 경우의 짝수의 개수는

$2 \times 3 \times {}_3P_2 = 2 \times 3 \times 3 \times 2 = 36$

(i), (ii)에서 구하는 짝수의 개수는

$24 + 36 = 60$

답 ④

30 양 끝자리에 어른 3명 중 2명이 앉는 경우의 수는

$_3P_2 = 3 \times 2 = 6$

이때 나머지 5명이 자리에 앉는 경우의 수는

$5! = 120$

따라서 구하는 경우의 수는

$_3P_2 \times 5! = 6 \times 120 = 720$

답 720

31 a와 b를 나열하는 경우의 수는 2

a와 b 사이에 4개의 숫자 중 2개를 선택해서 나열하는 경우의 수는

$_4P_2 = 4 \times 3 = 12$

a, b와 그 사이의 숫자 2개를 모두 한 묶음으로 생각하고 나머지 숫자 2개와 함께 일렬로 나열하는 경우의 수는
$$3!=6$$
따라서 구하는 경우의 수는
$$2 \times {}_4\text{P}_2 \times 3! = 2 \times 12 \times 6 = 144$$
답 ⑤

32 (ⅰ) A□□□□의 경우
  1, 2, 3, 4를 나열하는 경우의 수이므로
  $$4!=24$$
(ⅱ) □A□□□의 경우
  A의 오른쪽 세 자리 중 두 자리에 홀수 2개를 나열하는 경우의 수는
  $${}_3\text{P}_2 = 3 \times 2 = 6$$
  이때 나머지 두 자리에 숫자 2, 4를 나열하는 경우의 수는
  $$2!=2$$
  그러므로
  $${}_3\text{P}_2 \times 2! = 6 \times 2 = 12$$
(ⅲ) □□A□□의 경우
  A의 오른쪽에는 홀수를, 왼쪽에는 짝수를 나열하는 경우의 수는
  $$2! \times 2! = 4$$
(ⅰ)~(ⅲ)에서 구하는 경우의 수는
$$24+12+4=40$$
답 40

33 5명의 학생을 일렬로 세우는 경우의 수는
$$5!=120$$
양 끝 모두에 여학생을 세우는 경우의 수는
$$2! \times 3! = 12$$
따라서 구하는 경우의 수는
$$120-12=108$$
답 ③

34 5개의 숫자를 일렬로 나열하는 경우의 수는
$$5!=120$$
양 끝 모두에 홀수가 오도록 나열하는 경우의 수는
$${}_3\text{P}_2 \times 3! = 6 \times 6 = 36$$
따라서 구하는 경우의 수는
$$120-36=84$$
답 ①

35 5명의 학생을 일렬로 세우는 경우의 수는
$$5!=120$$
남학생 3명이 서로 이웃하지 않도록 5명의 학생을 일렬로 세우는 경우의 수는
$$2! \times 3! = 12$$
따라서 구하는 경우의 수는
$$120-12=108$$
답 ③

36 7개의 숫자와 문자를 일렬로 나열하는 경우의 수는
$$7!$$
3개의 문자 a, b, c가 서로 이웃하지 않도록 7개의 숫자와 문자를 일렬로 나열하는 경우의 수는 $4! \times {}_5\text{P}_3$
따라서 구하는 경우의 수는
$$7! - 4! \times {}_5\text{P}_3 = 4! \times (7 \times 6 \times 5 - 5 \times 4 \times 3)$$
$$= 24 \times 150$$
$$= 3600$$
답 3600

37 $n(X)=3$, $n(Y)=5$이므로
X에서 Y로의 일대일함수의 개수는
$$a = {}_5\text{P}_3 = 60$$
X에서 Y로의 상수함수의 개수는
$$b = {}_5\text{P}_1 = 5$$
따라서 $a+b=65$
답 ②

38 $n(X)=n$이라 하면
X에서 X로의 일대일대응의 개수는
$${}_n\text{P}_n = n! = 120$$
$$120 = 1 \times 2 \times 3 \times 4 \times 5 = 5!$$
이므로 $n=5$
따라서 X에서 X로의 상수함수의 개수는
$${}_5\text{P}_1 = 5$$
답 ③

39 조건 (가)에서 함수 f는 일대일함수이다.
$f(1)$과 $f(3)$의 값을 정하는 경우의 수는
$${}_4\text{P}_2 = 12$$
$f(2)$와 $f(4)$의 값을 정하는 경우의 수는
$${}_3\text{P}_2 = 6$$
따라서 구하는 함수 f의 개수는
$${}_4\text{P}_2 \times {}_3\text{P}_2 = 12 \times 6 = 72$$
답 72

40 ${}_9\text{P}_r = n \times {}_8\text{P}_{r-1}$에서
$$\frac{9!}{(9-r)!} = n \times \frac{8!}{\{8-(r-1)\}!}$$
$$= n \times \frac{8!}{(9-r)!}$$
따라서 $n=9$
답 9

41 ${}_n\text{P}_5 = 6 \times {}_n\text{P}_3$에서
$$\frac{n!}{(n-5)!} = 6 \times \frac{n!}{(n-3)!}$$
$$= 6 \times \frac{n!}{(n-3) \times (n-4) \times (n-5)!}$$

$(n-3)(n-4)=6$
$n^2-7n+12=6$
$n^2-7n+6=0$
$(n-1)(n-6)=0$
$n \geq 5$이므로 $n=6$

답 6

42 $_n\text{P}_3 + 3 \times {}_n\text{P}_2 = {}_{11}\text{P}_3$에서
$n(n-1)(n-2)+3n(n-1)=11 \times 10 \times 9$
$n(n-1)(n-2+3)=11 \times 10 \times 9$
$(n+1)n(n-1)=11 \times 10 \times 9$
n은 자연수이므로 $n=10$

답 10

43 $_{10}\text{P}_5 = {}_9\text{P}_r + r \times {}_9\text{P}_{r-1}$에서
$\dfrac{10!}{5!} = \dfrac{9!}{(9-r)!} + r \times \dfrac{9!}{\{9-(r-1)\}!}$
$\quad = \dfrac{9!}{(9-r)!} + r \times \dfrac{9!}{(10-r)!}$
$\quad = \dfrac{9! \times (10-r)}{(10-r) \times (9-r)!} + \dfrac{9! \times r}{(10-r)!}$
$\quad = \dfrac{9! \times (10-r+r)}{(10-r)!}$
$\quad = \dfrac{10!}{(10-r)!}$
$5 = 10-r$
따라서 $r=5$

답 5

44 $_5\text{P}_3 = 5 \times 4 \times 3 = 60$
$_5\text{C}_3 = {}_5\text{C}_2 = \dfrac{5 \times 4}{2} = 10$
따라서 $_5\text{P}_3 + {}_5\text{C}_3 = 60 + 10 = 70$

답 70

45 $_8\text{C}_{n-2} = {}_8\text{C}_{2n+4}$ $\qquad$ ...... ㉠
(ⅰ) ㉠에서 $n-2=2n+4$이면
$\quad n=-6$
이는 n이 자연수라는 조건을 만족시키지 않는다.
(ⅱ) $_8\text{C}_{n-2} = {}_8\text{C}_{8-(n-2)} = {}_8\text{C}_{10-n}$이므로 ㉠에서
$\quad _8\text{C}_{10-n} = {}_8\text{C}_{2n+4}$
이때 $10-n=2n+4$이면
$\quad n=2$
이는 n이 자연수라는 조건을 만족시킨다.
(ⅰ), (ⅱ)에서 $n=2$

답 2

46 $_n\text{C}_3 = 6(n-1) + {}_n\text{C}_2$에서
$\dfrac{n(n-1)(n-2)}{6} = 6(n-1) + \dfrac{n(n-1)}{2}$ $\qquad$ ...... ㉠

$n \geq 3$이므로 ㉠의 양변을 $n-1$로 나누면
$\dfrac{n(n-2)}{6} = 6 + \dfrac{n}{2}$
$n(n-2) = 36 + 3n$
$n^2 - 5n - 36 = 0$
$(n+4)(n-9) = 0$
n이 3 이상의 자연수이므로
$n=9$

답 9

47 $_6\text{C}_2 = 15$

답 ⑤

48 서로 다른 n개에서 2개를 택하는 경우의 수는
$_n\text{C}_2 = \dfrac{n(n-1)}{2}$이므로
$\dfrac{n(n-1)}{2} = 45$에서
$n^2 - n - 90 = 0$
$(n+9)(n-10) = 0$
n이 2 이상의 자연수이므로
$n=10$

답 ③

49 (ⅰ) 뽑은 3장의 카드에 적혀 있는 세 수가 모두 홀수인 경우
홀수가 적혀 있는 카드가 6장이므로 구하는 경우의 수는
$_6\text{C}_3 = 20$
(ⅱ) 뽑은 3장의 카드에 적혀 있는 세 수가 홀수 1개, 짝수 2개인 경우
홀수가 적혀 있는 카드와 짝수가 적혀 있는 카드가 각각 6장씩이므로 구하는 경우의 수는
$_6\text{C}_1 \times {}_6\text{C}_2 = 6 \times 15 = 90$
(ⅰ), (ⅱ)에서 구하는 경우의 수는
$20 + 90 = 110$

답 ⑤

50 A, B를 제외한 8명 중에서 3명을 선출하고, A를 포함시키면 된다.
따라서 구하는 경우의 수는
$_8\text{C}_3 = 56$

답 ⑤

51 1학년 학생을 뺀 나머지 학생 중에서 2명을 택하는 경우의 수는
$_5\text{C}_2 = 10$
1학년 학생 2명을 포함하여 4명이 일렬로 서는 경우의 수는
$4! = 24$
따라서 구하는 경우의 수는
$10 \times 24 = 240$

답 ③

52 A, B를 제외한 남학생 3명 중에 1명을 택하는 경우의 수는

$_3C_1=3$

C를 제외한 여학생 4명 중에 2명을 택하는 경우의 수는

$_4C_2=6$

따라서 구하는 경우의 수는

$3\times6=18$

답 ③

53 10명 중에서 3명을 뽑는 경우의 수는

$_{10}C_3=120$

남학생만으로 3명을 뽑는 경우의 수는

$_6C_3=20$

따라서 구하는 경우의 수는

$120-20=100$

답 ⑤

54 7개의 공 중에서 4개의 공을 택하는 경우의 수는

$_7C_4={}_7C_3=35$

숫자 1이 적혀 있는 공과 숫자 2가 적혀 있는 공을 제외한 5개의 공 중에서 4개의 공을 택하는 경우의 수는

$_5C_4={}_5C_1=5$

따라서 구하는 경우의 수는

$35-5=30$

답 ⑤

다른 풀이

숫자 1이 적혀 있는 공을 포함하여 4개의 공을 택하는 경우의 수는

$_6C_3=20$

숫자 2가 적혀 있는 공을 포함하여 4개의 공을 택하는 경우의 수는

$_6C_3=20$

숫자 1이 적혀 있는 공과 숫자 2가 적혀 있는 공을 모두 포함하여 4개의 공을 택하는 경우의 수는

$_5C_2=10$

따라서 구하는 경우의 수는

$20+20-10=30$

55 흰 공과 검은 공이 적어도 하나씩 포함되도록 꺼낸 4개의 공 중 흰 공과 검은 공의 개수를 순서쌍으로 나타내면

$(1, 3), (2, 2), (3, 1)$이다.

(ⅰ) 흰 공 1개와 검은 공 3개를 꺼내는 경우의 수

$\quad_4C_1\times{}_5C_3=4\times10=40$

(ⅱ) 흰 공 2개와 검은 공 2개를 꺼내는 경우의 수

$\quad_4C_2\times{}_5C_2=6\times10=60$

(ⅲ) 흰 공 3개와 검은 공 1개를 꺼내는 경우의 수

$\quad_4C_3\times{}_5C_1=4\times5=20$

(ⅰ)~(ⅲ)에서 구하는 경우의 수는

$40+60+20=120$

답 ⑤

다른 풀이

9개의 공 중에서 4개를 꺼내는 경우의 수는

$_9C_4=126$

흰 공만 4개를 꺼내는 경우의 수는

$_4C_4=1$

검은 공만 4개를 꺼내는 경우의 수는

$_5C_4=5$

따라서 구하는 경우의 수는

$126-(1+5)=120$

56 흰 공 4개 중에서 1개를 택하는 경우의 수는

$_4C_1=4$

검은 공 4개 중에서 2개를 택하는 경우의 수는

$_4C_2=6$

택한 3개의 공을 일렬로 나열하는 경우의 수는

$3!=6$

따라서 구하는 경우의 수는

$4\times6\times6=144$

답 144

57 짝수 2, 4, 6, 8 중에서 서로 다른 2개를 택해 일의 자릿수와 십의 자릿수를 정하는 경우의 수는

$_4C_2\times2!=6\times2=12$

나머지 6개의 숫자 중에서 서로 다른 2개를 택해 천의 자릿수와 백의 자릿수를 정하는 경우의 수는

$_6C_2\times2!=15\times2=30$

따라서 구하는 경우의 수는

$12\times30=360$

답 ⑤

58 짝수 2, 4, 6, 8 중에서 2개를 택하는 경우의 수는

$_4C_2=6$

홀수 1, 3, 5, 7, 9 중에서 2개를 택하는 경우의 수는

$_5C_2=10$

택한 4개의 숫자를 일렬로 나열하는 경우의 수는

$4!=24$

따라서 구하는 네 자리 자연수의 개수는

$6\times10\times24=1440$

답 ④

59 A, B를 제외한 5명 중에서 2명을 택하는 경우의 수는

$_5C_2=10$

택한 2명이 일렬로 서는 경우의 수는

$2!=2$

일렬로 선 2명의 양 끝과 사이의 세 곳에 A, B가 서는 경우의 수는

$_3P_2=6$

따라서 구하는 경우의 수는

$10\times2\times6=120$

답 ⑤

60 1이 적혀 있는 카드와 2가 적혀 있는 카드를 제외한 $(n-2)$장의 카드 중에서 2장의 카드를 택하는 경우의 수는

$$_{n-2}C_2=\frac{(n-2)(n-3)}{2}$$

이고, 4장의 카드를 일렬로 나열하는 경우의 수는

$$4!=24$$

이므로 1이 적혀 있는 카드와 2가 적혀 있는 카드를 포함한 4장의 카드를 일렬로 나열하는 경우의 수는

$$\frac{(n-2)(n-3)}{2}\times24=12(n-2)(n-3)$$

따라서 $12(n-2)(n-3)=360$에서

$$(n-2)(n-3)=30$$

$$n^2-5n-24=0$$

$$(n+3)(n-8)=0$$

n이 자연수이므로

$$n=8$$

답 8

61 A, B를 제외한 8명 중에서 3명을 택하는 경우의 수는

$$_8C_3=\frac{8\times7\times6}{3\times2\times1}=8\times7$$

A, B를 묶어 한 명이라 생각하고 4명이 일렬로 서는 경우의 수는

$$4!$$

A, B가 자리를 바꾸는 경우의 수는

$$2!=2$$

따라서 조건을 만족시키는 경우의 수는

$$8\times7\times4!\times2=\frac{2}{6\times5}\times8\times7\times6\times5\times4!$$

$$=\frac{1}{15}\times8!$$

즉, $p=\dfrac{1}{15}$

답 ②

62 서로 다른 두 점은 하나의 직선을 결정하므로 9개의 점 중 두 점을 택하는 경우의 수는

$$_9C_2$$

그런데 같은 직선 위의 점 중에서 두 점을 택하면 같은 직선이 만들어지므로 같은 직선 위의 점 중에서 두 점을 택하는 경우를 제외해야 한다.

따라서 구하는 직선의 개수는

$$_9C_2-(_4C_2+_5C_2)+2=36-(6+10)+2$$

$$=22$$

답 ⑤

63 서로 다른 두 대각선의 교점은 서로 다른 네 꼭짓점에 의하여 결정된다.

따라서 팔각형의 대각선의 교점의 개수의 최댓값은

$$_8C_4=\frac{8\times7\times6\times5}{4\times3\times2\times1}=70$$

답 ②

64 점 A_k 중 세 점 이상이 한 직선 위에 있는 경우가 없으면 임의의 두 점을 지나는 서로 다른 모든 직선의 개수는

$$_{10}C_2=45$$

한 직선 위에 3개의 점이 있으면 서로 다른 직선의 개수는

$$_3C_2-1=2$$만큼 줄어든다.

한 직선 위에 4개의 점이 있으면 서로 다른 직선의 개수는

$$_4C_2-1=5$$만큼 줄어든다.

한 직선 위에 5개의 점이 있으면 서로 다른 직선의 개수는

$$_5C_2-1=9$$만큼 줄어든다.

이때 $45-36=9$이고, 조건 (가)에서 세 점 이상을 지나는 직선의 개수가 1이므로 그림과 같이 5개의 점이 한 직선 위에 있다.

따라서 직선 l 위에 있는 점의 개수는 5이다.

답 5

65 6개의 점 중에서 세 점을 택하면 되므로 구하는 삼각형의 개수는

$$_6C_3=20$$

답 ③

66 10개의 점 중에서 세 점을 택하는 경우의 수는

$$_{10}C_3=120$$

한 직선 위에 있는 3개의 점 중에서 세 점을 택하는 경우의 수는

$$2\times{}_3C_3=2\times1=2$$

한 직선 위에 있는 4개의 점 중에서 세 점을 택하는 경우의 수는

$$2\times{}_4C_3=2\times4=8$$

따라서 구하는 삼각형의 개수는

$$120-(2+8)=110$$

답 ④

67 15개의 점 중에서 세 점을 택하는 경우의 수는

$$_{15}C_3=455$$

한 직선 위에 있는 3개의 점 중에서 세 점을 택하는 경우의 수는

$$13\times{}_3C_3=13\times1=13$$

한 직선 위에 있는 5개의 점 중에서 세 점을 택하는 경우의 수는

$$3\times{}_5C_3=3\times10=30$$

따라서 구하는 삼각형의 개수는

$$455-(13+30)=412$$

답 412

68 도형의 선으로 만들어지는 모든 사각형의 개수는 가로 방향의 선 3개 중에서 2개를 택하고, 세로 방향의 선 5개 중에서 2개를 택하는 경우의 수와 같으므로

$$_3C_2\times{}_5C_2=3\times10=30$$

한 변의 길이가 1인 정사각형의 개수는 8

한 변의 길이가 2인 정사각형의 개수는 3

따라서 정사각형이 아닌 직사각형의 개수는

$$30-(8+3)=19$$

답 ④

69

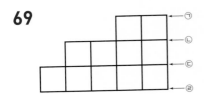

(ⅰ) 가로선 ㉠㉡, 가로선 ㉠㉢, 가로선 ㉠㉣을 택하는 경우
　각각의 경우에 직사각형의 개수는
　$_3C_2=3$
　이므로 이 경우 직사각형의 개수는
　$3\times3=9$

(ⅱ) 가로선 ㉡㉢, 가로선 ㉡㉣을 택하는 경우
　각각의 경우에 직사각형의 개수는
　$_5C_2=10$
　이므로 이 경우 직사각형의 개수는
　$10\times2=20$

(ⅲ) 가로선 ㉢㉣을 택하는 경우
　이 경우 직사각형의 개수는
　$_6C_2=15$

(ⅰ)~(ⅲ)에서 구하는 직사각형의 개수는
$9+20+15=44$

답 44

70 도형의 선으로 만들어지는 모든 사각형의 개수는 가로 방향의 선 6개 중에서 2개를 택하고, 세로 방향의 선 6개 중에서 2개를 택하는 경우의 수와 같으므로
$_6C_2\times{}_6C_2=15\times15=225$
색칠한 부분을 포함하는 직사각형의 개수는 색칠한 부분 위의 가로의 선 3개 중에서 1개, 색칠한 부분 아래의 가로의 선 3개 중에서 1개를 택하고, 세로의 선도 같은 방법으로 택하는 경우의 수와 같으므로
$(_3C_1\times{}_3C_1)\times(_3C_1\times{}_3C_1)=(3\times3)\times(3\times3)=81$
따라서 구하는 사각형의 개수는
$225-81=144$

답 144

71 집합 Y의 원소 중 세 원소를 택하면 $f(1)$, $f(2)$, $f(3)$의 값이 정해지므로 구하는 함수 f의 개수는
$_5C_3={}_5C_2=10$

답 10

72 (ⅰ) $f(2)$, $f(4)$의 값은 공역 X의 원소 1, 3, 5 중에서 각각 택하면 되므로 $f(2)$, $f(4)$의 값을 정하는 경우의 수는
　$3\times3=9$

(ⅱ) $f(1)$, $f(3)$, $f(5)$의 값은 공역 X의 원소 중 서로 다른 3개를 택하면 되므로 $f(1)$, $f(3)$, $f(5)$의 값을 정하는 경우의 수는
　$_5C_3={}_5C_2=10$

(ⅰ), (ⅱ)에서 구하는 함수 f의 개수는
$9\times10=90$

답 ②

73 (ⅰ) $f(1)$, $f(2)$의 값은 집합 Y의 원소 1, 2, 3 중에서 2개를 택하면 되므로 $f(1)$, $f(2)$의 값을 정하는 경우의 수는
　$_3C_2=3$

(ⅱ) $f(4)$, $f(5)$의 값은 집합 Y의 원소 5, 6, 7, 8 중에서 2개를 택하면 되므로 $f(4)$, $f(5)$의 값을 정하는 경우의 수는
　$_4C_2=6$

(ⅰ), (ⅱ)에서 구하는 함수 f의 개수는
$3\times6=18$

답 18

74 6명의 학생 중 A팀이 될 2명을 정하는 경우의 수는
$_6C_2=15$
남은 4명의 학생 중 B팀이 될 2명을 정하는 경우의 수는
$_4C_2=6$
남은 2명의 학생 중 C팀이 될 2명을 정하는 경우의 수는
$_2C_2=1$
따라서 구하는 경우의 수는
$15\times6\times1=90$

답 ②

75 6명 중에서 2명을 택하여 2명의 조를 만드는 경우의 수는
$_6C_2$
남은 4명 중에서 2명을 택하여 2명의 조를 만드는 경우의 수는
$_4C_2$
남은 2명으로 2명의 조를 만드는 경우의 수는
$_2C_2$
3개의 조가 모두 2명이므로 구하는 경우의 수는
$_6C_2\times{}_4C_2\times{}_2C_2\times\dfrac{1}{3!}=15\times6\times1\times\dfrac{1}{6}=15$

답 ①

76 A, B와 같은 조에 포함될 1명을 택하는 경우의 수는
$_7C_1=7$
남은 6명을 3명씩 2개의 조로 나누는 경우의 수는
$_6C_3\times{}_3C_3\times\dfrac{1}{2!}=20\times1\times\dfrac{1}{2}=10$
따라서 구하는 경우의 수는
$7\times10=70$

답 ①

77 6개 팀을 두 팀씩 세 묶음으로 나누는 경우의 수는
$_6C_2\times{}_4C_2\times{}_2C_2\times\dfrac{1}{3!}=15\times6\times1\times\dfrac{1}{6}=15$
세 묶음 중 오른쪽에 배치할 한 묶음을 택하는 경우의 수는
$_3C_1=3$
따라서 구하는 경우의 수는
$15\times3=45$

답 ②

78 6개 팀을 세 팀씩 두 묶음으로 나누는 경우의 수는

$${}_6C_3 \times {}_3C_3 \times \frac{1}{2!} = 20 \times 1 \times \frac{1}{2} = 10$$

각 묶음에서 부전승으로 진출할 한 팀을 택하는 경우의 수는

$${}_3C_1 = 3$$

따라서 구하는 경우의 수는

$$10 \times 3 \times 3 = 90$$

目 ⑤

79 각 상자에 적어도 2개의 공을 담아야 하므로 각 상자에 담기는 공의 개수를 순서쌍으로 나타내면

$$(4, 2, 2), (3, 3, 2)$$

뿐이다.

(i) 8개의 공을 4개, 2개, 2개의 세 묶음으로 나누는 경우의 수는

$${}_8C_4 \times {}_4C_2 \times {}_2C_2 \times \frac{1}{2!} = 70 \times 6 \times 1 \times \frac{1}{2} = 210$$

(ii) 8개의 공을 3개, 3개, 2개의 세 묶음으로 나누는 경우의 수는

$${}_8C_3 \times {}_5C_3 \times {}_2C_2 \times \frac{1}{2!} = 56 \times 10 \times 1 \times \frac{1}{2} = 280$$

(i), (ii)에서 구하는 경우의 수는

$$210 + 280 = 490$$

目 490

서술형 완성하기

본문 118쪽

01 85   **02** 30   **03** 48   **04** 60   **05** 48
06 540

01 $2^2 \times 3^3 \times 5^4$의 양의 약수 중 짝수는

$2^l \times 3^m \times 5^n$ $(l=1, 2, m=0, 1, 2, 3, n=0, 1, 2, 3, 4)$

꼴이므로 짝수의 개수는

$a = 2 \times 4 \times 5 = 40$ ······ ❶

$2^2 \times 3^3 \times 5^4$의 양의 약수 중 3의 배수는

$2^l \times 3^m \times 5^n$ $(l=0, 1, 2, m=1, 2, 3, n=0, 1, 2, 3, 4)$

꼴이므로 3의 배수의 개수는

$b = 3 \times 3 \times 5 = 45$ ······ ❷

따라서 $a+b = 40+45 = 85$ ······ ❸

目 85

단계	채점 기준	비율
❶	a의 값을 구한 경우	45 %
❷	b의 값을 구한 경우	45 %
❸	$a+b$의 값을 구한 경우	10 %

02 전체 경우의 수는 $6 \times 6 = 36$ ······ ❶

ab가 짝수인 사건을 A, $a+b$가 3의 배수인 사건을 B라 하면 구하는 경우의 수는 $n(A \cup B)$이므로

$36 - n((A \cup B)^C) = 36 - n(A^C \cap B^C)$

사건 $A^C \cap B^C$은 ab가 홀수이고 $a+b$가 3의 배수가 아닌 사건이다.
    ······ ❷

ab가 홀수인 경우의 a, b의 순서쌍 (a, b)는

$(1, 1), (1, 3), (1, 5), (3, 1), (3, 3), (3, 5),$
$(5, 1), (5, 3), (5, 5)$

이고, 이 중에서 $a+b$가 3의 배수인 경우는

$(1, 5), (3, 3), (5, 1)$이므로

$n(A^C \cap B^C) = 9 - 3 = 6$ ······ ❸

따라서 구하는 경우의 수는

$36 - 6 = 30$ ······ ❹

目 30

단계	채점 기준	비율
❶	전체 경우의 수를 구한 경우	10 %
❷	여사건을 정확히 설명한 경우	40 %
❸	여사건의 경우의 수를 구한 경우	40 %
❹	조건을 만족시키는 경우의 수를 구한 경우	10 %

03 조건 (가)에서 함수 f는 일대일함수이다.   ······ ❶

(i) $f(1)=3$, $f(4)=6$이거나 $f(1)=6$, $f(4)=3$인 경우

그 각각의 경우에 대해 $f(2)$와 $f(3)$의 값을 정하는 경우의 수는

${}_4P_2 = 12$이므로 이 경우 함수 f의 개수는

$2 \times {}_4P_2 = 2 \times 12 = 24$ ······ ❷

(ii) $f(1)=4$, $f(4)=5$이거나 $f(1)=5$, $f(4)=4$인 경우

그 각각의 경우에 대해 $f(2)$와 $f(3)$의 값을 정하는 경우의 수는

${}_4P_2 = 12$이므로 이 경우 함수 f의 개수는

$2 \times {}_4P_2 = 2 \times 12 = 24$ ······ ❸

(i), (ii)에서 구하는 함수 f의 개수는

$24 + 24 = 48$ ······ ❹

目 48

단계	채점 기준	비율
❶	일대일함수임을 밝힌 경우	10 %
❷	(i)의 경우의 수를 구한 경우	40 %
❸	(ii)의 경우의 수를 구한 경우	40 %
❹	조건을 만족시키는 함수 f의 개수를 구한 경우	10 %

04 (i) a, b, c가 모두 짝수인 경우

순서쌍 (a, b, c)의 개수는 10 이하의 짝수 2, 4, 6, 8, 10에서 서로 다른 세 수를 택하는 경우의 수와 같으므로

${}_5C_3 = 10$ ······ ❶

(ii) a, b, c가 짝수 1개와 홀수 2개인 경우

순서쌍 (a, b, c)의 개수는 10 이하의 짝수 2, 4, 6, 8, 10에서 한 수를 택하고, 10 이하의 홀수 1, 3, 5, 7, 9에서 서로 다른 두 수를 택하는 경우의 수와 같으므로

${}_5C_1 \times {}_5C_2 = 50$ ······ ❷

(i), (ii)에서 순서쌍 (a, b, c)의 개수는

$10+50=60$ ..... ❸

답 60

단계	채점 기준	비율
❶	a, b, c가 모두 짝수인 경우의 순서쌍의 개수를 구한 경우	40 %
❷	a, b, c가 짝수 1개와 홀수 2개인 경우의 순서쌍의 개수를 구한 경우	40 %
❸	모든 순서쌍 (a, b, c)의 개수를 구한 경우	20 %

05 조건 (나)에서 집합 B의 원소 중 집합 X의 원소가 되는 두 원소를 정하는 경우의 수는

$_4C_2=6$ ..... ❶

조건 (가)에서 집합 X는 집합 A의 부분집합이므로 집합 A의 원소 5, 6, 7 중에서 집합 X의 원소를 정하는 경우의 수는

$2^3=8$ ..... ❷

따라서 구하는 모든 집합 X의 개수는

$6 \times 8=48$ ..... ❸

답 48

단계	채점 기준	비율
❶	조건 (나)를 만족시키는 경우의 수를 구한 경우	40 %
❷	조건 (가)를 만족시키는 경우의 수를 구한 경우	40 %
❸	집합 X의 개수를 구한 경우	20 %

06 (i) 사용된 서로 다른 숫자의 개수가 5인 경우
구하는 자연수의 개수는

$5!=120$ ..... ❶

(ii) 사용된 서로 다른 숫자의 개수가 4인 경우
택한 다섯 개의 숫자를 a, a, b, c, d라 하면
숫자 a를 택하는 경우의 수는

$_5C_1=5$

숫자 b, c, d를 택하는 경우의 수는

$_4C_3=4$

이웃한 세 숫자가 모두 다른 다섯 자리 자연수는
$a\square\square a\square$, $\square a\square\square a$, $a\square\square\square a$의 형태이어야 하므로
구하는 자연수의 개수는

$5 \times 4 \times (3 \times 3!)=360$ ..... ❷

(iii) 사용된 서로 다른 숫자의 개수가 3인 경우
택한 다섯 개의 숫자를 a, a, b, b, c라 하면
숫자 a, b를 택하는 경우의 수는

$_5C_2=10$

숫자 c를 택하는 경우의 수는

$_3C_1=3$

이웃한 세 숫자가 모두 다른 다섯 자리 자연수는
$abcab$, $bacba$의 형태이어야 하므로
구하는 자연수의 개수는

$10 \times 3 \times 2=60$ ..... ❸

(i)~(iii)에서 모든 다섯 자리 자연수의 개수는

$120+360+60=540$ ..... ❹

답 540

단계	채점 기준	비율
❶	사용된 서로 다른 숫자의 개수가 5인 경우의 수를 구한 경우	10 %
❷	사용된 서로 다른 숫자의 개수가 4인 경우의 수를 구한 경우	40 %
❸	사용된 서로 다른 숫자의 개수가 3인 경우의 수를 구한 경우	40 %
❹	모든 다섯 자리 자연수의 개수를 구한 경우	10 %

내신 + 수능 고난도 도전 본문 119~120쪽

01 336	**02** ③	**03** 432	**04** ④	**05** ①
06 300	**07** ⑤	**08** ①		

01 짝수 2, 4, 6, 8을 나열하는 경우의 수는

$4!=24$

다음과 같이 나열된 짝수의 양 끝과 사이사이에 홀수가 들어갈 수 있는 자리를 만든다.

$\square$짝수$\square$짝수$\square$짝수$\square$짝수$\square$

(i) 양 끝자리 중 한 자리에만 홀수가 있는 경우
홀수가 들어갈 끝자리를 선택하는 경우의 수는 2
선택된 끝자리에 들어갈 수 있는 홀수의 개수는 2
이때 나머지 1개의 홀수가 들어갈 수 있는 자리의 개수는 3
그러므로 이 경우의 수는

$4! \times 2 \times 2 \times 3=24 \times 12=288$

(ii) 양 끝자리에 모두 홀수가 있는 경우
양 끝자리에 홀수를 나열하는 경우의 수는

$2!=2$

그러므로 이 경우의 수는

$4! \times 2!=24 \times 2=48$

(i), (ii)에서 구하는 경우의 수는

$288+48=336$

답 336

02 (i) A와 B가 앞줄에 앉는 경우
A와 B의 자리를 정하는 경우의 수는

$2!=2$

이때 C와 D는 3번, 5번 자리에 앉고 E는 4번 자리에 앉는 경우의 수는

$2!=2$

그러므로 이 경우의 수는

$2 \times 2=4$

(ii) A와 B가 뒷줄에 앉는 경우

A와 B는 3번, 4번 또는 4번, 5번 자리에 앉을 수 있으므로 A와 B의 자리를 정하는 경우의 수는

$2 \times 2! = 4$

이때 뒷줄의 남은 한 좌석에 앉을 수 있는 사람은 C 또는 D이므로 경우의 수는

2

그리고 C와 D 중 남은 한 사람과 E가 앞줄에 앉는 경우의 수는

$2! = 2$

그러므로 이 경우의 수는

$4 \times 2 \times 2 = 16$

(i), (ii)에서 구하는 경우의 수는

$4 + 16 = 20$

답 ③

03 서로 다른 세 개의 꽃다발을 서로 다른 네 개의 선물상자 중 세 개의 선물상자를 택해 각각 하나씩 넣는 경우의 수는

$_4P_3 = 24$

이때 꽃다발을 넣지 않은 한 개의 선물상자에 세 권의 책 중 한 권을 택해서 넣는 경우의 수는

$_3P_1 = 3$

그리고 책을 넣지 않은 세 개의 선물상자 중 두 개의 선물상자를 택해 남은 두 권의 책을 넣는 경우의 수는

$_3P_2 = 6$

따라서 구하는 경우의 수는

$_4P_3 \times {}_3P_1 \times {}_3P_2 = 24 \times 3 \times 6 = 432$

답 432

04 함수 f의 정의역과 공역이 같으므로 조건 (가)에서 함수 f는 일대일대응이고 함수 f의 역함수 f^{-1}가 존재한다.

$f(f(1)) = 1$에서 $f(1) = f^{-1}(1)$

(i) $f(1) = 1$인 경우

$f^{-1}(1) = 1$이므로 1을 제외한 정의역의 원소 4개를 각각 일대일대응시키는 경우의 수는 $_4P_4 = 24$

그러므로 이 경우의 함수의 개수는 24

(ii) $f(1) = a$ $(a \neq 1)$인 경우

$f^{-1}(1) = a$에서 $f(a) = 1$

a가 될 수 있는 수는 2, 3, 4, 5의 4개

이때 1과 a를 제외한 정의역의 원소 3개를 각각 일대일대응시키는 경우의 수는 $_3P_3 = 6$

그러므로 이 경우의 함수의 개수는

$4 \times {}_3P_3 = 4 \times 6 = 24$

(i), (ii)에서 구하는 함수의 개수는

$24 + 24 = 48$

답 ④

05 (i) $a < b < c$인 경우 순서쌍 (a, b, c)의 개수는

서로 다른 8개에서 3개를 택하는 조합의 수와 같으므로

$_8C_3 = 56$

(ii) $a < c < b$인 경우 순서쌍 (a, b, c)의 개수는

서로 다른 8개에서 3개를 택하는 조합의 수와 같으므로

$_8C_3 = 56$

(iii) $a < b = c$인 경우 순서쌍 (a, b, c)의 개수는

서로 다른 8개에서 2개를 택하는 조합의 수와 같으므로

$_8C_2 = 28$

(iv) $a = c < b$인 경우 순서쌍 (a, b, c)의 개수는

서로 다른 8개에서 2개를 택하는 조합의 수와 같으므로

$_8C_2 = 28$

(i)~(iv)에서 구하는 모든 순서쌍 (a, b, c)의 개수는

$56 + 56 + 28 + 28 = 168$

답 ①

다른 풀이

$a < b$, $a \leq c$이므로

$a = 1$일 때, 순서쌍 (b, c)의 개수는 7×8

$a = 2$일 때, 순서쌍 (b, c)의 개수는 6×7

$a = 3$일 때, 순서쌍 (b, c)의 개수는 5×6

⋮

$a = 7$일 때, 순서쌍 (b, c)의 개수는 1×2

따라서 구하는 모든 순서쌍 (a, b, c)의 개수는

$1 \times 2 + 2 \times 3 + 3 \times 4 + 4 \times 5 + 5 \times 6 + 6 \times 7 + 7 \times 8$

$= 2 + 6 + 12 + 20 + 30 + 42 + 56$

$= 168$

06 공을 넣을 주머니 2개를 택하는 경우의 수는

$_4C_2 = 6$

조건 (나)에서 택한 2개의 주머니에 넣는 공의 개수를 순서쌍으로 나타내면

$(2, 4)$, $(3, 3)$, $(4, 2)$

이므로 6개의 공을 넣는 경우의 수는

$_6C_2 \times {}_4C_4 + {}_6C_3 \times {}_3C_3 + {}_6C_4 \times {}_2C_2 = 15 + 20 + 15$

$\qquad\qquad\qquad\qquad\qquad\qquad\qquad = 50$

따라서 구하는 경우의 수는

$6 \times 50 = 300$

답 300

07 숫자 1, 2, 3, 4, 5 중 3의 배수는 3뿐이다.

1과 4는 3으로 나누었을 때 나머지가 1인 수이고, 2와 5는 3으로 나누었을 때 나머지가 2인 수이다.

3으로 나누었을 때 나머지에 따라 세 집합

$A_0 = \{3\}$, $A_1 = \{1, 4\}$, $A_2 = \{2, 5\}$

로 나타내기로 하자.

(i) 집합 A_0의 원소가 적힌 공 4개를 뽑는 경우

모두 3이 적힌 공을 뽑는 경우이므로 경우의 수는

$1 \times 1 \times 1 \times 1 = 1$

(ii) 집합 A_0의 원소가 적힌 공 2개와 집합 A_1의 원소가 적힌 공 1개, 집합 A_2의 원소가 적힌 공 1개를 뽑는 경우

상자를 정하는 경우의 수는

$_4C_2 \times _2C_1 \times _1C_1 = 12$

공에 적힌 수를 정하는 경우의 수는

$1 \times 1 \times 2 \times 2 = 4$

즉, 구하는 경우의 수는

$12 \times 4 = 48$

(iii) 집합 A_0의 원소가 적힌 공 1개와 집합 A_1의 원소가 적힌 공 3개를 뽑는 경우

상자를 정하는 경우의 수는

$_4C_1 \times _3C_3 = 4$

공에 적힌 수를 정하는 경우의 수는

$1 \times 2 \times 2 \times 2 = 8$

즉, 구하는 경우의 수는

$4 \times 8 = 32$

(iv) 집합 A_0의 원소가 적힌 공 1개와 집합 A_2의 원소가 적힌 공 3개를 뽑는 경우

상자를 정하는 경우의 수는

$_4C_1 \times _3C_3 = 4$

공에 적힌 수를 정하는 경우의 수는

$1 \times 2 \times 2 \times 2 = 8$

즉, 구하는 경우의 수는

$4 \times 8 = 32$

(v) 집합 A_1의 원소가 적힌 공 2개와 집합 A_2의 원소가 적힌 공 2개를 뽑는 경우

상자를 정하는 경우의 수는

$_4C_2 \times _2C_2 = 6$

공에 적힌 수를 정하는 경우의 수는

$2 \times 2 \times 2 \times 2 = 16$

즉, 구하는 경우의 수는

$6 \times 16 = 96$

(i)~(v)에서 구하는 경우의 수는

$1 + 48 + 32 + 32 + 96 = 209$

답 ⑤

08 한 문자를 5개의 칸에 써넣으면 조건 (가)를 만족시키지 않으므로 조건 (나)에서 4회 사용하는 문자가 존재한다.

(i) 두 문자를 각각 4번씩 써넣는 경우

두 문자를 택하는 경우의 수는 $_3C_2 = 3$이고, 두 문자 A, B를 택할 때, 그림과 같이 두 가지 경우가 가능하다.

A	B	A	B
B	A	B	A

B	A	B	A
A	B	A	B

즉, 경우의 수는

$3 \times 2 = 6$

(ii) 세 문자를 각각 4번, 2번, 2번 써넣는 경우

4번 써넣을 문자를 택하는 경우의 수는 $_3C_1 = 3$이고, 택한 문자를 조건 (가)를 만족시키도록 써넣는 경우의 수는 2이다.

남은 칸에 4번 써넣은 문자를 제외한 문자 중 한 문자를 2번 써넣는 경우의 수는

$_4C_2 = 6$

나머지 한 문자는 빈칸에 써넣으면 된다.

즉, 경우의 수는

$3 \times 2 \times 6 = 36$

(iii) 세 문자를 각각 4번, 3번, 1번 써넣는 경우

4번 써넣을 문자를 택하는 경우의 수는 $_3C_1 = 3$이고, 택한 문자를 조건 (가)를 만족시키도록 써넣는 경우의 수는 2이다.

3번 써넣을 문자를 택하는 경우의 수는 $_2C_1 = 2$이고, 택한 문자를 남은 칸 중 3칸에 써넣는 경우의 수는

$_4C_3 = 4$

나머지 한 문자는 빈칸에 써넣으면 된다.

즉, 경우의 수는

$3 \times 2 \times 2 \times 4 = 48$

(i)~(iii)에서 구하는 경우의 수는

$6 + 36 + 48 = 90$

답 ①

올림포스 고난도

진짜 수학 상위권 학생을 위한
단계적 맞춤형 고난도 교재!

EBS 올림포스 유형편

수학(하)

올림포스
고교 수학
커리큘럼

내신기본	올림포스
유형기본	올림포스 유형편
기출	올림포스 전국연합학력평가 기출문제집
심화	올림포스 고난도

정답과 풀이

수능, 모의평가, 학력평가에서 뽑은
800개의 핵심 기출 문장으로
중학 영어에서 수능 영어로

업그레이드!

수능

모의평가

학력평가

고1~2 내신 중점 로드맵

과목	고교 입문	기초	기본	특화	+	단기

국어

- 고등 예비 과정
- 내 등급은?
- 윤혜정의 개념의 나비효과 입문편/워크북
- 어휘가 독해다!
- **기본서** 올림포스
- **국어 특화** 국어 독해의 원리 / 국어 문법의 원리

영어

- 정승익의 수능 개념 잡는 대박구문
- 주혜연의 해석공식 논리 구조편
- 올림포스 전국연합 학력평가 기출문제집
- **영어 특화** Grammar POWER / Reading POWER / Listening POWER / Voca POWER
- **유형서** 올림포스 유형편
- **고급** 올림포스 고난도

수학

- **기초** 50일 수학
- 매쓰 디렉터의 고1 수학 개념 끝장내기
- **수학 특화** 수학의 왕도

한국사 사회

과학

- **인공지능** 수학과 함께하는 고교 AI 입문 / 수학과 함께하는 AI 기초
- **기본서** 개념완성 / 개념완성 문항편
- 고등학생을 위한 多담은 한국사 연표

단기 특강

과목	시리즈명	특징	수준	권장 학년
전과목	고등예비과정	예비 고등학생을 위한 과목별 단기 완성	●	예비 고1
	내 등급은?	고1 첫 학력평가 + 반 배치고사 대비 모의고사	●	예비 고1
국/수/영	올림포스	내신과 수능 대비 EBS 대표 국어·수학·영어 기본서	●	고1~2
	올림포스 전국연합학력평가 기출문제집	전국연합학력평가 문제 + 개념 기본서	●	고1~2
	단기 특강	단기간에 끝내는 유형별 문항 연습	●	고1~2
한/사/과	개념완성 & 개념완성 문항편	개념 한 권+문항 한 권으로 끝내는 한국사·탐구 기본서	●	고1~2
국어	윤혜정의 개념의 나비효과 입문편/워크북	윤혜정 선생님과 함께 시작하는 국어 공부의 첫걸음	●	예비 고1~고2
	어휘가 독해다!	학평·모평·수능 출제 필수 어휘 학습	●	예비 고1~고2
	국어 독해의 원리	내신과 수능 대비 문학·독서(비문학) 특화서	●	고1~2
	국어 문법의 원리	필수 개념과 필수 문항의 언어(문법) 특화서	●	고1~2
영어	정승익의 수능 개념 잡는 대박구문	정승익 선생님과 CODE로 이해하는 영어 구문	●	예비 고1~고2
	주혜연의 해석공식 논리 구조편	주혜연 선생님과 함께하는 유형별 지문 독해	●	예비 고1~고2
	Grammar POWER	구문 분석 트리로 이해하는 영어 문법 특화서	●	고1~2
	Reading POWER	수준과 학습 목적에 따라 선택하는 영어 독해 특화서	●	고1~2
	Listening POWER	수준별 수능형 영어듣기 모의고사	●	고1~2
	Voca POWER	영어 교육과정 필수 어휘와 어원별 어휘 학습	●	고1~2
수학	50일 수학	50일 만에 완성하는 중학~고교 수학의 맥	●	예비 고1~고2
	매쓰 디렉터의 고1 수학 개념 끝장내기	스타강사 강의, 손글씨 풀이와 함께 고1 수학 개념 정복	●	예비 고1~고1
	올림포스 유형편	유형별 반복 학습을 통해 실력 잡는 수학 유형서	●	고1~2
	올림포스 고난도	1등급을 위한 고난도 유형 집중 연습	●	고1~2
	수학의 왕도	직관적 개념 설명과 세분화된 문항 수록 수학 특화서	●	고1~2
한국사	고등학생을 위한 多담은 한국사 연표	연표로 흐름을 잡는 한국사 학습	●	예비 고1~고2
기타	수학과 함께하는 고교 AI 입문/AI 기초	파이선 프로그래밍, AI 알고리즘에 필요한 수학 개념 학습	●	예비 고1~고2